Ronald Sturm

Schritt für Schritt zum guten Mathematikunterricht

Klett | Kallmeyer

Bibliografische Information der Deutschen Nationalbibliothek
Die Deutsche Nationalbibliothek verzeichnet diese Publikation in der Deutschen Nationalbibliografie; detaillierte bibliografische Daten sind im Internet über http://dnb.d-nb.de abrufbar.

Impressum

Ronald Sturm
Schritt für Schritt zum guten Mathematikunterricht
Praxisbuch für Referendare in den Sekundarstufen: Von der ersten Stundenplanung bis zur Prüfung

4. Auflage

Redaktion: Stefan Hellriegel, Berlin
Realisation: Nicole Neumann
Druck: BELTZ Grafische Betriebe GmbH, Bad Langensalza

Printed in Germany

ISBN: 978-3-7727-1040-7

Ronald Sturm

Schritt für Schritt zum guten Mathematikunterricht

Praxisbuch für Referendare in den Sekundarstufen: Von der ersten Stundenplanung bis zur Prüfung

Klett | Kallmeyer

Vorwort

Das vorliegende Werk liefert einen kompakten Überblick über die wichtigsten Ausbildungsthematiken auf dem Weg zum Mathematiklehrer.

Hierbei ist hervorzuheben, dass der große Teil der Kapitelauswahl aus Umfragen von Lehramtsanwärtern resultiert, die diese Thematiken gegen Ende ihrer Ausbildung als besonders relevant einstuften.

Hierdurch treffen Klassiker der Lehrerausbildung (schriftlicher Entwurf, Planung, Lernziele, Reihenplanungen usw.) auf aktuelle Themen, wie zum Beispiel Inklusion (GU), Differenzierung und Sprachförderung. Durch dieses Vorgehen bei der Vorarbeit dieses Buches resultiert der Umstand, dass es in der Art seines Aufbaus sicherlich etwas anders ist, als der Leser dies aus anderen Didaktiken kennen mag.

Es setzt direkt an jener Stelle ein, an der es der Anfänger benötig – an der Planung der ersten Stunden. Aus diesem Grunde wird, anders als es dem Leser üblich erscheinen mag, zum Beispiel zu Beginn auf eine Definition des guten Unterrichts und Ziele des Mathematikunterrichts verzichtet.

Über eine kurze Theorieeinführung gelangt der Leser schnell zu praktischen Beispielen und findet wichtige Tipps zur Realisierung. Hierbei wird auch konsequent auf die Schwierigkeiten im Unterricht verwiesen, um dem Leser das nicht immer Freude spendende eigene Nacherleben von typischen Fehlern zumindest an einigen Stellen zu ersparen.

Dass guter Mathematikunterricht komplex ist, steht außer Diskussion, und die Frage danach, was guter Mathematikunterricht ist, ist keineswegs trivial zu beantworten. Daher liegt dem vorliegenden Werk eine vernetzte Struktur zugrunde, die die einzelnen Kapitel miteinander in Beziehung setzt und dem Leser diese Zusammenhänge verdeutlicht. Entsprechend muss das Buch keineswegs den Seitenzahlen entlang gelesen werden und gestattet dem Leser auch nur einzelne Textstellen als Nachschlagegrundlage zu lesen.

Hiermit liegt ein kompaktes Werk vor, das dem Lehramtsanwärter bei seinen ersten Schritten im Unterricht begleitet und ihn bis zur erfolgreichen Prüfung durch die Vernetzung der einzelnen Ausbildungsthematiken führen kann. Es soll als Grundlage zur Vorbereitung von Unterricht und Unterrichtsprüfungen dienen und bietet sicherlich auch dem erfahrenen Lehrer eine Vielzahl an interessanten Ideen.

Am Ende eines jeden Kapitels finden sich weiterführende Aufgaben, die das eigene Denken präzisieren und erweitern sollen. Ebenso können diese Seminarausbildern Ideen und Anregungen über mögliche Fachseminarsitzungen liefern.

Das vorliegende Buch zeichnet sich unter anderem durch seine sehr kompakte und hoch verdichtete Informationsstruktur aus. Daraus resultiert, dass es keinesfalls einen Anspruch auf Vollständigkeit erheben möchte, da dies aufgrund der Komplexität von Mathematikunterricht und dessen Didaktik in einem kompakten Werk nicht möglich ist.

Anmerkung zu den Genderschreibweisen

Ich verwende die Schreibweise SuS als Abkürzung für „Schülerinnen und Schüler" und analog LuL für „Lehrerinnen und Lehrer", vermeide aber im Interesse der Lesbarkeit sonstige Doppelformen wie „Leserinnen und Leser", „Lehramtsanwärterinnen und -anwärter", „Anfängerinnen und Anfänger" usw. Dies soll keine Geringschätzung irgendeiner Art ausdrücken, sondern den konkreten Bezug auf Personengruppen erleichtern.

Hinweise zum Lesen des Buches

Die rechteckige Sprechblase weist aus allen Kapiteln immer wieder auf hilfreiche Tipps zum Formulieren von schriftlichen Unterrichtsentwürfen hin.

Sprechblasen enthalten Tipps zum Formulieren!

Die Fragen zum Weiterdenken für die Seminararbeit oder das Heimstudium am Ende jedes Kapitels weisen auf interessante Fragestellungen für ein mathematikdidaktisches Seminar oder für die Heimarbeit und Vorbereitung auf ein Abschlusskolloquium hin.

Die integrierte „Lehrerkompetenz-Ampel" mit den Stufen 1 bis 3 hilft die jeweiligen Lehrerkompetenzen im Niveau zu verorten.

Stufe 1: Die hier eingestuften Kompetenzen und Strukturierungen stehen am Anfang der Lehrerausbildung und bilden die Basis.

Stufe 2: Mit den hier eingestuften Kompetenzen und Strukturierungen sollten Sie sich nach einem erfolgreichen Start in die Lehrerausbildung befassen, bzw. werden diese in der Regel auf gutem Niveau erst etwa nach der Hälfte der Ausbildung erreicht.

Stufe 3: Hier eingestufte Kompetenzen und Strukturen gelten als komplex und sind eher schwierig zu integrieren bzw. zu erreichen. Hiermit sollten Sie sich erst in der zweiten Hälfte der Lehrerausbildung beschäftigen, bzw. werden diese in der Regel erst gegen Ende der Ausbildung auf gutem Niveau erreicht.

1 Grundlagen der Unterrichtsplanung

1.1 Die Planung einer Einzelstunde

HINWEIS
Setzen Sie sich zu Beginn wenige einfache Ziele (z. B. geleitete Phasenübergänge), um sich auf Elementares konzentrieren zu können.

Die aktuelle Entwicklungen im Bereich der Lehrerausbildung lassen erkennen, dass Lehramtsstudenten bzw. Lehramtsanwärter immer früher in die Praxis integriert werden, was sicherlich für den Einzelnen sowie für das Gesamtsystem diverse Vor- aber auch Nachteile mit sich bringt. Unterricht auf einem hohem Niveau zu planen ist ein hochkomplexer Prozess, der eine Menge an Erfahrungen im Bereich der Fachdidaktik, Lernpsychologie, allgemeiner Lernprozesse, dem behutsamen, lernförderlichen Umgang mit SuS, der professionellen Lehrerpersönlichkeit und den mit ihr verbundenen Kompetenzen voraussetzt.

Die vorausgegangene Aufzählung ließe sich noch problemlos erweitern und beliebig ergänzen, und es wird klar, dass Unterrichtsplanung von derart vielen Parametern abhängig ist, dass es gerade für den Anfänger eine Leichtigkeit darstellt, sich darin zu verlaufen und zu Beginn falsche Schwerpunkte zu setzen, wie zum Beispiel methodische Überlegungen vor die didaktisch-inhaltlichen zu stellen.

Dies ist vermutlich eine der häufigsten Beobachtungen, die in der Lehrerausbildung gegenwärtig von Ausbildern gemacht werden: Lehramtsanwärter planen zu schnell zu komplexe Anliegen, bei deren Ausgangsüberlegungen sie nicht beim Elementaren, also von der Sache ausgehend, begonnen haben. Hierbei verhält es sich genauso wie im Studium des Faches Mathematik selbst: Wer beim Bau seines eigenen mathematischen „Hauses" die Grundmauer lückenhaft und zu schnell aufbaut, etwa mit einer schwammigen Elementarkenntnis über Zahlenbereiche, der wird im weiteren Aufbau, zum Beispiel im Bereich der Analysis, nur schwerlich über den Bereich des automatisierten Anwendens hinauskommen.

Somit ist es von großer Relevanz, den Grundstock der Unterrichtsplanung zu identifizieren und zu festigen sowie in der Ausbildung falsche Planungsansätze nicht systembedingt zu unterstützen. Ein routinierter Praktikumsbegleiter, Ausbildungslehrer und Seminarausbilder würde aus diesem Grund zum Beispiel zu Beginn der Ausbildung keine diagnostischen Instrumente oder differenzierende Momente verlangen.

Ausgehend von diesen Überlegungen werden im Folgenden somit zuerst grundlegende Definitionen von Begriffen gegeben, die zwar trivial erscheinen, jedoch immer wieder falsch verwendet werden. Anschließend wird ein gedanklicher und teilweise chronologischer „Grundplanungsprozess" vorgestellt, der sich zuerst bewusst im unteren Niveaubereich der „Lehrerkompetenz-Ampel" bewegt. Zusätzlich wird eine Kurzplanung für die ersten Stunden vorgestellt (vgl. hierzu auch das Download-Material zum Band).

HINWEIS
Weitere Materialien zum Grundplanungsprozess und zur Kurzplanung finden Sie im Download-Material zu diesem Buch.

Im Verlauf des vorliegenden Buches werden komplexere Planungselemente hinzukommen, sodass dem Leser bewusst werden sollte, an welchen Stellen die „Grundlagenplanung" nun erweitert werden sollte, um sich der Chronologie der Ausbildung und den erwarteten Kompetenzen anzupassen.

Für die Arbeit mit diesem Buch unerlässliche Arbeitsdefinitionen für die Begriffe *Sozialform, Didaktik, Methodik* und *methodische Großformen*:

Die Sozialform. Eine Sozialform definiert, wer im Unterricht mit wem kommunizieren darf. Beispiele:
- Einzelarbeit (EA)
- Partnerarbeit (PA)
- Gruppenarbeit (GA)
- Unterrichtsgespräch (UG)

Unterrichtsmethoden wie „Think – pair – share" (die „Ich-du-wir"-Methode) sind keine Sozialformen, was in schriftlichen Unterrichtsentwürfen immer wieder falsch kategorisiert wird.

Didaktik. Unter Didaktik versteht man die Theorie und Praxis des Lehrens und Lernens.

> Die Didaktik kümmert sich um die Frage,
> - wer
> - was
> - wann
> - mit wem
> - wo
> - wie
> - womit
> - warum
> - und wozu
>
> lernen soll.
>
> (Meyer 1994, S. 16)

Achten Sie im Entwurf unbedingt darauf, die Begriffe „Methodik“ und „Sozialform“ richtig zu benutzen.

Methodik. Unter Methodik verstehen wir die Vielzahl von Möglichkeiten (das Wie der Didaktik), Unterricht und dessen einzelne Phasen zu gestalten. Die Methodik ist also ein Teil der Didaktik und nicht von ihr zu trennen. Beispiele für Methoden:

- Placemat
- Lernspiele
- Lernplakat
- Tandembogen
- Begriffsmemory
- Schreibkonferenz
- Lückentexte

Aber auch die sorgfältig strukturierte Tabelle auf einem Arbeitsblatt (Unterrichtsmedium), die eine gelenkte Entdeckung eines mathematischen Sachverhaltes ermöglicht (zum Beispiel zum Vergleichen von Messergebnissen und der Ableitung des Besonderen bei der Einführung von π), ist im Rahmen dieser Definition eine Methode, in ihrer Einsatzhäufigkeit im Unterricht sicherlich eine der relevantesten Darstellungsformen, da sie das „Wie“ des Lernprozesses maßgeblich unterstützt.

Methodische Großformen. Bei einigen Methoden fällt es Anfängern, aber auch Fortgeschrittenen immer wieder schwer, diese als solche einzuordnen oder von einer Sozialform abzugrenzen, da sie teilweise auch den Charakter einer oder mehrerer Sozialformen und einer Methode haben. Dazu kommt, dass sich diese Unschärfe auch mithilfe der didaktischen Literatur nicht trivial beseitigen lässt, da mehrere Definitionen für den Begriff *Unterrichtsmethoden* existieren. Diese hier unter *methodischen Großformen* aufgeführten Methoden prägen die Aufbereitung des Lernens einer ganzen Stunde oder sogar einer ganzen Einheit und werden im Folgenden vereinfacht ebenfalls als Methode behandelt, da eine weitergehende begriffliche Differenzierung in diesem Bereich nicht zielführend erscheint. Beispiele für methodische Großformen:

- Gruppenpuzzle
- Museumsgang
- Stationenlernen
- Lerntheke

Für den Planungsprozess von Unterricht sind didaktische und methodische Aspekte von Bedeutung. Von unerlässlicher Relevanz für den Ablauf der Planung ist Folgendes:

> Im intelligenten Planungsprozess geht Inhalt vor Methode!

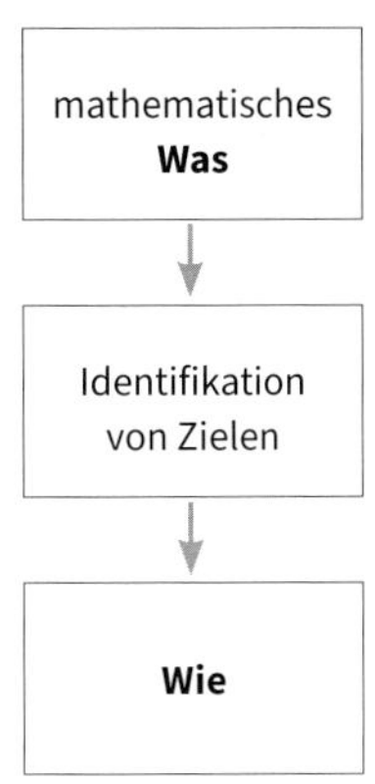

In diesem Gedankengang kommt der Planende somit von der Auseinandersetzung mit den Fachinhalten und der Bedingungsanalyse (u. a. die Lernausgangslage der SuS) zu seinen konkreten Lernzielen der nächsten Stunde (was genau soll gelernt werden?). Beginnt man jedoch mit den Methoden, wird Unterricht häufig didaktisch sinnlos vollzogen und endet im Extremfall in Effekthascherei und purem Methoden- und Plakatewahn.

Das wird teilweise leider durch die Vielzahl an Unterrichtsmedien und durch falsch verstandene Ausbildung noch unterstützt. Elemente der guten Mathematiklehrerausbildung sind unter anderem selbstverständlich ein großer Bestand an guten und realistischen Methoden. Diese sind jedoch nicht zwingend einzusetzen, sondern stets Teilergebnis einer intelligenten Planungsentscheidung. Die „tollste", bunteste und modernste Methode, zur falschen Zeit, am falschen Inhalt oder in der falschen Lerngruppe angewendet, ist oft der Anfang des didaktischen Untergangs.

> Beginnen Sie Ihren Entwurf nie, indem Sie über das scheinbar schöne „Wie" schreiben, sonst drohen Sie, ins Desktiptive abzugleiten und die vorausgehenden Gedanken zu vernachlässigen.

Hieraus ergibt sich die Relevanz der didaktischen Begründung einer Methode! Eine Methode bezieht sich auf das Wie einer einzelnen Stunde oder einer einzelnen Unterrichtsphase (Einstieg, Erarbeitung, Sicherung). Ein Beispiel: Zumindest in den unteren Klassen der Hauptschule ist die freie sprachliche Produktion eines Merksatzes in der Regel eine reine Überforderung der Lerngruppe und muss zum Scheitern des Prozesses führen, das heißt, nur sehr wenige oder keine SuS können an diesem Teil der Stundensicherung teilhaben.

Die didaktischen Überlegungen über das Was (zum Beispiel konkrete Merksatzproduktion am Ende einer Erarbeitung), das Wer (Hauptschüler mit ihrer konkreten Lernausgangslage, Jahrgang x) und das Wann (Position innerhalb der Einheit, altersgemäße Entwicklung) führen zu den Überlegungen des Wie. In diesem Fall wäre die Auswahl einer sprachfördernden Methode, zum Beispiel eines Lückentextes oder eines Satzpuzzles (vgl. Kapitel zur Sprache), eine sinnvolle Entscheidung.

> **HINWEIS**
> Im Download-Material finden Sie eine Checkliste für die Unterrichtsplanung!

1.2 Elemente der Unterrichtsplanung

Unterrichtsplanung ist auch dann, wenn man sie vereinfacht durchführt oder darstellt, ein komplexer Prozess. Als niveauvollere Planungselemente, die mehr Erfahrung benötigen, stufe ich zum

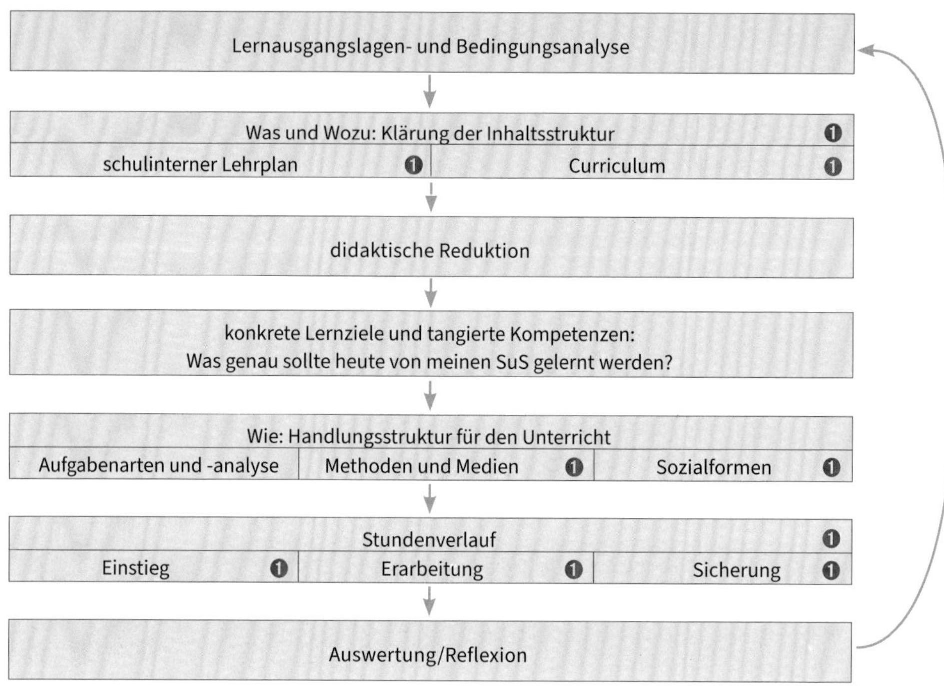

Unterrichtsplanung

Beispiel diagnostische und differenzierende Elemente ein. Sie werden entsprechend der „Ampel"-Stufe ❸ zugeordnet und sind daher an dieser Stelle zur Vereinfachung nicht dargestellt.

Die Planung, auch die des Anfängers, sollte alle dargestellten Elemente enthalten, auch wenn sie nicht stets schriftlich fixiert werden müssen. Die mit „Ampel"-Stufe ❶ gekennzeichneten Bausteine werden in der Regel schneller beherrscht als die anderen. Man könnte auch dies noch vertiefen und in diesen Bereichen komplexere Elemente finden, was hier aber für den Anfänger ebenfalls reduziert wird. So sollte man sich im Bereich der Aufgaben zu Beginn nicht gleich mit offenen Aufgaben oder im Bereich der Methoden mit dem Gruppenpuzzle und Stationenlernen auseinandersetzen, um sich nicht in deren Komplexität zu verlaufen.

Für erste Schritte im Unterricht gilt: Die methodische Strukturierung zu Beginn reduzieren und inhaltliche, didaktische Überlegungen zu dem „Was soll auf welche Art gelernt werden?" vertiefen!

Zudem gilt: Je gründlicher die im Folgenden erläuterten Schritte durchdacht werden, desto einfacher ist es anschließend, einen guten schriftlichen Entwurf (vgl. Kapitel 3) zu formulieren, da dieser ein Abbild, eine Art Protokoll dieses Planungsprozesses darstellt.

1.2.1 Lernausgangslage- und Bedingungsanalyse

Die Frage danach, was in der nächsten Mathematikstunde gelernt werden soll, stellt sich gerade für viele Berufsanfänger nur nebenbei, ebenso wie die nach der chronologischen Planung der ganzen Unterrichtsreihe, denn die Antwort darauf steht doch augenscheinlich auf der nächsten Seite des Schulbuchs.

Das ist jedoch besonders für den Anfänger gefährlich, da die neuere Schulbuchgeneration sich durch knappe Einführungen mit breitgestreuter Kompetenz- und knapper Differenzierungsintegration sowie „dezentralen" Übungsaufgaben, die im dazugehörigen Übungsheft enthalten sind, auszeichnet. Ein erfahrener Kollege mag schnell erkennen, an welchen Stellen die dargestellte Einführung zu komplex und die Übungsaufgaben unzureichend oder ihr Niveau unpassend ist. Zudem hat er eher einen Überblick, ob der dargebotene Inhalt auch den im Lehrplan geforderten Inhalten und Niveaustufen entspricht. Als Anfänger verfügt man in der Regel jedoch noch nicht über die beschriebene Kompetenz, sodass es schnell zu didaktisch unfruchtbaren und unerfreulichen Erfahrungen führen kann, sich auf eine im Buch vorgeschlagene Vorgehensweise zu verlassen.

HINWEIS
Hinterfragen Sie stets bei Ihren Planungen die Vorgehensweise und Strukturierung des Schulbuchs mit Blick auf Ihre Lerngruppe.

In diesem Planungsbereich muss sich der Lehrer also über folgende Frage Klarheit verschaffen: *Wie ist die Lernausgangslage meiner Lerngruppe?* Die Erhebung von Lernausgangslage und -bedingungen sollte konkrete Überlegungen zu möglichst vielen der folgenden Beispielfragen beinhalten:

- Welche Einheiten werden beherrscht?
- Welche Umformungen können die SuS vornehmen?
- Wie genau sieht die Schülernotation momentan aus?
- Was für Fachbegriffe kennen die SuS und welche werden in der Einheit bzw. der nächsten Stunde zusätzlich eingeführt?
- Was waren die aufgefallenen Fehler und innermathematischen Probleme in den Vorstunden?
- Mit welchen Darstellungsformen (Graph, Term, Tabelle, Text usw.) wurde bereits gearbeitet?
- Existieren sprachliche oder fachsprachliche Probleme in der Lerngruppe?
- Mit welchen Werkzeugen kann die Lerngruppe umgehen?
- Welche Lernhilfen sind bekannt?

Fragen zur außermathematischen Lernausgangslage und Lernbedingungen sind zum Beispiel:

- Welche Methoden und Sozialformen sind tradiert?

- Wer sind die Leistungsträger und die leistungsschwächeren SuS?
- Wie schnell arbeitet der fiktive Durchschnittsschüler?

1.2.2 Das Was und Wozu – Klärung der Inhaltsstruktur

Sind die Lernausgangslage und die Lernbedingungen geklärt, erschließt sich der nächste Stundeninhalt, im Inhaltskontext der Unterrichtsreihe gedacht, sachlogisch aus den vorangegangenen Überlegungen. Zudem helfen der schulinterne Lehrplan sowie das Fachcurriculum dabei, einen Überblick über die in dem Gebiet zu lehrenden bzw. zu erlangenden Kompetenzen und Inhalte zu erlangen. In klassischen Unterrichtsplanungen vollzogen die LuL an dieser Stelle eine Sachanalyse, in der sie sich nochmals, bei der Wissenschaft Mathematik beginnend, ausgiebig mit der inhaltlichen Thematik auseinandersetzten. Dieses wird heute in dieser Tiefe in vielen Seminaren nicht mehr für notwendig erachtet. Dennoch sollten hier folgende Punkte angedacht werden:

Im schriftlichen Entwurf sollten einige dieser Fragen geklärt werden, um die Basis Ihres didaktischen Denkens zu verdeutlichen.

- Beherrsche ich die mathematischen Fähigkeiten so, dass ich im Unterrichtsprozess mit all seinen Einflussfaktoren über die Mathematik (kaum) nachdenken muss?
- Kann ich auf tiefergehende Fragen von entsprechenden SuS fachkompetent antworten?
- Lässt sich der Sachverhalt auf mehr als eine Art erklären und bin ich dazu in der Lage?
- Welche innermathematischen und außermathematischen Einsatzgebiete existieren und wie genau sieht die Alltagsrelevanz für meine SuS aus?
- Was ist am konkreten Inhalt aus Schülersicht komplex? Welche Zugänge und Lösungsmöglichkeiten haben die SuS dazu?
- Mit welchen Denk- und Notationsfehlern kann ich bereits vor der Stunde rechnen?
- Welche Alternativen der richtigen Notation und Einführung gibt es und welche könnte ich integrieren?

1.2.3 Didaktische Reduktion

In diesem Schritt wird der Lerngegenstand mit Blick auf die konkrete Lerngruppe hin durchdacht, auf deren Denkfehler hin durchleuchtet und qualitativ und quantitativ derart eingegrenzt, dass er zu der konkret zuvor analysierten mathematischen Lernausgangslage und allen anderen Lernbedingungen, die „meine“ SuS und „mein“ entsprechendes System mit sich bringen, in einer Schulstunde zu absolvieren ist.

Die zuvor gemachten Überlegungen zu Darstellungsformen, Umformungen, Notationen, Werkzeugen bis hin zu bekannten Methoden und Sozialformen führen den Planenden nun zu einem bestimmten Aufgabenniveau(-spektrum). Ebenso ergeben sich jetzt bestimmte Darstellungsformen, notwendigerweise wegzulassende Umformungen, Herleitungen und Maßeinheiten. Der Denkprozess führt den Planenden somit an dieser Stelle zu einer entsprechenden „Inhaltsmenge und Aufgabenwahl", bei der er davon ausgehen kann, dass ein von ihm angenommener Durchschnittsschüler der konkreten Lerngruppe sie absolvieren kann.

HINWEIS
Aus der Umkehrung oder der teilweisen Auflockerung der Reduzierung leiten sich auf höherer Planungsebene die Differenzierungsmöglichkeiten ab.

Beispiele für mögliche didaktische Reduktionen einer Stunde, in der der Flächeninhalt des Rechtecks eingeführt werden soll: Unter Berücksichtigung der herausgefundenen Lernausgangslage und den Lernbedingungen könnte wie folgt reduziert werden:

- Es soll nur die Einheit m^2 benutzt werden, eine Umrechnung ist nicht geplant.
- Es werden nur Rechtecke integriert, deren Seitenlängen ein ganzzahliges Vielfaches von 1 darstellen.
- Zusammengesetzte Rechtecke sollen nicht integriert werden.
- Das Notieren einer Formel mit entsprechenden Variablen wird nicht verlangt.
- Es wird nicht verlangt, einen Merksatz frei zu formulieren.

Im schriftlichen Entwurf ist die entsprechende Reduktion noch zu begründen!

1.2.4 Konkrete Lernziele und tangierte Kompetenzen – was genau soll heute von meinen SuS gelernt werden?

Der vorangegangene Planungsprozess sollte nun bereits zu „kleinen Häppchen des Lernzuwachses" geführt haben, sodass dem Planenden klar sein sollte, was von den SuS gelernt werden soll. Um es sich zu verdeutlichen, sollte der Anfänger das zu Beginn notieren. Nun geht es darum, die Planung möglichst kleinschrittig und kontrollierbar zu formulieren. Hat ein Schüler innerhalb einer Stunde etwas für ihn Neues gelernt, so ist er danach in der Lage, ein wie auch immer geartetes anderes Verhalten zu zeigen. Er kann zum Beispiel ein mathematisches Problem lösen, eine neue Schreibweise nutzen, hat negative Zahlen oder die Bruchschreibweise in seinen „mathematischen Werkzeugkoffer" hinzubekommen. Dies lässt sich in der Regel von den LuL beobachten.

HINWEIS
Dies sind noch keine Lernziele im Sinne des schriftlichen Entwurfs. Hierzu fehlt den LuL an dieser Stelle der Planung noch das Wie. Ihnen ist jetzt der Inhaltsteil des Lernziels klar, auch wenn sie noch nicht wissen, auf welche Art sie sie realisieren.

Formuliert man das Lernziel möglichst konkret, ermöglicht dies den LuL, nach dem Unterricht möglichst klar zu erkennen, ob die SuS die Ziele erreicht haben.

Beispiele für klar „abhakbare" Lernziele zu der oben erwähnten Einführungsstunde: Die SuS sollen

- den Flächeninhalt eines allgemeinen Rechtecks berechnen können;
- die Flächeninhaltsformel des Rechtecks finden;
- ableiten, dass eine neue Einheit (m^2) genutzt werden muss.

Die hier beschriebenen Lernziele stellen keine Kompetenz nach der Begriffsdefinition dar. Die begriffliche Unterscheidung erfolgt an späterer Stelle (siehe Kapitel 3 zum schriftlichen Entwurf).

1.2.5 Das Wie – Handlungsstruktur für den Unterricht, Aufgabenarten, Methoden und Medien, Sozialformen

An dieser Stelle der Planung angekommen ist die Eingrenzung und Klärung des mathematischen Inhalts (das Was) absolviert und der Planende kann sich mit dem Wie beschäftigen. Das in diesem Bereich Relevanteste ist die sorgfältige Auswahl der Lernaufgaben und die mit der jeweiligen Aufgabenart verbundene didaktische Intention (vgl. Kapitel 1.2.6 zu Aufgaben). Mit den Aufgaben ist die Qualität und der Erfolg des Unterrichts im besonderen Maße verbunden.

Sind eine oder mehrere passende Lernaufgaben gefunden, lohnt es sich, diese einer genaueren Analyse zu unterziehen.

Die Aufgabenanalyse

> Erst jetzt kommen Gedanken zum Wie und der Aufgabenwahl im Planungsprozess. diese Chronologie und Abhängigkeit sollte im Entwurf erkennbar sein.

In der Aufgabenanalyse versuchen LuL, die betreffende Aufgabe aus der Sicht der SuS hinsichtlich möglicher Lösungswege und der Schwierigkeiten bei ihrer Erfassung und Lösung einzuschätzen. Das heißt, die LuL sollten an dieser Stelle die Aufgaben auch in der von ihnen später im Unterricht gewünschten Schülernotation lösen und mögliche Fehlerquellen und falsche Denkansätze identifizieren. Wenn zu große Schwierigkeiten oder noch nicht erfüllte Lernvoraussetzungen ersichtlich werden, kann auch die Nichteignung der Aufgabe innerhalb der Unterrichtseinheit oder für die Schülergruppe das Ergebnis der Analyse sein. In vielen Unterrichtsprüfungen besteht eines der grundlegenden Planungsprobleme darin, dass sich der Lehrer im Vorfeld nicht in ausreichendem Maße und der gebotenen Tiefe mit der Durcharbeitung seiner Aufgaben im Sinne der Aufgabenanalyse beschäftigt hat. So werden Aufgaben häufig nach ihrer scheinbaren „mathematischen Schönheit“ oder Offenheit ausgewählt und müssen nachträglich im Kontext der formulierten Ziele oder mit Blick auf die Lerngruppe als ungeeignet klassifiziert werden.

Die Aufgabenanalyse bezieht sich nicht auf einzelne SuS, sondern auf den fiktiven Durchschnittsschüler der konkreten Lerngruppe. Es geht hierbei darum, das benötigte Wissen und die Fähigkeiten, die zur Lösung der Aufgabe erforderlich sind, herauszufinden und deren Verwendbarkeit einzuschätzen. Ausgehend von einer solchen Analyse kann der Lehrer die Erstellung von Lernmaterialien und Lehrtechniken angehen.

Die praktische Kurzform der Analyse hilft dem Anfänger (und Fortgeschrittenen) bei der täglichen Auswahl und sollte im sorgfältigen Durcharbeiten der u. a. Tabelle bestehen.

HINWEIS
Vorsicht vor scheinbar mathematisch schönen Aufgaben!

Aufgabenbeispiel

Beim folgenden Aufgabenbeispiel zum Thema Schwerpunkt des Dreiecks wurde ein enaktiver Zugang zur Heranführung an die Thematik gewählt:

AUFGABENSTELLUNG

1 **Zeichne alle Winkelhalbierenden in das erste Dreieck.** Zerschneide das Dreieck in die Teildreiecke und wiege diese.

2 **Zeichne in das zweite Dreieck je eine Linie, die vom Mittelpunkt jeder Seite durch den gegenüberliegenden Punkt des Dreiecks geht.** Zerschneide das Dreieck in die Teildreiecke und wiege diese.

3 **Diskutiert in eurer Gruppe, was euch an den Ergebnissen auffällt.** Welche Schlussfolgerung zieht ihr daraus? Was zeichnet den besonderen Punkt aus und wie könnte man ihn nennen?

LÖSUNGSSCHRITT 1

Lösungsschritte Aufgabe 1:
Die SuS konstruieren die Winkelhalbierende
- in dem ersten Dreieck.

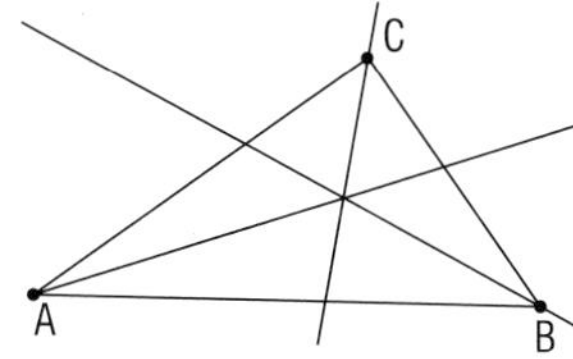

- Die SuS zerschneiden das Dreieck in die Teildreiecke und wiegen diese.

Voraussetzungen und Vorkenntnisse:
- Wissen, was eine Winkelhalbierende ist und wie sie konstruiert wird (Zirkel, Lineal/Geodreieck)
- die einzelnen Dreiecke erkennen
- das Gewicht von der Waage ablesen und diese richtig bedienen

LÖSUNGSSCHRITT 1

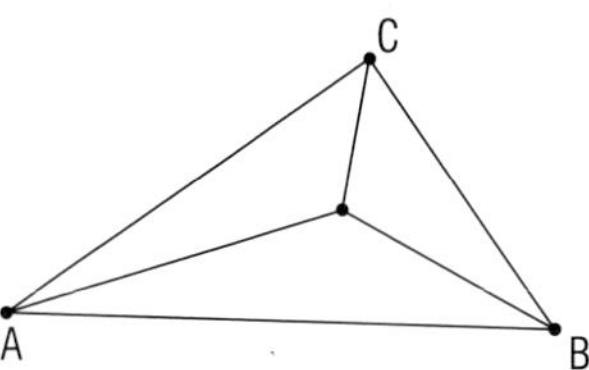

Mögliche Schülerfehler: Der „Mittelpunkt" ist als Begriff unklar. Die SuS werfen die Teildreiecke durcheinander und vertauschen die Messergebnisse. **Konsequenzen:** ▶ Die Dreiecke färben, beschriften und eine Tabelle auf dem Arbeitsblatt erstellen. ▶ Beabsichtigt sind nur 3 Teildreiecke, nicht 6, das heißt, die Formulierung der Aufgabe muss präzisiert werden oder Lernhilfen (z. B. ein Bild) müssen integriert werden.

LÖSUNGSSCHRITT 2

Lösungsschritte Aufgabe 2:

- Die SuS konstruieren die Seitenhalbierende im 2. Dreieck nach Anweisung.

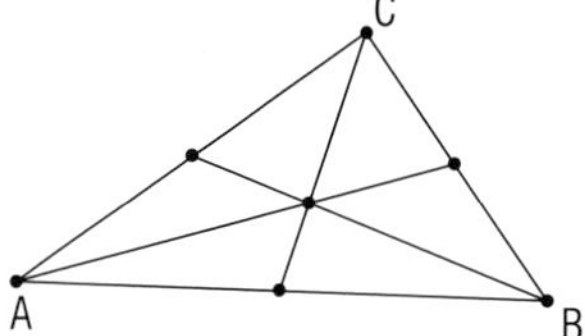

- Die SuS zerschneiden das Dreieck in die Teildreiecke und wiegen diese.

Voraussetzungen und Vorkenntnisse:

- Die Anweisungen zur Konstruktion der Seitenhalbierenden müssen genau befolgt werden.
- Die einzelnen Dreiecke erkennen.

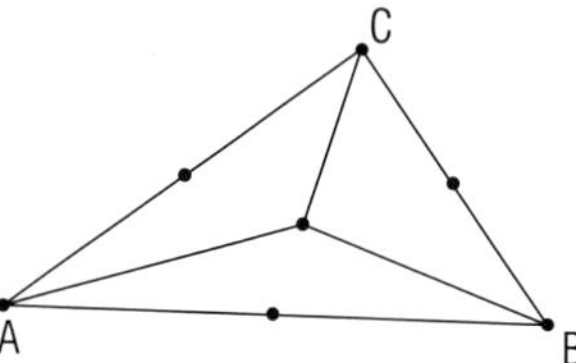

- Das Gewicht muss von der Waage ablesen werden.

Mögliche Schülerfehler: Der „Mittelpunkt" ist als Begriff unklar. Die SuS werfen die Teildreiecke durcheinander und vertauschen die Messergebnisse. **Konsequenzen:** ▶ Die Dreiecke färben, beschriften und eine Tabelle auf dem Arbeitsblatt erstellen. ▶ Beabsichtigt sind nur 3 Teildreiecke, nicht 6, das heißt, die Formulierung der Aufgabe muss präzisiert werden oder Lernhilfen (z. B. ein Bild) müssen integriert werden.

LÖSUNGSSCHRITT 3

Lösungsschritte Aufgabe 3:

- Die SuS erkennen, dass die Teildreiecke des ersten Dreiecks nicht die gleichen Massen haben.
- Die SuS erkennen, dass die Teildreiecke des zweiten Dreiecks die gleiche Masse haben.
- Die SuS ziehen Schlussfolgerung/ein Fazit aus den unterschiedlichen Massen.
  - die Winkelhalbierende bildet nicht den Schwerpunkt eines Dreiecks, weil die kleinen Dreiecke sonst gleich viel wiegen würden
  - die Seitenhalbierenden bzw. deren Schnittpunkt bilden den Schwerpunkt des Dreiecks

Voraussetzungen und Vorkenntnisse:

- Notwendig ist das Wissen, dass der Schwerpunkt ein Dreieck in gleich schwere Dreiecke teilt.
- Es muss geschlussfolgert werden, dass der Schwerpunkt nicht mit der Winkelhalbierenden konstruiert werden kann.

Mögliche Schülerfehler: Die SuS kommen nicht auf die gewünschten Erkenntnisse, die sich aus den richtigen Messergebnissen ableiten lassen. **Konsequenzen:** ▶ Lernhilfen (z. B. gestufte Hilfekarten) bzw. Sicherungshilfen sind notwendig. Eventuell eine Wortwolke, ein Lückentext oder ein Satzpuzzle integrieren? ▶ Die Dreiecke vielleicht noch einmal unausgeschnitten anbieten, um zu skizzieren und auf den Punkt zu lenken. ▶ Der Begriff „Schwerpunkt" muss irgendwie, eventuell in Form einer Hilfe, integriert werden, da dieser in der Regel nicht „vom Himmel fällt".

1.2.6 Methoden und Medien, Sozialformwahl

Ist dieser Planungsschritt vollzogen und sind die Lernaufgaben als geeignet identifiziert, kann die Lehrperson an die Wahl der methodischen Strukturierung (vgl. Kapitel 10 zu Methoden) und die Sozialformwahl schreiten. Die Sozialformwahl (EA, PA usw.) korreliert mit den vorherigen Überlegungen – so ist zum Beispiel nicht jede Aufgabenart geeignet, um in einer Gruppe diskutiert und bearbeitet zu werden.

Die hier dargestellten Überlegungen zur Sozialformwahl lassen sich analog auf die Wahl der Methode übertragen.

> Achten Sie beim Schreiben auf die Begründung der Sozialform. Diese wird gelegentlich vergessen, da die Methodenwahl fälschlicherweise als wichtiger eingestuft wird.

Passt die Sozialform zur Aufgabe und Methode?

- Ist die Aufgabe geeignet, um in einer EA/PA/GA bearbeitet zu werden? Lässt sie Raum für mehrere Lösungswege und Möglichkeiten für Diskussionen?
- Welche wahrscheinlichen Fehler muss ich eventuell im guten Kurzvortrag am Ende bündeln?

Passt die Sozialform zur Lerngruppe?

- Beherrschen die SuS EA/PA/GA?
- Wie lange können die SuS die Sozialform „durchhalten"?

- Welche Regeln muss ich zusätzlich besprechen?
- Welche Unterstützung kann ich ihnen hierfür geben?

Vor- und Nachteile der Sozialform für die geplante Stunde
- Schwache SuS erreichen allein in der EA keine Lösung.
- Starke SuS werden durch die langsamen in der GA ausgebremst.

1 2 3 Auf höherer Planungsebene liegt auch in der Wahl der Sozialform eine Möglichkeit der Differenzierung. Hier muss daran gedacht werden, dass nicht alle SuS stets die gleiche Sozialform parallel absolvieren müssen. Hat eine Lerngruppe zum Beispiel nur zwei lernstarke SuS, sollten diese gelegentlich „ausscheren" dürfen, um in EA oder PA voranzuschreiten oder andere, fakultative Aufgaben zu bearbeiten. Sie stets als Lernhelfer einzusetzen, fördert zwar die Erklärfähigkeit und soziale Lernziele, widerspricht jedoch dem Gedanken, diese SuS auch inhaltlich zu fördern.

Anfänger müssen in ihrer Planung darauf achten, dass sie in jeder Stunde einen Sozialformwechsel integrieren und nicht selbst zu aktiv und zu dominant im Prozess zu sein, wie es häufig zu Beginn der Fall ist. Dadurch werden den SuS wertvolle Lernmöglichkeiten entrissen. Häufig resultiert diese typische Anfängerdominanz, die sich meist in unangemessen hohem eigenen Gesprächsanteil zeigt, aus der falschen Sozialformwahl.

1.2.7 Stundenverlauf: Einstieg, Erarbeitung/Übung, Sicherung

Es gibt keinerlei festes Artikulationsschema für die Durchführung von Unterricht. Für unterschiedliche Strukturierungsarten von Mathematikunterricht ergeben sich jedoch zwingende Phasen, wie zum Beispiel die Phase der Problemgewinnung im problemorientierten Mathematikunterricht oder die Phase der Problemfragengewinnung für den am forschend-entwickelnden Unterricht orientierten Mathematikunterricht.

Grundlegend sollte Planung von Mathematikunterricht sich daran orientieren, wie SuS Mathematik lernen. Hierbei ist zu beachten, dass der gesamte mathematische Lernprozess und seine einzelnen Lernphasen nicht immer innerhalb einer Stunde absolviert werden müssen oder können.

Dazu kommt, dass jeder Schüler seinen eigenen Lernweg beschreitet, und sich die SuS einer Lerngruppe zudem unterschiedlich schnell durch die Phasen bewegen.

In Anlehnung an Zech (vgl. Zech 2002, S. 181–185) werden folgende Lernphasen zugrunde gelegt:

- **Motivationsphase (1):** „Von nichts kommt nichts." Diese Aussage ist auch für den mathematischen Lernprozess gültig. SuS müssen also extrinsisch oder intrinsisch motiviert werden, zum Beispiel extrinsisch über einen motivierenden Unterrichtseinstieg, eine persönliche positive Verstärkung, eine begeisternde Lehrerpersönlichkeit oder intrinsisch über den Wunsch nach einer besseren Note oder den Willen, eine bestimmte Aufgabe zu lösen.
- **Phase der Schwierigkeiten (2):** Innerhalb der Erarbeitung oder Übung begegnen die SuS im Idealfall auf ihrem Niveau inhaltlichen Hürden, die es durch einen Lernprozess zu überwinden gilt. Hieraus folgt: Hat kein Schüler Schwierigkeiten, wissen alle oder fast alle sofort die Lösung und tauchen keine Fehler auf, ist der Lernzuwachs und Lernprozess in Frage zu stellen!
- **Überwindung der Schwierigkeiten (3):** Durch eine geeignete Methodenwahl (zum Beispiel eine strukturierte Tabelle, ein genetisches Tafelbild, gestufte Lernhilfen, Lückentexte, Bilderketten) und eine passende Sozialformwahl können die SuS die aufgetretenen Schwierigkeiten überwinden.
- **Das Gelernte sichern (4):** Die SuS können das neue Wissen nun nochmals selbstständig anwenden, verschriftlichen, mit eigenen Worten erklären oder in eine andere Darstellungsform (Bild, Text, Tabelle) überführen.
- **Phase der Anwendung und Übung (5):** Der neue Inhalt wird sowohl in automatisierender Aufgabenform als auch in vertiefenden Aufgabenformen und Beispielen, im Sinne von Verständnisaufgaben, weiter eingeübt.
- **Transfer (6):** Der neue Inhalt wird in eine neue, auch außerschulische Situation übertragen.

HINWEIS
Phase 2 gilt auch gerade für Prüfungsstunden! Moderner Mathematikunterricht hat nichts mit einer Aneinanderreihung von vielen Lernhilfen zu tun, die den SuS jegliches Denken abnehmen und produktiv zu nutzende Schülerfehler vermeiden (vgl. Prinzip der minimalen Hilfen).

Im Vorangegangenen wurde bereits erwähnt, dass ein solcher Lernprozess in der Regel keineswegs innerhalb einer Stunde zu realisieren ist, sondern oft erst innerhalb von mehreren Stunden oder einer Unterrichtseinheit umsetzbar ist.

Der Lehramtseinsteiger sollte sich in seiner Strukturierung für die ersten Stunden am klassischen Dreischritt (Einstieg, Erarbeitung/Übung, Sicherung) orientieren, einer elementaren Strukturierung, die zu Beginn absolut ausreichend ist und die Mindestanforderung, auch an Alltagsunterricht, stellt.

Der Fortgeschrittene kommt durch seine komplexeren Unterrichtsanliegen zwingend auf mehrere Phasen innerhalb der Durchführung.

Unterrichtsphase	Sach- und Verhaltensaspekt Überlegungen und Alternativen			Sozialform	Medien
	Alternative 1	Alternative 2	Alternative 3		
Einstieg 5 Minuten	Ein motivierender Cartoon über den Grundstücksstreit der Bauern führt zur Problematik des Satzes des Pythagoras. Die Frage wird gemeinsam formuliert und an der Tafel fixiert.	Ein Bild oder Text wirft eine Frage auf, die zum Tafelbild übernommen wird.	Die Lehrperson informiert die SuS darüber, was heute gelernt und getan werden soll: „Ihr werdet heute einen der berühmtesten Sätze der Mathematik kennenlernen und anwenden. Dies ist folgendermaßen geplant: …“ Die Überschrift und Frage wird durch mich vorgegeben.	UG oder LV	Folie, Tafel
Erarbeitung 30 Minuten	Die SuS zeichnen in EA verschiedene rechtwinklige Dreiecke, konstruieren die Quadrate und leiten in GA die Erkenntnis frei formuliert ab. Zu benutzende Begriffe werden im Regelheft oder mithilfe der Lernplakate nachgeschlagen. Die Expertengruppe beschäftigt sich zusätzlich mit weiterführenden Aufgaben.	Die SuS erhalten ein eng geleitetes Arbeitsblatt, das bereits Dreiecke mit entsprechenden Quadraten enthält, dies bearbeiten sie zunächst in EA, dann mit ihrem Partner. Für die Formulierung des Merksatzes sind sprachliche Hilfsmittel (Lückentext, Wortwolke, Satzanfänge) vorgesehen.	Gemeinsam wird ein recht- und ein spitzwinkliges Dreieck gezeichnet und die Erkenntnis abgeleitet. Die SuS werden evtl. an der Formulierung des Merksatzes im Unterrichtsgespräch beteiligt und bearbeiten danach eine oder mehrere fast identische Aufgaben in EA oder PA. Alternative Idee: Einsatz einer dynamischen Geometriesoftware, die automatisch alle Flächeninhalte anzeigt. Diese müssten dann nur noch von den SuS addiert werden.	EA oder PA oder GA?	diverse Lernhilfen und Teillösungen
Sicherung 10 Minuten	Die SuS präsentieren ihre Ergebnisse und ihre frei formulierten Merksätze. Die Lehrperson legt Schwierigkeiten und Begriffe offen und stellt sie verbal und schriftlich heraus, das Einstiegsproblem wird von den SuS gelöst. Eine weiterführende Aufgabe wird besprochen.	Die SuS präsentieren ihre Ergebnisse mithilfe der vorbereiteten Folien. Eine weitere Aufgabe wird gemeinsam besprochen. Die Lehrperson gibt wichtige Hinweise auf mögliche Fehler.	Einzelne SuS präsentieren ihre Lösungen und ihre Notationen an der Tafel, die Lehrperson verbessert und gibt wichtige Hinweise auf mögliche Fehler.	UG oder SV oder LV?	Tafel, Folien, Arbeitsblatt

Verlaufsskizze zur Planung einer Einführungsstunde zum Satz des Pythagoras

Kurzplanung mithilfe der Verlaufsskizze

Eine sinnvolle Strukturhilfe für die Planung sowohl für den beginnenden Praktikanten als auch für den fortgeschrittenen Lehramtsanwärter stellt die Kurzübersicht in Form eines Verlaufsplans dar. Hier können auch in der Kurzplanung Alternativen angedacht und elementare Standards des guten Unterrichts bereits im Vorfeld berücksichtigt werden. Im schriftlichen Entwurf (vgl. Kapitel 3) findet sich dann die Reinform. Sie hilft den Beurteilenden, schnell einen Überblick über den Ablauf zu erhalten. Das Erwähnen von verworfenen Alternativen kann die getroffenen Entscheidungen untermauern und die Tiefe der eigenen Überlegungen darlegen.

In der abgebildeten Tabelle (S. 24) sind mögliche Planungsüberlegungen auf Anfängerniveau im klassischen Dreischritt (Einstieg, Erarbeitung/Übung, Sicherung) dargestellt, die drei verschiedene Skizzen für eine Einführungsstunde zum Satz des Pythagoras andeuten.

HINWEIS
Download-Material: Kurzplanung für Praktikanten

Zeitangaben helfen, Abläufe einzuschätzen! Achten Sie auf Sozialformwechsel!

FRAGEN ZUM WEITERDENKEN FÜR DIE SEMINARARBEIT ODER DAS HEIMSTUDIUM

- Notieren Sie für Ihre nächste Stunde oder eine Stunde Ihrer Wahl eine ausführliche Aufgabenanalyse, aus der auch mögliche Schülerfehler und Konsequenzen hervorgehen.
- Sind Ihnen die grundlegenden Elemente des guten Mathematikunterrichts bereits klar? Ansonsten bearbeiten Sie die Übung zur paradoxen Intervention (vgl. Download-Material zu Kapitel 1).
- Überlegen Sie sich zu folgendem Thema eine didaktische Reduktion: Einführung der ersten und zweiten Binomischen Formel.
- Skizzieren Sie die Planung Ihrer nächsten Stunde oder eine Stunde Ihrer Wahl. Achten Sie hierbei mindestens darauf, den klassischen Dreischritt, einen Sozialformwechsel und zwei Alternativen für Aktionsformen und Schüleraktivitäten zu integrieren.

2 Die Unterrichtsreihe – Strukturierung und Planung

Nachdem die ersten Unterrichtsstunden erfolgreich absolviert wurden, begegnet dem Berufsanfänger in der verkürzten Lehrerausbildung sehr schnell die Hürde, die erste Unterrichtsreihe selbstständig zu planen und zu absolvieren. Nach der Grobplanung der Reihe bedarf jede einzelne Stunde einer genaueren Planung im Sinne des vorangegangenen Kapitels und einer Anpassung an die jeweils zuvor stattgefundene Stunde.

Es ist didaktisch sinnvoll und nicht zuletzt zeitökonomisch, bereits im Vorfeld ganze Reihen grob vorzuplanen, um nicht während oder am Ende der Reihe vor Schwierigkeiten zu stehen, die man im Vorfeld hätte einplanen können. Eine große Planungs- und Orientierungshilfe bietet hier das eingeführte Lehrwerk. Sich unreflektiert darauf zu verlassen, birgt jedoch vor allem für Anfänger das Risiko, eine Vielzahl von Planungsfehlern zu begehen. Eine Anpassung an die spezielle Lerngruppe, ihren Voraussetzungen und Bedingungen, kann auch das beste Lehrwerk nicht liefern. Zudem kann es den LuL nicht die Entscheidung abnehmen, in welcher Reihenfolge sie die Stundenabfolge aufbauen möchten und an welcher Stelle Wiederholungen, Übungsstunden und Einschübe vonnöten sind. Des Weiteren liegt es in der Verantwortung der Lehrkraft, welche Notationen, Umformungen und Darstellungsformen innerhalb der Reihe von den SuS genutzt werden. Auch hier passen die Vorschläge des Lehrwerks eventuell bedingt, jedoch keinesfalls stets zur individuellen Lerngruppe. Auch die Reihenfolge der vom Buch vorgeschlagenen Reihen kann unter Umständen nicht zum Vorwissen der Lerngruppe oder zu sonstigen systembedingten Umständen passen, die beachtet werden müssen. So ist es nicht sinnvoll, die Pythagoras-Reihe vor der Behandlung der Quadratwurzeln zu terminieren, was jedoch teilweise in Schulbüchern so vorgegeben wird.

HINWEIS
Typisch für neuere Lehrwerke ist eine zu geringe Anzahl an automatisierenden und vertiefenden Übungsaufgaben. Dieses sollten Sie bei der Reihenplanung beachten.
Ein Blick in ältere Lehrwerke ist hilfreich.

Dieses Kapitel soll im Folgenden in Kurzform die einzelnen Schritte aufzeigen, die der Grobplanung einer Einheit generell zugrunde gelegt werden sollten.

Definition Unterrichtseinheit: Unter einer Unterrichtsreihe oder Unterrichtseinheit, die Begriffe werden von mir synonym verwen-

Planung einer Unterrichtseinheit

det, wird hier eine begrenzte Menge von Einzelstunden verstanden, die sich auf ein innermathematisch sinnvoll eingegrenztes Themengebiet beziehen. Eine Einheit, abgesehen von diversen Kurzeinheiten besteht in der Regel aus ca. 8 bis 12 Stunden. Die Unterteilung in kleinere Untereinheiten und begriffliche Differenzierung zum Beispiel von Einheiten und Unterrichtssequenzen wird in diesem Kontext als nicht zielführend erachtet und daher nicht thematisiert.

Nachfolgend wird ein Planungsablauf für die Konzeption einer Unterrichtseinheit vorgestellt und am Beispiel des Satzes des Pythagoras durchgespielt.

Überblick über die mathematischen Inhalte und Abgleich mit dem Curriculum, dem schulinternem Lehrplan und dem Schulbuch

Zu Beginn der Planung einer Unterrichtsreihe sollten sich die LuL einen Überblick über die vor ihnen liegenden mathematischen Inhalte der nächsten 8 bis 12 Stunden, also ca. 2 bis 3, maximal 4 Schulwochen verschaffen. Ein kurzer Abgleich mit dem Curriculum und dem schulinternen Lehrplan hilft, eventuell fakultative In-

BEISPIEL: Mögliche Inhalte einer Unterrichtsreihe zum Satz des Pythagoras

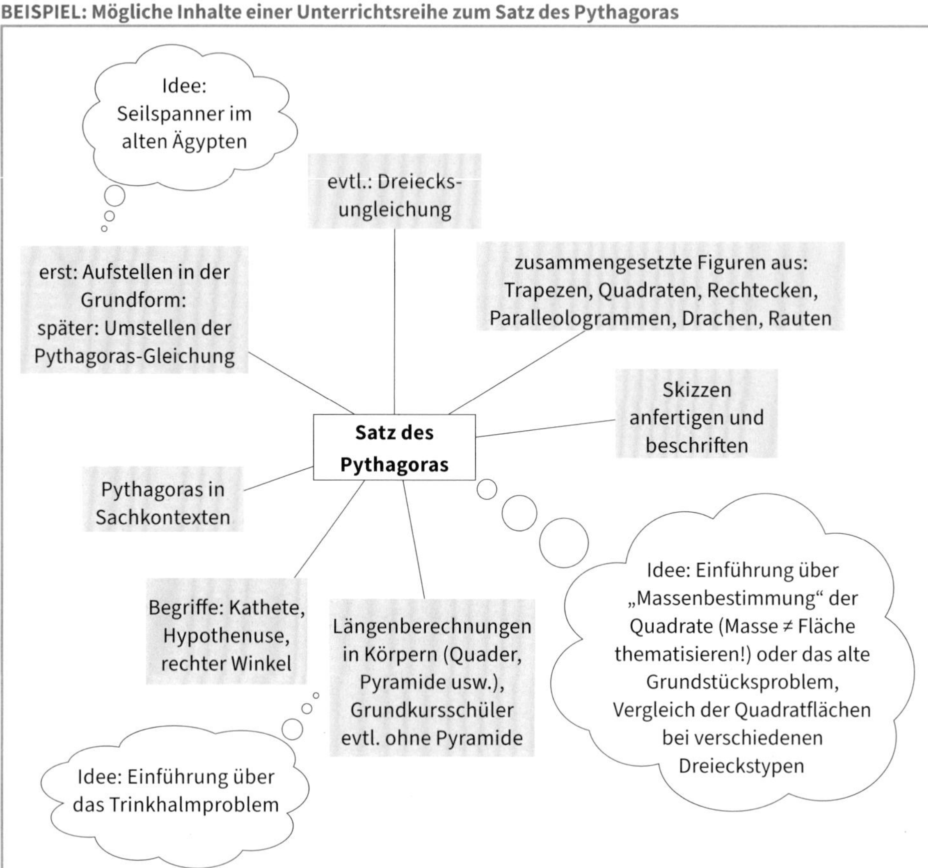

halte zu identifizieren, was besonders relevant ist bei integrierten Kursen, bei denen SuS mit differenzierten Zielen und Lehrplänen parallel beschult werden. Hierdurch gelangt man relativ schnell zu einer überschaubaren Anzahl von Stunden, die sich thematisch sinnvoll zu einer Reihe zusammenfassen lassen.

Um einen Überblick über die Inhalte zu bekommen, ist eine grafische Strukturierung, zum Beispiel in Form eines Mindmaps, zu empfehlen. Neben fachlichen Inhalten lassen sich bereits hier eigene Ideen darstellen, die sich im „Brainstorming" ergeben. Die Abbildung demonstriert das am Beispiel des Satzes des Pythagoras.

Kompetenzanalyse der Einheit und Abgleich mit der Lernausgangslage

Verschafft man sich bereits an dieser Stelle des Prozesses einen Überblick über die in der Einheit zu erlangenden oder tangierten

Kompetenzen, ist dieses für den Planenden ein weiterer Schritt dahin, Klarheit über den zeitlichen Umfang und die Chronologie, also den sachlogischen Aufbau der Reihe, zu erlangen. Zudem erleichtert das Arbeiten und Denken in Kompetenzen den Abgleich mit der Lernausgangslage und das Herauskristallisieren von schon im Vorfeld zu erkennenden Schwierigkeiten der konkreten Lerngruppe. Es wird also deutlicher, was eventuell schon zu Beginn der Einheit und was in ihrem Verlauf an Vorwissen wiederholt werden muss. Dazu kommt das erleichterte Zusammenspiel von Planung, Diagnose und Differenzierung (vgl. Kapitel 7), ohne das ein kompetenzorientierter Ansatz nur schwerlich denkbar ist. Hierbei muss der Planende die Kompetenzen nicht alle „neu" erfinden, aufspüren und formulieren, sondern findet Hilfe in Lehrplänen, hier allerdings häufig nur in Kurzform, und didaktischer Literatur.

HINWEIS
Das vorzeitige Herausarbeiten von wahrscheinlich zu erwartenden Schwierigkeiten ist elementare didaktische Vorarbeit und erleichtert oft die Durchführung.

Beispiel: Im Kernlehrplan für Realschule in NRW, ebenso wie in denen für die Erweiterungskurse von Gesamtschule und Hauptschule findet sich zur Pythagoras Thematik nur das Folgende: „SuS berechnen Größen mithilfe von [...] geometrischen Sätzen [...]" und SuS „beweisen den Satz des Pythagoras." (Ministerium für Schule und Bildung des Landes Nordrhein-Westfalen 2022, S. 40/ 41)

Hieraus ergibt sich die Notwendigkeit, anhand der enthaltenen Inhalte weitere Kompetenzen abzuleiten. Gleichzeitig zeigt sich beispielhaft die pädagogische Freiheit in diesem Bereich. LuL könnten also die Berechnung in Körpern (Quadern, Pyramiden u. a.) oder nur die mit der Pyramide verbundenen Rechnungen oder das Umstellen der Formel als Differenzierungsstufe identifizieren, was gerade in integrierten Kursen, in denen zum Beispiel Haupt- und Realschüler nebeneinander lernen, von Relevanz ist.

Die Erhebung der Lernausgangslage kann über eine entsprechende Lerneingangsdiagnose erfolgen. Hierbei müssen sich die LuL vor der Einheit die gleichen Fragen stellen, wie sie im Kapitel zur Planung einer Unterrichtsstunde aufgeworfen wurden. Aus diesen Überlegungen wird deutlich, an welchen Stellen mindestens Wiederholungen eingebettet werden müssen, was in der Übersicht zu tangierten Kompetenzen in Kurzform berücksichtigt wurde.

Von großer Bedeutung im Bereich der Sprachförderung (vgl. Kapitel 14) ist unter anderem der Umgang mit mathematischen Begriffen. LuL müssen sich selbst Klarheit über die in der Einheit enthaltenen Anforderungen verschaffen, um diese später sprachsensibel einzubetten und zu berücksichtigen. Auch dies wird in der folgenden Übersicht zu tangierten Kompetenzen angedeutet.

BEISPIEL: Tangierte Kompetenzen und sprachliche Hürden in der Pythagoras-Einheit

Neue Kompetenzen der Einheit

Die SuS können:

- den Satz des Pythagoras in der Grundform aufstellen, Werte einsetzen und ausrechnen;
- den Satz des Pythagoras für beliebig beschriftete rechtwinklige Dreiecke aufstellen;
- den Satz des Pythagoras in Worten wiedergeben;
- den Satz des Pythagoras für zusammengesetzte Figuren aufstellen;
- fehlende Seitenlängen (in Figuren und Körpern) mit Hilfe des Satzes des Pythagoras berechnen;
- die Grundgleichung des Satzes des Pythagoras beliebig umformen;
- mithilfe des Satzes des Pythagoras entscheiden, ob ein Dreieck recht-, spitz- oder stumpfwinklig ist;
- in diversen Anwendungsaufgaben Probleme lösen, argumentieren und begründen;
- in ausgewählten Sachkontexten das Werkzeug dynamische Geometriesoftware nutzen;
- pythagoreische Zahlentripel identifizieren und damit im Kontext rechnen.

Die SuS kennen die innermathematischen und sonstigen Begriffe und können diese dementsprechend zielführend anwenden:

Standardbegriffe, fakultative Begriffe oder typische, schwierige Formulierungen der Einheit

Innermathematische Begriffe:

- Kathete
- Hypotenuse
- Kathetenquadrat
- Hypotenusenquadrat
- rechtwinkliges Dreieck
- Pythagoreisches Tripel
- Dreieckshöhe
- Pyramidenhöhe
- Mantelfläche
- Körperhöhe
- Seitenkante
- Seitenfläche
- Oberfläche
- Flächeninhalt

Sonstige Begriffe, die eventuell unbekannt oder im Sprachgebrauch veraltet sind:

- Verschnitt
- Dachgaube
- Firstbalken
- Dachfirst
- Dachgiebel
- Satteldach
- Litfaßsäule
- Türzarge

Besondere Verben

- *isolieren:* man isoliert, ich isoliere.
  Isoliere die Variable a in der Gleichung!
- Adjektiv: *pythagoreisch*

Für SuS „alte“ Kompetenzen

Die SuS können:	*Wiederholung notwendig?*
• speziell Dreiecke zeichnen und beschriften;	Die Beschriftung lässt sich in der ersten Stunde nebenbei wiederholen und sollte für meine SuS kein Problem darstellen. Einfache Zeichnungen werden durch die Aufgaben an sich wiederholt und bedürfen keiner gesonderten Wiederholung.
• Eigenschaften spezieller Dreiecke nennen und diese erkennen;	Dies kann zu Beginn der Einheit in ausgewählten Aufgaben auch in Hausaufgabenform wiederholt werden.
• Gleichungen umformen;	Einige SuS haben hier erfahrungsgemäß immer wieder Probleme, dies muss also permanent berücksichtigt werden, z. B. mit Hilfekarten, Teillösungen und anderer Arten individueller Förderung.
• die notwendigen Wurzelgesetze anwenden;	Dies haben die SuS erst vor Kurzem gelernt und es ist somit noch vielen geläufig. Bei den Termumformungen ist mit den typischen Fehlern zu rechnen. (Lösung: Hilfekarten, Teillösungen, Lernplakat)
• die Eigenschaften von Quadrat, Rechteck, Raute, Parallelogramm und Drachenviereck benennen und im Kontext deuten;	Dies sollte bekannt sein, wird jedoch von einem Teil der Lerngruppe vergessen worden sein. (Lösung: Wiederholung innerhalb der Aufgaben, Hausaufgaben, Tippkarten, Lernplakaten)
• die entsprechenden Maßeinheiten verwenden und umwandeln.	Maßeinheiten werden immer wieder spiralcurricular integriert und von der Mehrheit der SuS gut beherrscht. (Lernplakat hängt aus)

Abschätzen eines zeitlichen Rahmens und Chronologie der Einheit

Die eben skizzierten Gedanken zu mathematischen Inhalten, tangierten Kompetenzen, dem Abgleich mit der Lernausgangslage und den damit verbundenen Wiederholungen erlauben es nun, die Reihenstruktur in Form einer sachlogischen Chronologie zu formulieren. Für die möglichst genaue Abschätzung des Umfangs hilft es, die Stundenthemen (vgl. Kap. 3) hier bereits so konkret wie möglich zu formulieren.

HINWEIS
Download-Material: Üb[…]g zur Konzeption von Unterrichtsreihen

BEISPIEL: Sachlogische Chronologie einer Unterrichtsreihe zum Satz des Pythagoras

Stunde	Thema der Stunde	Tangierte Kompetenzen Die SuS können:
1./2.	„Bau der Umgehungsstraße“: Enaktive Entdeckung des Satzes des Pythagoras in gruppenheterogener Arbeit durch Auswiegen, Puzzeln und Parkettieren zur Erweiterung der Kenntnisse über rechtwinklige Dreiecke.	• den Satz des Pythagoras in Worten wiedergeben; • den Satz des Pythagoras in der Grundform (mit diversen Variablen) aufstellen, Werte einsetzen und ausrechnen;
3./4.	„Wo gilt der Satz?“ – Anwendung und Berechnung des Satzes des Pythagoras in zusammengesetzten Figuren und Alltagskontexten zur vertiefenden Auseinandersetzung und Einübung.	• den Satz des Pythagoras für beliebig beschriftete rechtwinklige Dreiecke aufstellen und • den Satz des Pythagoras für zusammengesetzte Figuren aufstellen;
5.	Anwendung pythagoreischer Zahlentripel in Verbindung mit der Dreieckskonstruktion der alten Ägypter zur vertiefenden Auseinandersetzung mit dem Satz des Pythagoras.	• pythagoreische Zahlentripel identifizieren und damit im Kontext rechnen;
6./7.	Anwendung des Satzes des Pythagoras in Sachkontexten (Textaufgaben) mithilfe dynamischer Geometriesoftware.	• in ausgewählten Sachkontexten das Werkzeug dynamische Geometriesoftware nutzen;
8.	„Wie lang muss ein Trinkhalm sein?“ – Erarbeitung und Anwendung des Satzes des Pythagoras im Quader zur Übertragung des Gelernten in den Raum und zur Erweiterung des räumlichen Vorstellungsvermögens.	• fehlende Seitenlängen (in Figuren und Körpern) mit Hilfe des Satzes des Pythagoras berechnen.
9.	„Übung macht den Meister“: Komplexere Textaufgaben zum Thema Pythagoras im Raum zur Vertiefung des Gelernten.	• in diversen Anwendungsaufgaben im Raum Probleme lösen, argumentieren und begründen;
10.–12.	„Von Pyramiden und Pralinen in interessanten Packungen“: Erarbeitung und Anwendung des Satzes des Pythagoras in Pyramiden und Übertrag und Übung auf diverse Verpackungsprobleme (auch Zylinder und Kegel) zur vertiefenden Einübung. *Differenzierung:* Grundkurs-SuS führen Übungen und Vertiefungen zum Thema „Pythagoras im Raum“ ohne die Pyramide durch.	• fehlende Seitenlängen (in Figuren und Körpern) mithilfe des Satzes des Pythagoras berechnen. (auch: Oberflächen und Verschnitte berechnen).
13.	Evaluation und Leistungsüberprüfung in Form einer Klassenarbeit	

Auswertung und Reflexion der Reihe

Eine Unterrichtsreihe endet in der Regel mit einer Ergebnisevaluation in Form einer Leistungsüberprüfung, bei der die LuL durch einen kompetenzbasierenden Rückmeldebogen (vgl. Kapitel 5) einen Überblick über die von den SuS erreichten und die zuvor anvisierten Kompetenzen der Reihe bekommen. Zusätzlich sollten, um sich auch in Zukunft bei einer wiederholten Durchführung der Reihe Arbeit zu ersparen, prozessdiagnostische Elemente eingesetzt werden (vgl. Kapitel 7).

Um im Folgejahr von den Erfahrungen zu partizipieren, empfiehlt es sich zudem, eine Art „Lehrertagebuch“ zu führen und sich während der Durchführung Antworten auf folgende Fragen regelmäßig zu notieren:

- Wie viele Stunden habe ich tatsächlich für die Reihe benötigt?
- An welchen konkreten Stellen musste ich verweilen, um zusätzliches Übungsmaterial zu integrieren?
- Was waren die konkreten innermathematischen Probleme meiner SuS? (Sollte unbedingt notiert werden!)
- Was waren die typischen Schülerfehler, die ich beobachten konnte? (Daraus können Fehleranalyseaufgaben und Begründungsaufgaben gewonnen werden.)
- Welche sprachlichen Probleme sind innerhalb der Reihe aufgefallen?
- An welchen konkreten Aufgabenstellungen des Lehrwerks sind die SuS aus welchen Gründen gescheitert?

FRAGEN ZUM WEITERDENKEN FÜR DIE SEMINARARBEIT ODER DAS HEIMSTUDIUM

- Denken Sie sich in die Reihe „Volumen und Oberfläche von Prismen“ (Klasse 7/8) hinein und notieren Sie sich dazu die ersten beiden in diesem Kapitel vorgestellten Planungsschritte: Klärung des mathematischen Inhalts (Mind-Map) und tangierte Kompetenzen.
- Legen Sie einen zeitlichen Rahmen für die Reihe fest. Bedenken Sie dabei auch, welche Inhalte fakultativ und welche obligatorisch sind.
- Finden Sie Stellen innerhalb der Einheit, an denen Sie eventuell Wiederholungen und Übungen einschieben müssen. Das heißt: Identifizieren Sie schon im Vorfeld der Planung Schülerprobleme und -fehler, die mit hoher Wahrscheinlichkeit auftauchen werden.

3 Der schriftliche Entwurf

Im schriftlichen Entwurf, der in der Regel für diverse Formen von Prüfungs- und Ausbildungssituationen angefertigt wird, gilt es nun, die Gedanken, die in den vorangegangenen Kapiteln zur Planung einer Einzelstunde und Unterrichtsreihe ausführlich dargelegt worden sind, zu bündeln und möglichst konkret und nachvollziehbar zu formulieren.

Zu Beginn der Lehrerausbildung bereitet vielen Aspiranten bereits der Gedanke an das Verfassen eines schriftlichen Entwurfes ein ungutes Gefühl. Das steht in Verbindung mit dem weit verbreiteten Glauben daran, dass eine solche Arbeit lediglich ein wenig sinnvolles Martyrium darstellt, dass es irgendwie halbherzig automatisiert und die vorgegebenen Überschriften füllend zu absolvieren gilt.

Bereits in der Ausbildung verändert sich diese Vorstellung bei vielen zum Besseren: Der Entwurf hilft dabei, die didaktischen Gedanken zu fokussieren, sie in einer besonderen Güte zu ordnen und miteinander in eine sachlogische Verbindung zu setzen. Dadurch verbessert sich indirekt auch der gehaltene Unterricht!

HINWEIS
Keine Angst vor dem Entwurf! Das Erkennen und Formulieren der sich gegenseitig beeinflussenden Planungsfaktoren verbessert letztlich Ihren Unterricht.

Der Entwurf schärft somit den „roten Faden des guten Unterrichts“ aus und stellt dessen Verschriftlichung dar. Er verschafft dem Autor innere Klarheit darüber, warum Einzelnes mit Blick auf die SuS, den Inhalt und die Lernziele umgesetzt wird. Die langwierige Erarbeitung des Schriftstücks hilft, die professionelle Lehrerpersönlichkeit und das eigene „didaktische Ich“ auszubilden.

Das vorliegende Kapitel stellt eine mögliche Struktur für einen Entwurf sowie einen Kriterienkatalog zur Einschätzung der Entwurfsqualität vor. Es soll anschaulich verdeutlichen, was bei der Verschriftlichung zu beachten ist und wo Schwerpunkte zu setzen sind. Die Überlegungen werden jeweils an konkreten Beispielen illustriert.

Die im Folgenden vorgestellte Struktur orientiert sich an den aktuell im Bundesland Nordrhein-Westfalen durch die gültige Prüfungsordnung (Ministerium für Schule und Weiterbildung des Landes NRW 2015, § 32) indirekt vorgegebenen Inhalten. Jedes Studienseminar bzw. ZfsL (Zentrum für schulpraktische Lehrerausbildung) setzt hier teilweise eigene kleinere Modifikationen fest und erlaubt es den Verfassern oder unterstützt sie noch darin, im angemessenen Rahmen von den gegebenen Strukturen abzuweichen. Teilweise werden den Auszubildenden sogar keine oder fast keine Vorgaben gemacht, um die Entwurfsgestaltung ihrer „pädagogischen Freiheit“ zu überlassen. Der Grundgedanke, was einen guten

Entwurf ausmacht, ist jedoch überall, sicherlich auch über Ländergrenzen hinweg, der gleiche.

Die Entwicklung des schriftlichen Entwurfs basiert auf grundlegenden Eckpfeilern, zum Beispiel der Kritisch-konstruktiven Didaktik Klafkis (1985) oder der Lehrtheoretischen Didaktik von Heimann/Otto/Schulz (1965), die allesamt bereits mehrere Jahrzehnte in der didaktischen Welt existieren.

Im Laufe der Schul- und Ausbildungsgeschichte veränderte sich die Gewichtung einzelner Kapitel und kleinere Modifikationen kamen hinzu. So ist es heute in vielen Ausbildungsseminaren unüblich, eine umfangreiche Sach- und Bedingungsanalyse im klassischen Sinne zu integrieren, obwohl dies von großer Bedeutung ist. Wichtiger geworden, da es aktuelle Schulentwicklungen erfordern, ist die Integration von differenzierenden Momenten, der damit zusammenhängenden Aufgabenanalyse und dem Denken in Kompetenzbegriffen, die man früher in der heutigen Art noch nicht berücksichtigt hatte.

Qualitätsansprüche an einen schriftlichen Entwurf

Eine solche Arbeit stellt mindestens die „pädagogisch-didaktische Visitenkarte“ des Verfassers und die präzise Verschriftlichung des

ÜBERSICHT: Kriterien für den schriftlichen Entwurf

- hoher Grad an eigener Leistung
- enthält lang- und kurzfristige Planungselemente (Reihenstruktur und Stundenplanung)
- enthält ein hohes Maß an berücksichtigter didaktischer Literatur (Wissenschaftsorientierung), um eigene Entscheidungen zu untermauern
- integriert Kompetenzformulierungen
- ist sachlogisch richtig
- enthält eine sinnvoll strukturierte didaktische Reduktion
- ist sprachlich auf universitärem Niveau und entspricht dem Regelwerk der deutschen Sprache
- beinhaltet eine curriculare und didaktische Legitimation
- lässt einen didaktischen Schwerpunkt erkennen
- beinhaltet eine Analyse der Lernausgangslage
- beinhaltet eine Analyse von Lernschwierigkeiten
- enthält eine Methodenbegründung
- vermeidet sprachliche und inhaltliche Redundanzen
- lässt eine logische Vernetzung der einzelnen Kapitel erkennen und besteht nicht aus mechanisch ausgefüllten, parallel formulierten und dadurch isolierten Planungsinseln
- deskriptive (rein beschreibende) Inhalte und begründende Inhalte stehen in einem ausgewogenen Verhältnis zueinander und wechseln sich in der Regel ab

zugrundeliegenden Gedankenguts dar und muss, in Prüfungssituationen im Besonderen, den genannten Kriterien (S. 35) genügen. Ein ausführlicher Entwurf sollte sich grob an dem skizzierten Aufbau orientieren, der nachfolgend mit Blick auf die Besonderheiten des Mathematikunterrichts beleuchtet wird.

ÜBERSICHT: Aufbau des schriftlichen Entwurfs

Deckblatt	• Name • Schule • wichtige Personen, inkl. Titel und Ausbildungsfunktion • Lerngruppe (GU, Anzahl der weiblichen und männlichen SuS) • Dauer, Datum, Raum, Zeit • Thema der Reihe • Thema der Stunde
Kapitel 1: Langfristige Planungselemente	• curriculare Legitimation der Reihe • Reihenplanung (Chronologie) • didaktische Reflexion der längerfristigen Unterrichtszusammenhänge
Kapitel 2: Kurzfristige Planungselemente	• Ziele der Unterrichtsstunde • didaktische und methodische Entscheidungen zur Unterrichtsstunde: – Lernausgangslage/Bedingungsanalyse – Gegenwartsbezug – Zukunftsbedeutung – exemplarische Bedeutung – curriculare Legitimation des Inhalts – didaktische Reduktion – Begründung der verwendeten Aufgabenarten – mediale Entscheidungen – didaktische Begründung der Differenzierung – Sozialformwahl
geplanter Verlauf	Verlaufsskizze mit Anmerkungen: • Einstieg • Erarbeitung • Sicherung
Anlagen	• Literatur- und Quellenangaben • Tafelbild • Arbeitsblätter mit Lösungen • eventuell eidesstattliche Versicherung

3.1 Ein Stundenthema formulieren

Wie formuliert man ein Stundenthema und was unterscheidet ein Stundenthema von dem bloßen mathematischen Inhalt, den es zu vermitteln gilt? Diese Frage ist recht einfach zu beantworten, bereitet aber vielen Anfängern Probleme.

> Indem ein Inhalt oder Gegenstand unter einer pädagogischen Zielvorstellung, einer als pädagogisch relevant erachteten Fragestellung für die Behandlung im Unterricht ausgewählt wird, wird er zum Thema. Im Begriff Thema wird die vollzogene Verbindung der Ziel- mit der Inhalts-Entscheidungsebene zum Ausdruck gebracht. (Klafki 1978, S. 52)

HINWEIS
Download-Material: Übung zur Formulierung von Stundenthemen

Daraus ergibt sich, dass ein Stundenthema mit dem Schwerpunktziel (Haupt-/Groblernziel) der Stunde korrespondiert, und der Leser sollte dieses schon aus dem Thema ableiten können!

Hinzu kommt der Anspruch, dass sofort klar sein sollte, was (Inhalt), wie und wozu (didaktische Intention) gelehrt werden soll.

Beispiel zur Konkretisierung
Der mathematische Inhalt der Stunde soll der Satz des Pythagoras sein. Kein Thema im Sinne der Definition wäre somit: „Erarbeitung des Satzes des Pythagoras“. Das Zusammenspiel von Inhalt, Thema und Schwerpunktlernziel könnte hier folgendermaßen aussehen.

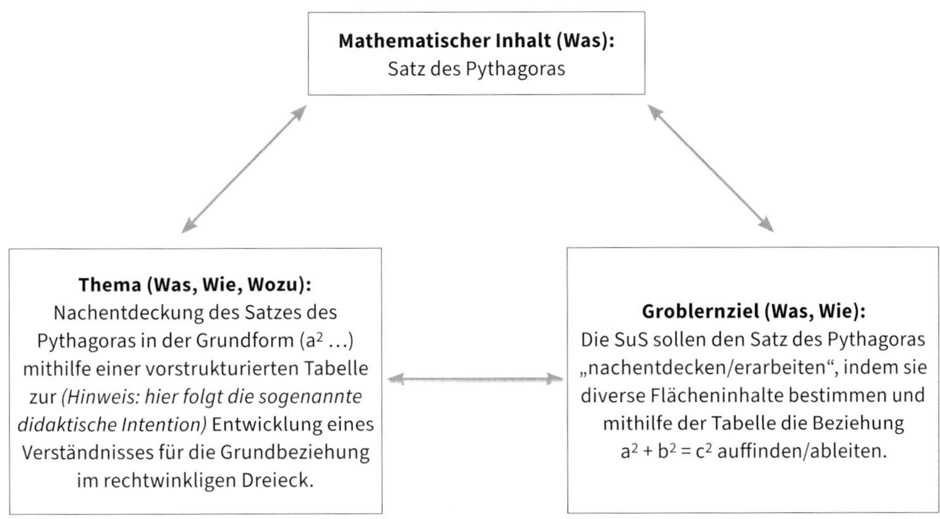

Inhalt, Thema und Schwerpunktlernziel am Beispiel Satz des Pythagoras

Die verwendete Sozialform muss nicht bereits im Stundenthema genannt werden. Bei besonderen Strukturierungen (gruppenheterogene Arbeit, Gruppenpuzzle, Lerntheke usw.) kann dies natürlich an dieser Stelle schon geschehen.

Häufig wird ein „Slogan“ (Beispiel: „Ein fairer Grundstückstausch?“) dem Thema vorangestellt, um die Problem- oder Alltagsorientierung hervorzuheben. Dies sollte jedoch nur dann geschehen, wenn es sich etwa durch den Kontext anbietet, da es sonst häufig künstlich und unpassend erscheint.

Das Thema der Reihe kann auch nach den oben genannten Kriterien aufgestellt werden.

3.2 Langfristige Planungselemente

3.2.1 Curriculare Legitimation der Reihe

HINWEIS
Legitimieren Sie sachlogisch und lerntheoretisch richtig einen nicht im Lehrplan vorzufindenden Inhalt, wird ein geübter Ausbilder das zu verorten wissen.

Dieser Teil ist in der Regel trivial, da sich die große Mehrheit der Unterrichtsreihen in den offiziellen Richtlinien und Kernlehrplänen sowie in den darauf basierenden schulinternen Lehrplänen erwähnt findet.

Eine weitere Legitimierungsgrundlage können Förderpläne sein, die für SuS im gemeinsamen Unterricht verfasst worden sind oder schulinterne Besonderheiten, wie Profilklassen (zum Beispiel Mathematikleistungsklassen der Sekundarstufe I). Neben dieser offiziellen oder juristischen Legitimation steht die relevantere didaktische Legitimation der Inhalte, die klärt, warum etwas von den SuS gelernt werden sollte.

Die didaktische Legitimation des Stundeninhalts erfolgt in diesem Entwurfsaufbau innerhalb des 2. Kapitels (kurzfristige Planungselemente), kann bei anderem Aufbau aber natürlich auch hier integriert werden.

Interessant und etwas anspruchsvoller wird die Legitimation dann, wenn die Reihe oder der Exkurs nicht im Lehrplan steht oder wenn eine Reihe legitimiert werden soll, die laut Lehrplan nicht für die gewählte Jahrgangsstufe vorgesehen ist.

Fall 1: Die Reihe ist im Lehrplan nicht vorgesehen. Tipp: Arbeiten Sie die enthaltenen oder tangierten innermathematischen Kompetenzen heraus, um die von Ihnen erdachte Einheit dennoch indirekt anhand der Kompetenzen und dem Lehrplan zu verorten. Zudem kann innerhalb der Legitimation ein kurzer Verweis auf die Lernvoraussetzungen erfolgen.

Beispiel: Das Lügen mit Statistik ist im Lehrplan für Nordrhein-Westfalen nicht vorzufinden, für die SuS aber spannend und lehrreich. Es lassen sich Verbindungen zu diversen Darstellungsformen (Texte, Graphen, Boxplott usw.) und statistischer Kennwerte wie Median, Mittelwert, Spannweite herstellen. Eine solche Kurzeinheit ließe sich demnach, je nach Niveau, in verschiedenen Jahrgangsstufen legitimieren. Es zeigt zudem, dass Sie in der Lage sind, interessante Alltagskontexte zu finden.

Fall 2: Die Reihe ist im Lehrplan nicht für den Jahrgang vorgesehen. Tipp: Hier lassen sich keine großen „Jahrgangssprünge" legitimieren, 1 Jahrgang ist jedoch häufig möglich. Dies wird oft notwendig, wenn etwas im Vorjahr nicht thematisiert werden konnte oder die Lerngruppe bereits gegen Ende des Schuljahres innermathematisch das Folgejahr erreicht hat. Hier sollte innerhalb der Legitimation ein kurzer Verweis auf die mathematische Lernausgangslage, die die Reihendurchführung an dieser Stelle ermöglicht, erfolgen. Hinzu kommt, dass sich die SuS vor und nach den Sommerferien, die zwischen zwei Schuljahren liegen, unbestreitbar in der gleichen Phase der geistigen Entwicklung und Abstraktionsfähigkeit befinden.

3.2.2 Aufbau der Unterrichtsreihe (Chronologie)

Die Chronologie der Unterrichtsreihe wird in tabellarischer Form dargestellt:

Spalte 1: Stunden. Die exakte Anzahl der Stunden muss nicht angegeben werden, jedoch soll der erfahrene Leser relativ einfach eine Einsicht bekommen, ob der Umfang durchdacht und angemessen ist (evtl. Intervalle 1–2 h angeben).

Spalte 2: Thema der Stunde (gemäß der oben angegebenen Definition). Heben Sie die dem Entwurf zugrunde gelegte Stunde farblich hervor.

Spalte 3: Angestrebter Kompetenzzuwachs (inhalts- und prozessbezogen). Die eigene Leistung des Autors besteht hier nicht darin, lediglich tangierte Kompetenzen aus dem Kernlehrplan zu zitieren! Oft müssen diese umformuliert oder sogar vollständig selbst formuliert werden, da die im Kernlehrplan formulierten Kompetenzen eventuell nicht passend sind oder im konkreten Fall nicht existieren.

3.2.3 Didaktische Reflexion der längerfristigen Unterrichtszusammenhänge

Wichtige Aspekte der Auseinandersetzung und Begründung können zum Beispiel die folgenden sein.

(1) Wie lässt sich der Aufbau des Unterrichtsvorhabens, insbesondere die Einordnung der Stunde, in die Reihenkonzeption sachlogisch begründen?
Hier ist eine Analyse der innermathematischen Lernausgangslage zu integrieren, um das präzise Vorwissen zu verdeutlichen und es somit dem Leser zu ermöglichen, die Stunde im Niveau (und dem damit verbundenen Lernzuwachs) einzustufen. Dieses ist ein Aspekt, der besonders für die Bewertung relevant ist!

Es empfiehlt sich, die Stellung der Stunde innerhalb der Reihe und somit den sachlogischen Aufbau der Reihe kurz zu erläutern. Dieses verdeutlicht dem Leser (und Autor) die korrekte Platzierung der Stunde in Abhängigkeit zum Beispiel vom Lernstand der Gruppe.

Zudem sollte hier stets ein Verweis auf grundlegende, mathematikdidaktische Prinzipien, die berücksichtig werden, (vgl. Kapitel 11) integriert werden, um eigene Entscheidungen zu begründen und die Planungen zu untermauern.

(2) Auf welchen Leitgedanken und Intentionen basiert das längerfristige Unterrichtsvorhaben?
Solche Leitgedanken könnten zum Beispiel sein:
- lerntheoretische Konzepte:
  - konstruktivistische Lerntheorie
  - Handlungsorientierter Unterricht
  - Lernen am Modell
- pädagogische oder psychologische Sichtweisen:
  - Förderung der deutschen Sprache
  - Förderung der Fachsprache
  - Kontextorientierung
  - Kooperatives Lernen
- fachdidaktische Konzepte:
  - Wechsel der Darstellungsformen (Bild, Text, Symbolik, Graph usw.)
  - forschend-entwickelndes Unterrichtsverfahren
  - genetisches Lernen, sokratisches Lernen, exemplarisches Lernen
  - problemorientierter Mathematikunterricht
  - entdeckender Mathematikunterricht
  - Spiralprinzip

- Prinzip der Anschauung
- Prinzip der Selbsttätigkeit
- vom Einfachen zum Komplexen
- induktiver oder deduktiver Aufbau
- intelligentes Üben
- produktives Üben
- Mathematik als Hilfe für den Alltag
- dialogisches Lernen

Ein weiterer Leitgedanke könnte im Bereich der individuellen Förderung, dem damit verbundenen Umgang mit Heterogenität und den differenzierenden Ansätzen bestehen.

(3) Welche Konzepte und Formen zur Binnendifferenzierung und individuellen Förderung nutzt oder setzt das Unterrichtsvorhaben um?
Die Berücksichtigung der Differenzierung (vgl. Kapitel 8) ist im modernen Unterricht und damit auch in dessen Verschriftlichung nicht mehr wegzudenken. Es sollte demnach präzise begründet werden, warum (Lernausgangslage) wie genau differenziert (Art der Aufgaben, Lernhilfen usw.) wird. Ist keine Differenzierung vorgesehen, so sollte auch diese Entscheidung kurz ihre Begründung erfahren.

HINWEIS
Eine homogene Lerngruppe ist pure Fikton!
Es lässt sich zu fast allen Planungen eine Differenzierung konzipieren.

(4) Welche nachhaltigen Lern- und Entwicklungsprozesse werden im Laufe des Unterrichtsvorhabens angestrebt?
Dies können etwa die Folgenden sein: Schulung von Methodenkompetenz, Medienkompetenz, Reflexionskompetenz.

(5) Wie werden der Lern- und Kompetenzzuwachses im Laufe des Unterrichtsvorhabens überprüft?
Hier können Mittel der Lerneingangs-, Prozess- und Ergebnisdiagnose Erwähnung finden (vgl. Kapitel 7).

(6) Welche schulinternen Besonderheiten werden berücksichtigt?
Dies können zum Beispiel die Aufhebung einer äußeren Differenzierung, gemeinsamer Unterricht (Inklusion), eingerichtete Mathematikleistungsgruppen oder sonstigen Fördergruppen sein.

Ein ausführliches Beispiel aus einem Entwurf (S. 42) illustriert, wie die didaktische Reflexion formuliert werden kann. Beachten Sie dabei:

- Deskriptive und begründende Teile sollten sich stets abwechseln!
- Integrieren Sie Verweise auf andere Kapitel!
- Verwenden Sie didaktische Literatur!
- Vermeiden Sie Redundanzen!

BEISPIEL: Didaktische Reflexion der längerfristigen Unterrichtszusammenhänge bei der Einführung der Achsensymmetrie (Klasse 5)

Die von mir konzipierte Unterrichtsreihe umfasst 10 Schulstunden und wurde von mir bewusst in der Mitte des Schuljahres angesetzt, da das Symmetriekapitel innerhalb der mathematischen Inhalte des 5. Jahrgangs für die SuS erfahrungsgemäß einen anderen, für sie oft nicht so „verkopften" Zugang zur Mathematik darstellt.
Bewusst stelle ich innerhalb der Reihe die Achsensymmetrie vor die Punktsymmetrie, da deren Erschließung den SuS oft leichter fällt. Somit verfolgt meine Einheit den Strukturgedanken „Vom Einfachen zum Komplexen" und mischt zu einem späteren Zeitpunkt die beiden Begriffe verstärkt mit bereits vorhandenem Wissen.
Der Leitgedanke zur in Rede stehenden Reihe besteht für mich darin, den SuS die Möglichkeit zu geben, die neuen Begriffe („Achsensymmetrie" und „Punktsymmetrie") kontextgebunden mit Beispielen ihres Alltags (vgl. Reihenplanung und didaktische Reduktion) zu erschließen. Hier schließe ich mich gedanklich Leuders (Leuders u. a. 2011) an, da ich im Besonderen innerhalb dieser Kontextbindung eine Chance für einen nachhaltigen Wissensaufbau sehe.
Den seit 45 Jahren im Raum schwebenden Anspruch der Didaktik nach einem Darstellungsformwechsel (Prediger, 2012) zur Förderung des Verstehens realisiere ich durch die enaktiven Erarbeitungen (Faltvorgänge, Zeichnungen, Scherenschnitte usw.) in Verbindung mit den klassischen Darstellungsformen der Thematik.
Von großer Relevanz für meinen Unterricht ist es, möglichst häufig eine spiralcurriculare Verknüpfung (Bruner, 1970) der Themengebiete anzustreben. Dies setzte ich innerhalb dieser Einheit in der Weise um, dass die SuS ständig, im Besonderen in Übungsstunden, auf Aufgaben trafen, die bewusst die klassischen Symmetrieaufgaben mit altem Wissen vernetzen.
Hier drängt es sich der Lehrkraft praktisch auf, auch Flächeninhalte und Umfänge von Figuren berechnen zu lassen, die die SuS zuvor mithilfe der neu erlernten Achsensymmetrie komplettiert haben. Diese mathematischen Operationen in Verbindung mit dem im letzten Jahrgang neu eingeführten „Gitternetz" auszuführen, schließt den Vernetzungsgedanken.
Die SuS stehen in Bezug auf differenzierende Unterrichtsvorhaben noch am Anfang ihres Lernprozesses. Momentan differenziere ich, behutsam ansetzend, innerhalb der Übungsphasen mithilfe des Buches über Aufgabenniveau und Grad der Hilfeleistung. In solchen Stunden können die SuS selbst entscheiden, welches Aufgabenniveau, wie von mir gekennzeichnet, sie bearbeiten. Mithilfe der im Raum hängenden QR-Codes können die SuS nach Bedarf mithilfe ihrer Endgeräte über die digital bereitgestellten Hilfen und Wiederholungen verfügen. Die Selbstanalyse und das darauf basierende eigenständige Arbeiten stellen für mich ein „Permanentziel" dar. Zum gegenwärtigen Zeitpunkt muss die Lehrkraft hier noch Hilfestellungen leisten. Einzelnen SuS werden somit von mir konkrete Aufgaben zugewiesen, basierend auf meiner Analyse des individuellen Lernausgangsstandes.
Wie jede Einheit meines Unterrichts endet auch diese mit einer Ergebnisevaluation. Diese schließt sich in diesem Falle durch eine Kompetenzanalyse auf Basis der Klassenarbeit an und bildet somit eine Grundlage für die weitere Arbeit.

3.3 Kurzfristige Planungselemente – Planung der Unterrichtsstunde

3.3.1 Ziele der Unterrichtsstunde und angestrebter Kompetenzzuwachs

Hier gilt es nun konkrete Lernziele für das eigene Unterrichtsanliegen möglichst sorgfältig zu formulieren und im Sinne eines kompetenzorientierten Unterrichts auch die „tangierte" Hauptkompetenz zu formulieren.

Um dieses zu verdeutlichen, werden die Begriffe Lernziel und Kompetenz im Folgenden kurz erläutert.

HINWEIS
Eine Kompetenz kann definitionsbedingt in einer Stunde höchstens tangiert werden.

Definition Kompetenz: Unter einer Kompetenz versteht man im Allgemeinen gewünschte Fähigkeiten und Fertigkeiten (Leistungsdispositionen) und die Bereitschaft und Befähigung, diese in diversen Problemsituationen variabel nutzen zu können (vgl. Weinert 2001, S. 27 f.).

Kompetenzen lassen sich demnach, im Gegensatz zu den Lernzielen einer Unterrichtsstunde, nicht direkt bei den SuS beobachten. Sie können lediglich tangiert werden, da sie nach Definition eben nicht das Ergebnis eines kurzen Lernprozesses (einer Unterrichtsstunde) darstellen.

Definition Lernziel: Lernziele sind im Gegensatz zu Kompetenzen im Allgemeinen kontrollierbar und beobachtbar, da sich ihre Absolvierung bzw. Erreichbarkeit auf eine Stunde oder Reihe bezieht. Lernziele sind „sprachlich artikulierte Vorstellungen über die durch Unterricht (oder andere Lehrveranstaltungen) zu bewirkenden gewünschten Verhaltensänderungen" (Meyer 1993, S. 137).

Möglichkeiten der Lernzielstrukturierung

Je nach Ausbildungsort lassen sich diverse Lernzielstrukturierungen und Begriffsverwendungen finden. Im Rahmen der pädagogischen Freiheit sind hier für den jeweiligen Verfasser auch in gewissem Rahmen sinnvolle Abweichungen möglich. Im Folgenden werden ausgewählte Möglichkeiten aufgezeigt und Empfehlungen für den Mathematikentwurf gegeben.

Man kann vier Grundarten von Lernzielen unterscheiden:

- *kognitive* Lernziele
- *affektive* Lernziele
- *sozial-kommunikative* Lernziele
- *psycho-/sensomotorische* Lernziele

Die Ziele des Mathematikunterrichts dürften, bedingt durch dessen Natur, im Wesentlichen im kognitiven Bereich liegen. Eine solche Unterteilung scheint demnach nicht zwingend notwendig zu sein. Auch eine Unterscheidung in *fachliche* und *überfachliche* Lernziele ist denkbar.

Weitere Unterscheidungsarten für Lernziele sind:

- *Groblernziel/Schwerpunktziel/Hauptlernziel:* Dieses bezeichnet das übergeordnete Lernziel der Stunde (oder der Reihe) und sollte nicht operationalisiert werden. Es zeigt dem Leser lediglich das „grobe Ergebnis auf". Dieses kann man als Summe bzw. Ergebnis vieler (Lehr-/Lern-)Handlungen verstehen, daher ist eine Operationalisierung hierbei nicht sinnvoll.

HINWEIS
Bei einzelnen Teillernzielen ist die Operationalisierung aufgrund der dadurch entstehenden Redundanz nicht sinnvoll oder gleitet ins Triviale ab und kann dann weggelassen werden.

Teillernziele/Feinlernziele: Ein Grob- oder Schwerpunktziel sollte durch weitere (Teil-)Lernziele verfeinert werden. Diese sollten so konkret und somit kontrollierbar wie möglich formuliert und operationalisiert werden. Hierdurch erhöht sich für die LuL die spätere Nachprüfbarkeit der erreichten oder nicht erreichten Lernziele.

Wie formuliere ich das Schwerpunktziel einer Stunde?

Das übergeordnete Schwerpunktziel (auch: „Hauptlernziel" oder „Groblernziel") der Stunde sollte den didaktischen Schwerpunkt oder die problemorientierte Herausforderung und den angestrebten Lernzuwachs beinhalten. Zudem kann hier, was je nach Ausbildungsort gefordert wird, die tangierte Kompetenz genannt werden. Dieses könnte an dieser Stelle jedoch auch entfallen.

> Schwerpunktlernziel = didaktischer Schwerpunkt + Lernzuwachs und Problemorientierung + Kompetenzbezug

Wie formuliere ich Teillernziele/Feinlernziele?

Über den Sinn oder Unsinn der Operationalisierung von Lernzielen, also das sprachliche Verbinden von mathematischen In-

BEISPIEL: Formulierung eines Schwerpunktziels

> Für die heutige Stunde ist es mein Hauptanliegen, dass die SuS am Ende der Stunde die von ihnen nachzuentdeckende mathematische Beziehung, den Satz des Pythagoras *(didaktischer Schwerpunkt)*, für das konkrete Beispiel aufstellen und somit die Einstiegsproblemfrage zum Grundstückstausch mithilfe ihrer neuen Erkenntnisse beantworten können *(Lernzuwachs und problemorientierte Herausforderung)*.
> Somit wird heute die Grundlage dafür gelegt, in späteren Stunden diverse Größen mithilfe des Satzes zu berechnen und diese Kompetenz nachhaltig aufzubauen *(Kompetenzbezug)*.

haltsteilen mit entsprechenden beobachtbaren Schülerverhaltensteilen, wurde und wird immer noch in der pädagogischen Welt viel diskutiert. Einige Seminarstandorte lassen sogar gar keine Lernziele mehr formulieren und lediglich übergeordnete Kompetenzen aus Lehrplänen heraussuchen.

Unstrittig sollte jedoch der Vorteil für den Anfänger sein, dass man sich im Vorfeld klarmachen kann, ob die eigenen Planungen es den SuS auch ermöglichen, über entsprechende mathematische Operationen und Handlungen das jeweilige Ziel zu erreichen.

Ein Feinlernziel sollte demnach einen Inhaltsteil und einen Verhaltensteil haben.

Hinweise für die Darstellung der Fein- und Teillernziele:

- Formulieren Sie möglichst präzise und kontrollierbar. Entscheidend hierfür sind die in Ihrer Formulierung verwendeten Verben bzw. Operatoren (*ableiten, verbalisieren, entdecken, erkennen, auffinden, herleiten, begründen* usw.). Diese sollten eindeutig sein, also keinen Interpretationsspielraum ermöglichen.
- Ordnen Sie die Lernziele nach innermathematischer Relevanz und vermeiden Sie das Aufführen von Selbstverständlichkeiten. Im Entwurf sollte die Anzahl auf ca. 5 Lernziele begrenzt werden.
- Falls Sie sozial-kommunikative oder sonstige überfachliche Lernziele benennen, sollten diese in der Regel unter den innermathematischen stehen und in der deutlichen Unterzahl sein.
- Heben Sie zielgleiches und zieldifferentes Arbeiten bei den Lernzielen deutlich hervor (Inklusion, individuelle Förderung, Binnendifferenzierung).

HINWEIS
Sollte Ihr Ausbildungsort „ohne Lernziele auskommen“, sollten Sie sich diese dennoch notieren, um sie sich zu konkretisieren.

Die Formulierungsbeispiele zum Satz des Pythagoras beziehen sich auf eine differenziert angelegte Stunde in einer Inklusionsklasse. Ein ausführlicheres Beispiel zum inklusiven Unterricht findet sich in Kapitel 8.4.

Bewertung und Ordnung von Lernzielen nach Niveau und Eignung

Wie lassen sich Feinlernziele im Entwurf sinnvoll ordnen? Es gibt mehrere Möglichkeiten, sie sinnvoll zu ordnen und damit auch die geplante Stunde im Niveau zu verorten. Im vorangegangenen Kapitel sind die Lernziele der Hauptgruppe chronologisch geordnet. Das entspricht sicherlich auch in der Regel dem Planungsdenken des jeweiligen Autors.

Eine Hilfestellung, Lernziele nach ihrem Niveau zu ordnen (von eher einfach bis komplex), ergibt sich aus der klassischen Taxono-

BEISPIELE: Formulierung von Fein- und Teillernzielen

Lernziele für die Hauptgruppe der SuS:

Die SuS sollen:

- ableiten *(Inhaltsteil)*, dass es sich in der Einstiegssituation um ein Flächenproblem mit 3 Quadraten und einem rechtwinkligen Dreieck handelt, indem sie entsprechende Aussagen formulieren *(Verhaltensteil)*;
- mit entsprechenden Maßeinheiten umgehen, indem sie diese (m, km, m^2, km^2) sorgfältig umrechnen;
- die gesuchte mathematische Beziehung (Satz des Pythagoras) auffinden, indem sie ihre Werte in die vorstrukturierte Tabelle übernehmen, die Flächeninhalte berechnen und mithilfe der grafischen Visualisierung (Tabelle) zur Erkenntnis erlangen;
- die Beziehung im rechtwinkligen Dreieck als Gleichung und in Worten formulieren, indem sie einen Merksatz (mithilfe der Wortwolke) formulieren;

differenzierendes Lernziel (nur für leistungsstarke SuS): ❸

- die Übertragbarkeit der Gleichung auf beliebige Dreiecke überprüfen, indem sie mit den entsprechenden Werten rechnen;

differenzierende Lernziele (für die Inklusions-SuS): 

- die vorgegebenen Dreiecke in Klassen ordnen, indem sie sie in rechtwinklige und nicht rechtwinklige Dreiecke sortieren (nur für Clara und Carsten);
- die Gültigkeit des Satzes überprüfen, indem sie die vorgegebenen Flächeninhalte in die angegebene Gleichung übernehmen und diese lösen (nur für Melanie und Christoph).

mie von Bloom (1956), die 2001 von Anderson etwas erweitert und modifiziert wurde. Auch wenn Anderson ebenfalls nur auf den kognitiven Bereich abzielt, sich Einordnungen, wie zuvor bei Bloom, nicht immer präzise vornehmen lassen und sich die Bereiche teilweise überlagern, stellt sie dennoch eine gute Hilfe bei der Verortung dar.

Im Folgenden wird die Taxonomie vereinfacht dargestellt ohne die von Anderson integrierte Differenzierung der Wissensdimensionen, mit Blick auf den Mathematikunterricht interpretiert und mit eigenen Beispielen versehen.

ÜBERSICHT: Verortung von Lernzielen

kognitive Prozessdimension nach Anderson	allgemeine Bereiche	Verben (Operatoren) und Kompetenzbeispiele
Erinnern	• Symbole • Notationen • Begriffe • Formeln, Regeln wiedergeben usw. • Beispiele zur Problemlösung wiedergeben • Wissen über Kategorien/Gruppierungen wiedergeben usw.	**Verben:** *wiedergeben, reproduzieren, aufzählen* usw. **Beispiele:** Die SuS können • den Satz des Pythagoras in Worten und als Gleichung wiedergeben; • die Begriffe am rechtwinkligen Dreieck erinnern; • die entsprechenden Maßeinheiten abrufen; • ein Beispiel/eine Lösungsstrategie wiedergeben; • die notwendigen Eigenschaften eines Prismas (Kategorie) wiedergeben/wiederholen.
Verstehen	• verstehen, wiedergeben, was kommuniziert wurde und das Material nutzen (niedrigste Stufe des Verstehens) • Inhalte in eine andere Darstellungsform übersetzen (Graph, Term, Tabelle, Text usw.) • Inhalte erklären (in einer anderen Darstellungsart)	**Verben:** *beschreiben, erläutern, interpretieren, illustrieren, gruppieren, verallgemeinern, ableiten, darstellen* usw. **Beispiele:** Die SuS können • den Satz des Pythagoras mit Hilfe beliebiger Variablenwahl notieren und gesuchte Größen bestimmen; • eine in Worten beschriebene Funktion in einen Graph oder einen Funktionsterm übersetzen; • einen Umformungsfehler erkennen und begründet korrigieren.
Anwenden	• Regeln, Sätze, Algorithmen, Problemlösestrategien in diversen Aufgabenformaten anwenden	**Verben:** *lösen, berechnen, ausführen, durchführen, verwenden, umsetzen* **Beispiele:** Die SuS können • ein Lösungsverfahren an einer bekannten Aufgabe durchführen; • ein Lösungsverfahren an einer unbekannten Aufgabe umsetzen.

HINWEIS
Die Einteilung hilft auch, die Schüleraktivitäten und Ergebnisse im Niveau zu verorten.

HINWEIS
Die Einstufung kann auch dazu genutzt werden, eine Differenzierung anzudenken oder grob zu überprüfen, ob sich die differenzierenden Aufgaben tatsächlich im Niveau unterscheiden.

kognitive Prozessdimension nach Anderson	**allgemeine Bereiche**	**Verben (Operatoren) und Kompetenzbeispiele**
Analysieren	• wichtige von unwichtigen Informationen unterscheiden • mithilfe der Mathematik Standpunkte vertreten • Verbindungen darlegen • Ordnungsstrukturen offenlegen	**Verben:** *unterscheiden, abgrenzen, auswählen, strukturieren* **Beispiele:** Die SuS können • in technischen Zeichnungen (oder kurzen Texten) die für die konkrete Aufgabenstellungen relevanten von irrelevanten Informationen unterscheiden; • die Geschichten in ein LGS überführen (Verbindungen darlegen); • der Darstellung des Hauses der Vierecke notwendige und hinreichende Bedingungen entnehmen.
Bewerten (Evaluation)	• Trugschlüsse aufdecken • Effektivität einer Prozedur einschätzen • Schlussfolgerungen überprüfen, die auf Daten beruhen	**Verben:** *beurteilen, entscheiden, auswählen, kritisieren, urteilen* **Beispiele:** Die SuS können • mit Hilfe ihrer Kenntnisse eine Kaufentscheidung begründen; • Aussagen, die auf falschen Diagrammen beruhen, einschätzen und richtigstellen.
Erzeugen	• neue Strukturen oder Muster entwerfen • ein Verfahren zur Ausübung einer Aufgabe entwerfen (z. B. im forschend angelegten Mathematikunterricht) • Hypothesen formulieren, prüfen und begründet argumentieren	**Verben:** *entwerfen, vorschlagen, planen, Hypothesen formulieren, entwickeln* **Beispiele:** Die SuS können • die Notwendigkeit der Zahlbereichserweiterung durch das Nachvollziehen (eigenständige Vollziehen) des Beweises der Irrationalität von $\sqrt{2}$ erkennen; • ein Lösungsverfahren für LGS erarbeiten und dieses verbalisieren.

Wie lassen sich Zielformulierungen bewerten?
Hier lassen sich die S.M.A.R.T.-Kriterien (Doran 1981) heranziehen, nach denen Lernziele die folgenden Kriterien erfüllen sollen:

S	**Spezifisch (alternativ: konkret)** Lernziele sollten so konkret wie möglich formuliert werden, um den Unterrichtsverlauf und die entsprechenden (mathematischen) Handlungen darauf abzustimmen.
M	**Messbar (alternativ: beobachtbar)** Lernziele sollten an eine beobachtbare Handlung (Verhaltensteil) gekoppelt werden. Dadurch wird den LuL selbst oft erst bewusst, ob der geplante Unterrichtsverlauf die SuS über diverse Lerntätigkeiten (Handlungen) auch zum Ziel führt.
A	**Akzeptiert (alternativ: attraktiv, einleuchtend, transparent)** Lernziele sollten von den SuS akzeptiert werden, sodass ihnen der Sinn ihrer Arbeit transparent gemacht wird.
R	**Realistisch (alternativ: erreichbar, umsetzbar)** Lernziele sollten z. B. auf die mathematische und sonstige Lernausgangslage, Lerntempi und zu erwartende Lernschwierigkeiten abgestimmt werden, um erreicht werden zu können.
T	**Terminiert** Lernziele sollten in der für sie vorgesehenen Zeit umsetzbar sein, was damit korreliert, ob sie konkret und realistisch formuliert worden sind.

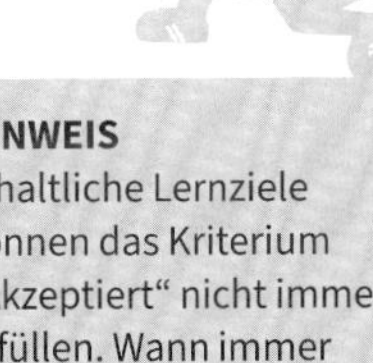

HINWEIS
Inhaltliche Lernziele können das Kriterium „Akzeptiert" nicht immer erfüllen. Wann immer möglich, sollten jedoch attraktive Kontexte geschaffen werden.

Das Modell stammt nicht aus der didaktischen Literatur, sondern aus der Wirtschaft und diente ursprünglich zur Steuerung von Mitarbeiterprozessen. Das lässt es für den Unterrichtskontext jedoch nicht weniger geeignet erscheinen, obwohl das Modell gelegentlich an seine Grenzen kommt, da sich definitiv nicht jedes Lernziel (etwa das korrekte Anwenden der Potenzgesetze) beziehungsweise jeder Verhaltensteil eines Lernziels attraktiv gestalten lässt. Hier müssten LuL eher über die Aufgabenkontexte nachdenken, die möglichst motivierend und alltagsnah gewählt werden sollten.

3.3.2 Didaktische, methodische und mediale Entscheidungen zur Stunde

Analyse der Lernausgangslage der SuS

Es empfiehlt sich, die Analyse der Lernausgangslage in Kurzform, zum Beispiel tabellarisch, zu integrieren. Typische Inhalte und Beispiele finden sich im folgenden Kasten.

BEISPIEL: Inhalt und Formulierungen für die Analyse der Lernausgangslage

<table>
<tr><th>Feststellung/Ausprägung</th><th>Konsequenzen für die Unterrichtsstunde/Lerngruppe</th></tr>
<tr><td colspan="2">(1) Welche Besonderheiten der gesamten Lerngruppe/einzelner SuS sind zu berücksichtigen?</td></tr>
<tr><td>• Förderschwerpunkte einzelner SuS
• Innermathematische Probleme oder Begabungen einzelner SuS</td><td>• Methodische, sprachliche oder innermathematische Differenzierung (vgl. Kapitel 8)</td></tr>
<tr><td colspan="2">(2) Welche Vorerfahrungen und Kenntnisse haben die Schülerinnen und Schüler in Bezug auf das Thema der Unterrichtsstunde? An welchen Stellen ist vermutlich mit Problemen zu rechnen?
Dieser Teil sollte den größten Teil der Tabelle ausmachen! Listen Sie notwendiges Vorwissen präzise auf! Im Entwurf für eine Integrationsklasse sollte hier jeweils zwischen den Kompetenzen der Hauptgruppe und den Kompetenzen der Förderkinder in der Tabelle differenziert werden, da auf dieser Analyse die Differenzierung und individuelle Förderung beruht (vgl. hierzu auch Kapitel 8.4).
Die gewählten Konsequenzen korrelieren z. B. mit der Art der Aufgabenstellung, der Aufgabenwahl, der Darstellungsform, der Hilfe- und der Differenzierungsart.</td></tr>
<tr><td>• Einheiten, die beachtet werden müssen
• Umformungen, die beherrscht werden müssen
• Notationen, die verwendet werden sollen
• Texte, Aufgabenarten, Skizzen, Diagramme, die gelesen werden müssen
• Gedankengänge, die nachvollzogen werden müssen
• Probleme könnten sich ergeben bei:
– Verstehen der Skizze
– Verstehen des Textes
– Umwandlungen usw.
Es fällt den SuS immer noch sehr schwer, gefundene Sachverhalte, Regeln, Besonderheiten oder Eigenschaften zu verbalisieren.</td><td>• gestufte Lernhilfen, abgestimmt auf das Vorwissen und die Schwierigkeiten,
• Lernplakate
• Gruppenzusammensetzung
• verschiedene Darstellungsformen
• Experteneinsatz
Die SuS können sich eine Wortwolke oder einen Lückentext als Hilfe nehmen, um den Merksatz zu formulieren (Differenzierung).</td></tr>
<tr><td colspan="2">(3) Welche Unterrichtsmethoden, Sozialformen und Arbeitstechniken sind für die Erarbeitung des unterrichtlichen Vorhabens bekannt oder neu?</td></tr>
<tr><td>• Die SuS kennen EA, brechen aber nach wenigen Minuten aus.
• Partnerarbeit wird trainiert, Gruppenarbeit kennen die SuS noch nicht.
Für Florian ist ein Förderschwerpunkt (ES) vermerkt, er kann und möchte nicht in einer Gruppe arbeiten.</td><td>• Die Dauer der Einzelarbeit wird ganz behutsam gesteigert.
Florian darf, wenn er dies wünscht, temporär allein arbeiten. Dennoch wird immer wieder versucht, ihn mit verschiedenen Partnern arbeiten zu lassen.</td></tr>
</table>

Didaktische Entscheidungen

In diesem Abschnitt gilt es nun, dem Leser konkrete Planungszusammenhänge und Begründungen für die Stunde offenzulegen. Hierzu sollten Fragen beantwortet werden zu den Aspekten didaktische Legitimation (in Anlehnung an Klafki 1985), didaktische Reduktion, methodische und mediale Schlüsselentscheidungen

Didaktische Legitimation

- Welchen Bezug hat das Thema der Stunde zu der Lebenswirklichkeit der SuS?
- Worin liegt die gegenwärtige, die zukünftige bzw. die exemplarische Bedeutung des Themas für die Lernenden?

Legitimieren Sie kompakt, ohne Redundanzen!

BEISPIEL: Didaktische Legitimation zur Einführung des Prozentwertes

Gegenwartsbedeutung des Inhalts für die SuS

Das Umgehen mit Prozenten ist ein sehr wichtiges Gebiet der Schulmathematik und eine wichtige Hilfe im Alltag. Prozente begegnen den SuS in vielen Lebensbereichen (Mehrwertsteuer auf Rechnungen, reduzierte Waren beim Einkaufen). Auch im Bereich der Ernährung findet man immer häufiger auf vielen Lebensmittelverpackungen prozentuale Richtwerte bezogen auf die empfohlene Tagesdosis. Die Prozentrechnung ist somit schon Teil der Gegenwart der SuS.

Zukunftsbedeutung des Inhalts für die SuS

Was für die Gegenwart gilt, lässt sich in diesem Fall auch auf die Zukunft übertragen. Die Situationen, in denen sich die SuS zukünftig mit Prozentangaben und der Prozentrechnung konfrontiert sehen (Autokauf, Hauskauf, Kredite, Berufsfelder, Zinsrechnung), werden in ihrer Anzahl mit laufendem Alter zunehmen. Somit ergibt sich eine mehrschichtige inner- und außermathematische Zukunftsbedeutung.

Exemplarische Bedeutung des Inhalts für die SuS

An der Berechnung der Kohlehydratemenge einzelner Fastfood-Produkte wird in der heutigen Stunde exemplarisch die Berechnung des Prozentwertes besprochen. Die SuS können das heute neu erlange Wissen dazu nutzen, um auch in anderen Bereichen (z. B. Rabatten) Prozentwerte zu berechnen.

Didaktische Reduktion

- Was konkret muss innermathematisch (z. B. Einheiten, Umformungen, Lösungsschritte, Texte, Diagramme, quantitativ, qualitativ) reduziert werden?
- Was muss sonst, zum Beispiel sprachlich, reduziert werden?
- Wie ist die didaktische Reduktion aus den speziellen Lernvoraussetzungen, der Struktur der Sache und den Legitimationsfragen (Begründung der Thematik usw.) zu untermauern?
- Welcher übergeordneten didaktischen Konzeption unterliegt die Unterrichtsstunde (und warum)?

Verknüpfen Sie die einzelnen Teilkapitel miteinander!

BEISPIEL: Didaktische Reduktion bei der Einführung der Achsensymmetrie

Ziel der Stunde ist es, dass die SuS die Eigenschaften der Achsensymmetrie benennen können, mathematische Begrifflichkeiten kennenlernen und symmetrische von nicht symmetrischen Figuren abgrenzen können. Sie sollen symmetrische Wappen durch einen Scherenschnitt erstellen, das Gegenstück eines symmetrischen Musters ergänzen und die besonderen Eigenschaften der erstellten Wappen in einem Lückentext festhalten.
Da das Thema „Symmetrie" laut Kernlehrplan der Grundschule Unterrichtsgegenstand der Klassen 3 und 4 ist, müsste das Erkennen von symmetrischen Figuren „angerissen" worden sein. Die besonderen Eigenschaften der Achsensymmetrie dürften, ebenso wie eine Ausschärfung des Begriffes durch eine Abgrenzung von nicht symmetrischen Figuren, jedoch vermutlich nicht Gegenstand gewesen sein.
In der Grundschule wurden Muster sicherlich eher intuitiv vervollständigt, nicht streng kriteriengeleitet und mithilfe der entsprechenden Begriffe auf Schülerniveau begründet. Da die Unterrichtsstunde eine Einführungsstunde in die Thematik ist, beschränkt sich das Grobziel auf das Auffinden der Symmetrieachse, der Deckungsgleichheit der symmetrischen Teilflächen und die Beschreibung ihrer Eigenschaften. Darin liegt die quantitative Begrenzung der Stofffülle.
Eine Integration der notwendigen Abstandsgleichheit (von Punkt und Bildpunkten) erfolgt demnach nicht.
Eine weitere qualitative Begrenzung der Unterrichtsstunde ergibt sich aus der von mir gewählten Art der Vermittlung mathematischer Fachbegriffe. Um das Auffinden der Begrifflichkeiten durch eine Diskussion der SuS zu evozieren, wird den SuS ein entsprechend in Schülersprache verfasster Lückentext auf zwei Niveaustufen angeboten.
Zwei SuS mit Lernschwierigkeiten (vgl. Lernausgangslage) bekommen ihrem Lernstand entsprechend vereinfachte Muster.

Skizzieren Sie Alternativen! Schreiben Sie deskriptive und begründende Textteile im Wechsel!

Methodische und mediale Schlüsselentscheidungen

- Welche Sozialformen werden eingesetzt? Warum?
- Welche Medien werden eingesetzt? Wieso?
- Wird heute aus didaktischen (z.B. kein didaktischer Mehrwert oder zu komplexer App-Einsatz) oder innermathematischen Gründen (z.B. die händische Zeichnung bedeutet für den Lernzuwachs etwas anderes als die digital erstellte) auf den Einsatz digitaler Medien verzichtet?
- Welche Differenzierungsmaßnahmen sind nötig? Begründung?
- Welche möglichen Schwierigkeiten könnten auftreten und wie könnte man mit ihnen umgehen? (Verknüpfung mit der Lernausgangslagenanalyse und der Aufgabenanalyse)
- Begründung der verwendeten mathematischen Darstellungsformen

Ein Beispiel, passend zur vorangegangenen didaktischen Reduktion, wird im Kasten auf der folgenden Seite vorgestellt.

BEISPIEL: Methodische und mediale Schlüsselentscheidungen zur Einführung der Achsensymmetrie

Die in Rede stehende Unterrichtsstunde ist die Einführungsstunde in die Reihe „Die Welt ist schön symmetrisch" – Erfassen und Erkennen von Symmetrie in ebenen Figuren und deren Konstruktion.
Die Stunde wird mit einem informierenden Einstieg (Grell & Grell, 1983) eröffnet, der den SuS die Aufgabe überträgt, sich „vereinfacht" in die Arbeit eines Wappenrestaurators hineinzudenken, wobei der heute zu erarbeitende Symmetriegedanke im Zentrum stehen soll. Ein solcher Einstieg schafft, bedingt durch seine Struktur, eine schnelle Zieltransparenz und ist daher heute einer reinen Problemorientierung bzw. einem hypothesenbildenden Vorgehen vorzuziehen, was zudem für den mathematischen Inhalt schwer konstruierbar wäre.
Das aktive Anfertigen eines Wappens soll die SuS motivieren, wobei sie bereits entwickelte Fähigkeiten, wie das Ausschneiden einer Figur und das symmetrische Fortführen eines vorgegebenen Musters, auf eine neue Aufgabe übertragen.
Die Färbung der Flächen soll zusätzlich das Interesse für die unterschiedlichen Wappen der Mitschüler steigern. In der Erarbeitungsphase soll zunächst jedem Schüler und jeder Schülerin eine erste Begegnung mit einer symmetrischen Figur in Einzelarbeit ermöglicht werden. Die Begegnung soll auf einer enaktiven Ebene – die SuS erstellen einen Scherenschnitt – und auf einer ikonischen Ebene – die SuS ergänzen und malen ein symmetrisches Muster aus – stattfinden (Bruner, 1970). In der zweiten Phase sollen die erlangten Erkenntnisse am Gruppentisch zusammengeführt und mithilfe des Lückentextes schülerangemessen verbalisiert und mathematisch formalisiert werden.
Eine Zwischensicherung unterbleibt, um die Lernphase und den Motivationsbogen nicht zu unterbrechen. Tipps und Teilergebnisse werden zum passenden Zeitpunkt digital von der Lehrkraft freigegeben.
Unterstützend wird den SuS hierfür ein Wortfeld mit mathematischen Fachbegriffen angeboten, die sie in einen dargebotenen Lückentext einsetzen und so mit ihren bisherigen Kenntnissen verbinden. Dessen Integration findet ihre Begründung durch die von mir konstruierte didaktische Reduktion. Zwei SuS, die sprachlich größere Probleme aufzeigen (vgl. Lernausgangslage), bekommen einen modifizierten Lückentext.
Innerhalb dieser Jahrgangsstufe muss ein mathematisches Begründen und der systematische Sprachwechsel von der kindlichen Sprachebene zur korrekten Nutzung von Fachbegriffen behutsam vorbereitet und kontinuierlich geübt werden. Die Gruppen sind ungefähr leistungshomogen zusammengesetzt, basierend auf meiner vorangegangenen Lernausgangsdiagnose (Kompetenzabfrage) und erhalten Arbeitsblätter auf verschiedenen Niveaustufen, die sich in der Komplexität der Wappen unterscheiden. Zudem agieren die schnelleren SuS als Experten.
Die anschließende Sicherungsphase, in der im Plenum mithilfe einer Folie der Lückentext verglichen wird, gibt der Lehrperson nochmals die Möglichkeit, die zentralen Begriffe (Symmetrieachse und Deckungsgleichheit) in das gedankliche Zentrum des Schülerbewusstseins zu rücken. Zudem werden die neuen Begriffe hier nochmals zeitgleich anhand eines geeigneten Bildes gezeigt, um deren richtige Verwendung sicherzustellen und um gegebenenfalls auf offene Fragen eingehen zu können.
In der abschließenden Transfer- und Übungsphase gilt es, den heute erarbeiteten Symmetriebegriff zu festigen. Dies geschieht in klassischer Anlehnung an Zech (2002), indem die SuS symmetrische Objekte von nicht symmetrischen Objekten, auch von solchen die „fast" symmetrisch sind, begründet unterscheiden.
Hier wird die Lehrperson, angepasst an die real existierende Unterrichtssituation, variabel reagieren. Steht noch eine größere didaktische Reserve zur Verfügung, werden die SuS die Objektunterscheidung zuerst am Gruppentisch mithilfe vorbereiteter, kleiner Wappenkärtchen vornehmen, um ihre Argumentations- und Begründungskompetenz weiter zu schulen.
Im anderen Fall wird diese Phase zugunsten der vorgezogenen gemeinsamen Zuordnung von großen „Wappenkarten" an der Tafel entfallen.

3.3.3 Geplanter Unterrichtsverlauf: Verlaufsskizze

Die Verlaufsskizze gibt dem Leser im Prozess einen schnellen Überblick über den zu erwartenden Ablauf der Stunde. Umfangreiche Erläuterungen sind hier überflüssig, kurze Hinweise jedoch nützlich. Aus dieser Intention der Verlaufsskizze resultiert ihr begrenzter Umfang von ca. 1 DIN-A4-Seite.

BEISPIEL: Verlaufsskizze

Unterrichtsphasen/ Unterrichtsschritt ***evtl.:*** **Zeit** ***(Schätzwert)***	**Unterrichtsgeschehen Sach-/Verhaltensaspekte**	**Sozialform**	**Medien**
Einstieg (ca. 5 Minuten)	Der Lehrer präsentiert einen selbstgedrehten Kurzfilm. Hier wird in der Fußgängerzone des Ortes eine faire Wette für Passanten angeboten.	UG	selbstgedrehter Kurzfilm
Problemgewinnung	Die SuS formulieren die Frage der Stunde: Ist das Spiel fair? Die von den SuS formulierte Frage wird vom Lehrer als Überschrift an der Tafel fixiert.	UG	Tafel
Erarbeitung	Die SuS experimentieren mit den Materialien …	GA	manipulierte Zufallsgeräte
Sicherung	…	…	…

FRAGEN ZUM WEITERDENKEN FÜR DIE SEMINARARBEIT ODER DAS HEIMSTUDIUM

- Formulieren Sie zu dem folgenden Lernlernziel ein mögliches Stundenthema: Die SuS sollen den Prozentwert berechnen, indem sie einem Text über Fastfood die Fettanteile (in %) und die Gesamtmasse (100 %) entnehmen, diese Werte in eine Dreisatzaufgabe übernehmen und lösen.
- Erklären Sie die Unterschiede zwischen einem mathematischen Gegenstand und einem Stundenthema. Erläutern Sie, warum es für den Mathematikunterricht relevant ist, Themen zu entwickeln.
- Betrachten Sie das angegebene Thema und formulieren Sie hierzu ein Schwerpunktlernziel und weitere Feinlernziele: Bewegst du dich oder stehst du noch? – Übung zum Funktionsgedanken anhand eines Bewegungsspiels (Übersetzung von Bewegungen in Graphen und umgekehrt) zur Vertiefung des Wissens über Funktionen.
- Versuchen Sie eine Begründung zu formulieren, warum Sie innerhalb einer Erarbeitung auf eine Differenzierung verzichten möchten.
- Formulieren Sie eine Begründung, warum Sie einen kleinen Teil der Stunde lehrerzentriert gestalten müssen.
- Denken Sie sich in eine Einführungsstunde zur quadratischen Funktion hinein und formulieren Sie eine didaktische Reduktion.

4 Einstiege und Ausstiege im Mathematikunterricht

4.1 Einen gelungenen Einstieg planen

Einen gelungenen Einstieg in eine Unterrichtsstunde zu bewerkstelligen gehört zweifellos zu den besonderen Schwierigkeiten, mit denen sich LuL täglich mehrmals konfrontiert sehen.

Die Aufmerksamkeit der SuS ist keine Konstante, muss aber als elementare Grundlage für die vom Lehrer gewünschte Verhaltensänderung und als Grundlage für den Beginn des Lernprozesses angesehen werden. Die Stunden immer auf die stets gleiche Art und Weise zu beginnen, zum Beispiel durch das Abfragen der Hausaufgaben, kann weder bei SuS eine gesteigerte Lernfreude produzieren, noch die LuL selbst mit Freude an ihrem Tun erfüllen.

Bei der Vielzahl der täglich aufeinander folgenden Unterrichtsstunden ist ein ansprechender und abwechslungsreicher Einstieg umso schwieriger. Daraus resultiert die Notwendigkeit, ein breites Einstiegsrepertoire zu besitzen.

> Begründen Sie im schriftlichen Entwurf kurz die didaktische Funktion Ihres Einstiegs!

Ein guter Einstieg sollte möglichst vielen der folgenden Kriterien genügen: Er

- weckt Interesse;
- motiviert die SuS für den Lernprozess;
- knüpft an die Lernausgangslage der SuS an;
- informiert SuS über das geplante Unterrichtsgeschehen (Methoden, Zeit usw.);
- führt unmittelbar zum Thema;
- diszipliniert die SuS;
- soll Vorkenntnisse und Alltagsbedeutungen der SuS aktivieren;
- trägt (eventuell humorvoll) in den Unterricht hinein;
- ermöglicht möglichst häufig einen handelnden Umgang mit dem neuen Thema;
- gibt Anlass für eine Problemgewinnung;
- regt zum Bilden von Hypothesen an;
- spricht möglichst alle SuS an, also schwache, starke, Mädchen und Jungen.

Alle Punkte dieser Liste zu berücksichtigen, wäre eine Überforderung und Überbewertung der Bedeutung des Einstiegs. Ziel sollte es sein, wenige relevante, beispielsweise die ersten drei Eigenschaften, in jeder (auch in jeder Alltagsstunde) zu berücksichtigen und ein oder mehrere der darauffolgenden Eigenschaften abwechselnd zu integrieren. Allerdings sollten noch einige Hinweise beachtet werden.

Eine Überhäufung von künstlichen Motivationsspitzen könnte in eine Übermotivation übergehen – ein Phänomen, das sich für den Anfänger häufig in dann nur schwer zu lenkenden und zu fokussierenden Unterrichtsgesprächen zeigt. Erzählt die Lehrkraft zum Beispiel eine selbstgeschriebene Geschichte, die die SuS zum Lachen bringt, und präsentiert ihnen dabei bekannte Comicfiguren in nett gezeichneten Kontexten, muss ein solcher Moment geplant werden, ebenso wie man ihn moderieren und in die verbal richtige „mathematische Bahn" lenken kann.

Im Besonderen ist im Kontext des gelungenen Einstiegs auch die Relevanz der sorgfältig angepassten Lehrersprache in den ersten Unterrichtsminuten zu erwähnen. Unterrichtskommunikation ist definitiv ein sehr dynamischer Prozess, also in der Regel von LuL nicht inhaltlich genau vorauszuplanen. Dies gilt jedoch nicht für den ersten oder die ersten zwei Impulse bzw. Fragen, die gestellt werden! Diese sollten zumindest für Prüfungsstunden sorgfältig durchdacht sein und sich grob an den Kriterien des SAMBA-Prinzips (vgl. Kapitel 9) orientieren.

Begründen Sie im Entwurf, warum der Einstieg für genau diese Lerngruppe und den konkreten Inhalt der richtige ist.

Ebenso wichtig wie ein umfassendes Wissen über mögliche Einstiege und deren Gelingen ist auch das Wissen um die Möglichkeit des Nichtfunktionierens. Einer der häufigsten Stolpersteine, die sich LuL selbst im Einstieg legen, besteht aus der bereits erwähnten spontan verwendeten fehlerhaften Lehrersprache.

Dazu kommt, dass besondere Einstiege (oder für Prüfungssituationen besonders relevante) von der Lehrkraft zuvor getestet werden sollten, etwa falls sie experimenteller Natur sind. Zudem muss durchdacht werden, ob der angedachte Einstieg auch bei der gewählten Lerngruppe die „gewünschten" Verhaltensänderungen bzw. kognitiven Prozesse auslöst.

Die entworfene Situation muss des Weiteren zu den anvisierten Lernzielen, den Unterrichtsinhalten und den Vorkenntnissen genau dieser Lerngruppe passen. Ein Stundenbeginn, der in einer Klasse ein Feuerfest an Motivation, fruchtbaren, didaktischen Momenten oder eine Vielzahl an Problemfragen hervorgerufen hat, kann in einer anderen Klasse, eventuell bei einer anderen Lernausgangslage oder in einem anderem System völlig unpassend sein.

Der gelungene Einstieg berücksichtigt
- die Entscheidungen über eine sprachlich angepasste Lehrersprache, durchdachte Impulse und Fragen,
- das Vorwissen und die sonstigen Eigenschaften (z. B. das Alter) der Lerngruppe,
- die entsprechenden mathematischen Inhalte und Lernziele.

Für einen klassischen Einstieg im Sinne eines hypothesenbildenden/problemorientierten Unterrichtes folgt daraus, dass das sorgfältig ausgewählte Problem auch ein Problem in der Gedankenwelt und Erfahrungswelt unserer SuS zu sein hat und sie in ihrer konkreten Entwicklungsphase tatsächlich in der Lage sein sollten, auf genau dieses Problem mit entsprechenden Hypothesen zu reagieren. Ein Beispiel: Das klassische Problem des Vergleichs von Handyverträgen mit Fixkostenanteil und variablem Kostenanteil, das gern auserwählt wird, um zum Thema Schnittpunktbestimmung von linearen Funktionen zu leiten, wird angesichts allgegenwärtiger Flatrate-Pakete zum Anachronismus, mit dem die SuS ebenso wenig anfangen können wie mit einer inzwischen durch LED-Leuchtmittel ersetzten Glühlampe.

Geht die Lehrkraft problemorientiert bzw. hypothesen- oder fragenbildend in den Unterricht, muss dann in der Regel ein entsprechendes Stundenende geplant werden, das auf den Einstieg zurückgreift.

Für problemorientierte, hypothesen- und fragenbildende Einstiege ist zu beachten:
- Ist das Problem noch ein Problem im Alltag der heutigen SuS?
- Wie realisiere ich den Rückgriff auf den Einstieg am Stundenende?

Allgemein gilt: Ein Einstieg sollte niemals übertriebenes Schauspiel sein und in entsprechendem Maße zur eigenen Lehrerpersönlichkeit passen, das heißt, er sollte authentisch sein und für die LuL nicht schon im Vorfeld ein unschönes Gefühl hervorrufen.

4.2 20 verschiedene Eröffnungsmöglichkeiten für den Mathematikunterricht

Im Folgenden werden verschiedene Einstiegsmöglichkeiten und -methoden vorgestellt und kurz beleuchtet. Bis auf den schwierigsten, den hypothesenbildenden/problemorientierten Einstieg (Bei-

HINWEIS
Download-Material: Übung zu Unterrichtseinstiegen

spiel Nr. 7) werden hier alle Einstiegsarten der Lehrerkompetenzstufe ❶ zugeordnet.

(1) Brainstorming: Vorkenntnisse ermitteln, Interessenlage abfragen

Den SuS wird eine klar verständliche Frage gestellt, zu der alle eine Meinung haben und etwas sagen können sollten. Dies kann von einem Schüler oder der Lehrperson an der Tafel, auf Plakaten oder auf angehefteten Steckbriefen gesammelt werden. Beispielfrage: Wie viel Prozent des Jahres verbringen wir mit Schule?

APP-Möglichkeit zu (1)
z. B. Oncoo.de
Edkimo.de
edupad.ch

(2) Auffrischung: das in der Vorstunde behandelte auffrischen

Eine Auffrischung von Stoff sollte selbstverständlich mithilfe der zum Einsatz gekommenen Medien oder entsprechenden Schülerprodukten (Folien, Plakate oder das auf dem Board abgespeicherte Tafelbild der Vorstunde) realisiert werden.

Tipp: Positivieren Sie bei diesem Vorgehen Ihre Schüleransprache und stellen Sie es ihren SuS als freiwillige Möglichkeit dar, sich bereits in den ersten Unterrichtsmininuten positiv in das Geschehen einzubringen.

APP-Möglichkeit zu (2)
z. B. kahoot.com
padlet.com, Taskcards.de

Eine sehr kurze „Tuschelphase“, in der sich die Sitznachbarn oder Gruppentischmitglieder knapp und leise über die Inhalte der Vorstunde klar werden, kann die Motivation und Beteiligung in dieser Phase deutlich erhöhen und baut merklich Ängste der SuS ab.

HINWEIS
Solche Alternativen zur „verstaubten“, mit Angst und Leistung verbundenen klassischen Wiederholung werden auch von den SuS besser angenommen.

(3) Hausaufgabenkontrolle: der Klassiker in moderner Form

Die moderne Technik, falls vorhanden, ermöglicht inzwischen das flinke „Anbeamen“ eines unter die Schwanenhalskamera gelegten Schülerheftes.

Tipp: Achten Sie auch hier darauf, eine Lern- und keine Leistungssituation (zu den Begriffen vgl. Leisen 2013, S. 83 ff.) zu erzeugen, das heißt feinfühlig auf Freiwilligkeit in dieser Phase zu achten und nicht für sensible oder schwache SuS so eventuell ein Angstmoment zu generieren, der in der restlichen Zeit der Stunde nicht mehr abklingt.

Alternativen, die es der Lehrkraft erlauben, sich zum Beispiel einzelnen SuS zur individuellen Förderung zuzuwenden:

- Die SuS vergleichen ihre Hausaufgaben mit einer angezeigten Lösung.
- Die SuS vergleichen mit ihrem Sitznachbarn.
- In einer Art von Schreibkonferenz wandert das eigene (digitale) Heft im Uhrzeigersinn um den Gruppentisch. Die Nachbarn notieren eventuelle Verbesserungen oder ein Lob.

- Einzelne SuS präsentieren mithilfe ihrer in die Lernplattform (z. B. Google Classroom) abgelegten Datei.
- Von SuS erstellte Screencasts werden besprochen.

(4) Die „kleine Übung"

Die Unterrichtsstunde beginnt mit der Durchführung einer stillen Übung (ca. 5 Minuten), während der nicht gesprochen werden darf, mit kleinen, kurzen Aufgaben aus den vorangegangenen Einheiten, um für die SuS „altes Wissen" zu aktivieren.

APP-Möglichkeit zu (4)
z. B. Keynote, SyncSpace

Tipp: Gerade jüngere SuS (bis Klasse 6) freuen sich teilweise auf einen solchen, auch Ruhe erzeugenden, Unterrichtsbeginn und möchten ihr Können unter Umständen auch gern an der umgeklappten Tafel oder digital präsentieren.

Tipp: Auch hier sollte darauf geachtet werden, keine Leistungssituation zu Beginn der Stunde zu erzeugen.

(5) Der informierende Einstieg

Hierbei wird den SuS zu Beginn der Stunde in einfacher Form und so interessant wie möglich mitgeteilt (Grell/Grell 1983, S. 10), was in der vor ihnen liegenden Zeit passieren soll. Die wichtigsten Punkte können auf Folie, der Tafel oder per Beamer visualisiert werden, damit die SuS den „Plan" nachvollziehen können. Lässt es die Flexibilität der Lehrkraft zu, könnten auch Schülerwünsche integriert werden. Hierbei ist es wünschenswert, dass die Struktur für die Dauer der Unterrichtsstunde sichtbar bleibt und nicht rasch vom Netz getrennt oder unter der nächsten Tafelschicht verschwindet.

APP-Möglichkeit zu (5)
z. B. Powerpoint (hier kann ein digitaler Pfeil in der Stunde entsprechend den Plan „abwandern")

Tipp: Ein informierender Einstieg ist dann zu wählen, wenn kein überraschender, spannender Problemkontext gefunden werden kann oder dieser nur äußerst schwer und unglaubwürdig zu konstruieren ist.

(6) Karikatur, Comic oder Schaubilder

Denkbar sind Eröffnungen durch aktuelles Material von Werbeprospekten bis hin zu Ausschnitten aus berühmten Comicsendungen.

APP-Möglichkeit zu (6)
z. B. mysimpleshow.com; VideoScribe

Tipp: Im Internet finden sich leicht kostenfreie Anwenderprogramme, mit denen man auch ohne große künstlerische Begabung relativ schnell einen Cartoon erstellen kann.

(7) Der hypothesenbildende/problemorientierte Einstieg

Stunden, die derart angelegt sind, zeichnen sich dadurch aus, dass die eigentliche Problemfrage der Stunde erst noch innerhalb der Einstiegsphase (hier: Phase der Problemgewinnung) von den SuS gefunden und formuliert werden muss. Hierbei hängt der Erfolg

> Erwähnen Sie im Entwurf, dass Sie sich lediglich an das Unterrichtsverfahren anlehnen, da es im Mathematikunterricht meist nur tangiert, jedoch nicht vollständig vollzogen wird.

des Einstiegs, also ob die SuS eine geeignete Frage formulieren oder sie letztendlich von der Lehrperson vorgegeben werden muss, stark von der Qualität des gegebenen Impulses (Bild, Comic, Video, Zeitungsausschnitt etc.) ab.

Hinzu kommt ein gesteigerter Anspruch an die Moderationsfähigkeit der Lehrperson. Sie muss, anders als bei den anderen hier thematisierten Einstiegsmethoden, blitzschnell und eventuell unter Prüfungsdruck entscheiden, von welcher Qualität die geäußerten Schülerfragen sind und inwieweit sie zu den gesteckten Unterrichtszielen passen, ob sie zu einem späteren Unterrichtszeitpunkt thematisiert werden sollen oder sogar als ungeeignet behandelt werden sollten.

Diese Art der Einstiegsmethode findet ihre Wurzeln im „genetischen Lernen“ (Wagenschein 1975). Unterricht, der so beginnt und strukturiert ist, orientiert sich in seiner didaktischen Konzeption am Klassiker der naturwissenschaftlichen Unterrichtsstrukturierung von Schmidkunz/Lindemann (1992), dem forschend-entwickelndem Unterrichtsverfahren.

Tipp: Überlegen Sie sich zuvor gut, wie die möglichen Schülerfragen zu Ihrem Impuls lauten könnten, und notieren Sie sich im Vorfeld mögliche Fragen und einen „Hilfeimpuls“, falls der Prozess der Problemgewinnung ins Stocken geraten sollte.

(8) Die „wirklich wahre Geschichte“

Bei dieser Einstiegsvariante führen die LuL die SuS zum Thema, indem sie eine reale oder fiktive kurze Geschichte vorlesen oder diese vorlesen lassen.

Je nachdem, wie dick das „geschichtliche Paket“ ist, das den SuS mitgebracht wird, ist diese Einstiegsvariante durchaus auch in höheren Jahrgängen geeignet. Natürlich sind besonders jüngere SuS durch diese Variante sehr schnell und einfach für den Inhalt und die dahinter „versteckte“ Mathematik zu begeistern.

Die Kompetenz, einen problemorientierten, fragengewinnenden Unterrichtseinstieg durchzuführen wird in Kompetenzstufe ❸ verortet. LuL müssen eine weit ausgebildete Moderationsfähigkeit besitzen, um geeignete, zum Beispiel zu einer offenen Aufgabe gestellte Schülerfragen zu sammeln und zu ordnen. Geben sie dann auch noch verschiedene Aufgaben an die Schülergruppen, so wird der Unterricht in hohem Maße differenziert und komplex.

BEISPIEL: Der hypothesenbildende/problemorientierte Einstieg

Der feine Herr Poolgott möchte sich für seinen Gartenpool eine Heizung gönnen. Um zu sparen, überlegt er selber, welche Heizungsart die richtige ist. Welche Fragen muss er klären?

Angebot 1	**Angebot 2**	**Angebot 3**
Powerheizer bis 200 m³, 20.000 W **8900 €** der Sparen-können-andere-Preis!	Minisonne bis 50 m³, 8000 W **2000 €** der Besser-als-nix-Preis!	Volksheizung bis 100 m³, 11.000 W **4000 €** der Volkspreis!

BEISPIEL: Die „wirklich wahre Geschichte“

Vor etwa 100 Jahren fand man im Sande der Wüste eine uralte Pergamentrolle aus der Zeit der alten Griechen. Ein uns unbekannter Forscher namens Numerusachill berichtet darauf von seiner Entdeckung: *Wenn man die Winkel im Dreieck addiert, kommt als Ergebnis immer die gleiche Gradzahl heraus. Ebenso gilt dies für die Winkel im Viereck. Dieses lässt sich wie folgt zeigen:*

....

Der Rest ist leider von der Sonne zerstört worden und nicht mehr lesbar. Vielleicht könnt ihr helfen?

(9) Einstieg über ein Rollenspiel/einen Dialog (eventuell mit Schülerbeteiligung)

Hierbei motivieren LuL die SuS, indem sie einen kurzen, vorbereiteten Dialog vortragen oder diesen mit verteilten Rollen von SuS vortragen lassen, der zum mathematischen Problem führt. Es empfiehlt sich, den Dialog etwa mit einem Comic und Sprechblasen gleichzeitig zu visualisieren.

Diese Unterrichtsart muss zur Lehrerpersönlichkeit und zum Schüleralter passen. Beachten Sie, dass SuS, je nach Alter und Entwicklungsstand, nur einem begrenzten Dialog folgen können und dieser eventuell noch gleichzeitig als Folie zur Verfügung gestellt werden sollte.

Ein solcher Dialog ist schnell geschrieben und definitiv motivierender als der dazugehörige informierende Einstieg. Inwieweit bei dessen Formulierung auf „aktuelle“ Jugendsprache zurückgegriffen wird, ist der pädagogischen Weitsicht des Unterrichtenden überlassen. Solche Sprachmittel wirken oft motivierend, sind jedoch behutsam einzusetzen, da das, was in der Vorstellung der Lehrkraft aktuelle Schülersprache ist, nur bedingt identisch mit der momentanen Sprachrealität sein muss.

HINWEIS
Übersteigt der Text eine gewisse Länge oder müssen die SuS Daten entnehmen, ist eine Visualisierung notwendig.

APP-Möglichkeit zu (9)
z. B. mysimpleshow.com; Explain Everything

BEISPIEL: Rollenspiel oder Dialog

Die Stunde beginnt mit folgendem Rollenspiel, das zwei SuS lautstark und mit entsprechender Begeisterung für ihre Rolle der Klasse zum Besten geben:
Bent: Mensch, wenn ich so über meine „Schulzeit" nachdenke, wird mir immer schlecht...
Melanie: Was meinst du denn damit? Wir haben doch immer so viel Spaß in der Schule und vor allem im Matheunterricht.
Bent: Na die ganze Zeit, die dabei draufgeht! Ich hänge hier bestimmt 30 % des Jahres mit Schule ab.
Melanie: Ach Quatsch – das läuft! Ich denke, dass wir höchstens so auf 15 % kommen, wenn wir alles zusammenrechnen ...

(10) Video, PC, Off- bzw. Online-Medien

Die im Internet zur Verfügung stehende Menge an sorgfältig auszuwählenden Kurzfilmen oder Filmausschnitten bieten eine fast endlose Menge an motivierenden Einstiegsmomenten und kann relativ einfach integriert werden. (Vorsicht: Filmtitel und Sequenz sind adressatengerecht zu wählen und rechtliche Rahmenbedingungen sind zu beachten!)

(11) Historischer Einstieg

Die Geschichte bietet uns eine Vielzahl von spannenden Entdeckungsreisen und Fehlschlägen. Texte, die in angemessener Weise von historischen (oft gefährlichen und belustigenden) Experimenten und Messmethoden oder sonstigen Sachverhalten berichten, bieten spannende Möglichkeiten. Sorgfältig ist hier auf Lesetechniken und den Adressaten zu achten! Beispiele:

- Text über die Einführung der negativen Zahlen
- Methoden der historischen Landvermessung
- Methoden der historischen Höhenbestimmung

(12) Schaffen eines kognitiven Konfliktes (produktive Verwirrung)

Bei der Schaffung eines kognitiven Konfliktes ist es das Ziel, den SuS einen wie auch immer gearteten Impuls (verbal, bildlich) oder eine Frage anzubieten, die erwartungsgemäß von einem Großteil der Klasse zu Beginn der Stunde aufgrund der eingeschätzten Lernausgangslage bzw. des Vorwissens falsch beantwortet wird oder sie irritiert. Am Stundenende wird dann durch das nun neu Gelernte auf die zu Beginn falsch aufgestellte Vermutung zurückgegriffen.

> Ein kognitiver Konflikt entsteht ganz allgemein dann, wenn das Wahrgenommene nicht mit dem bisherigen Wissen, den bisherigen Erfahrungen übereinstimmt. Die Wahrnehmung wird dann als ungewöhnlich oder überraschend empfunden. (Duit 1981, S. 126)

BEISPIEL: Historischer Einstieg

Höhenbestimmung über die Strahlensätze und das Reflexionsgesetz

Im alten Griechenland brauchte man keinerlei Lasermessgeräte, um die Höhen von Gebäuden zu bestimmen.

Auf den berühmten Mathematiker und Naturforscher Euklid geht vermutlich die im Bild gezeigte Höhenbestimmung zurück. Hierfür brauchten die Griechen nur einen Spiegel und die euch schon bekannten Rechengesetze.

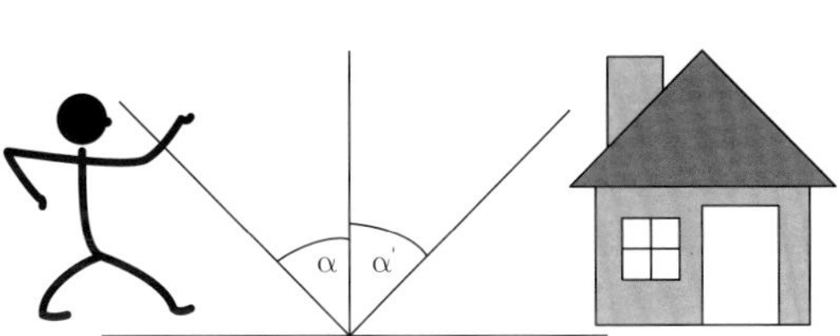

1 **Begründet, warum es sich um eine Strahlensatzfigur handelt.**
2 **Welche Größen mussten bestimmt werden?**
3 **Nehmt eure Materialien und bestimmt damit die Höhe eurer Schule.**

Beispiel zum kognitiven Konflikt: Die Lehrperson beginnt die Stunde mit folgender Behauptung: „Ein Auto kann 100 % Steigung nicht fahren, dann müsste es ja praktisch fliegen!“ Schön hierzu sind passende Kurzfilme, die zum Ende der Stunde, nachdem der Begriff der Steigung erarbeitet wurde, praktisch als weitere Auflösung gezeigt werden und die die SuS in Staunen versetzen.

APP-Möglichkeit
Youtube.com

(13) Auffinden von Ordnungen/Gruppen

Die Lehrperson beginnt die Stunde mit Realobjekten oder Bildern (etwa von Körpern oder Figuren). Im Plenum können die ersten Gemeinsamkeiten herausgestellt werden, die anschließend, in der Regel mithilfe eines entsprechenden Arbeitsblatts, erarbeitet werden.

Beispiel: „Was haben die ausliegenden Körper (diverse Prismen) gemeinsam?“

APP-Möglichkeit
z. B. learningApps.org; H5p.org

(14) Kleine Zaubertricks oder Lernspiele

Kleine Spielereien oder Tricks wecken gerade in den unteren Klassen Motivation und Interesse und sollten gelegentlich eingestreut werden. Beispiele:

- Der Lehrer beginnt mit den Worten: „Der kleine Oberzauberer der Mathematik gab mir dieses magische Buch (in dem nur für den Lehrer sichtbar die entsprechenden Lösungen des Terms

stehen), mit dem ich unglaubliche Kräfte besitze. Du denkst dir eine Zahl, addierst 4, multiplizierst mit 3 – und ich nenne dir die gedachte Zahl!“
- Somawürfel-Probleme, die auch in Klassen über Jahrgang 5 interessant sind
- stochastische Knobeleien (Gewinnspiele usw.)
- Memory mit mathematischen Begriffen
- Galgenmann mit mathematischen Begriffen
- eine Wette mit oder gegen die SuS: „Hier ist meine Klassenwette: Ich wette, dass ich zu 5 von 6 der mir durch meine Gruppenmitglieder gezeigten Bewegungen (laufen, gehen, stehen, umdrehen) den passenden Funktionsgraphen zeichnen kann!“

(15) Der Lehrervortrag

Begründen Sie den Lehrervortrag durch seine Funktion!

Der gute Lehrervortrag (vgl. Kapitel 9) ist im Laufe der letzten Jahre innerhalb der Lehrerausbildung und möglicherweise mit Blick auf das kooperative Lernen und das Ziel der maximalen kognitiven Beteiligung der SuS etwas in den Hintergrund der didaktischen Öffentlichkeit geraten und kommt daher teilweise wie ein verbotener Anachronismus daher, über den nicht gern geredet wird.

APP-Möglichkeit
z. B. Erklärvideos mit Screencast

Dies ist jedoch keinesfalls richtig und muss innerhalb der Ausbildung neu gedacht werden, da es eine Vielzahl von Gründen gibt, den in der Klasse einzigen anwesenden Experten im Fachgebiet der Mathematik einen gut strukturierten Vortrag halten zu lassen!

Dies gilt teilweise in besonderem Maße für Hauptschulklassen, die oftmals noch nicht oder nur begrenzt in der Lage sind, einen kleinen, einführenden Lerntext zu lesen oder Problemfragen zu formulieren. Dennoch muss das Lesen kurzer, einführender Texte auch dort behutsam und ständig geübt werden!

Ein Lehrervortrag ist dann zu integrieren, wenn zum Beispiel in kürzester Zeit Informationen präzise und verständlich (eventuell mithilfe geeigneter Darstellungsformen) auf den „mathematischen Punkt“ zu bringen sind.

Tipps:
- Für Prüfungssituationen sollten Sie Ihren Lehrervortrag kurz einüben.
- Ein guter Lehrervortrag dauert (je nach Jahrgang) nur wenige Minuten! Was dann von der Lehrkraft nicht gesagt worden ist, sorgt eventuell noch für Ruhe, weckt jedoch kein Interesse oder schafft Erkenntnisse und weitere Motivation für den mathematischen Inhalt!

Beispiel: Einführung der Pfadregel für Baumdiagramme im Hauptschulbereich mithilfe eines kurzen Lehrervortrags und entsprechender Visualisierung. Hierbei ist ein Lehrervortrag der Alternative des einführenden Buchtextes aus den zuvor genannten Gründen teilweise vorzuziehen.

(16) Handwerk und Technik

Der Stundenbeginn über technische Geräte bietet unter Umständen für SuS einen interessanten Zugang, auch wenn sie nicht unbedingt ihrem Erfahrungshorizont entsprechen. Beispiele:

- das Vermessungsrad zur Längenbestimmung
- Försterdreieck zur Höhenbestimmung
- Höhenbestimmung mithilfe eines Spiegels nach Euklid
- moderne Entfernungsbestimmungsgeräte
- historische Winkelbestimmungen (z. B. Knotenseile)

(17) Einstieg über qualitative oder quantitative Experimente

Je nach Aufwand, Kostenfaktor, Gefährdung, Lernzuwachs oder Realisierbarkeit muss jeweils entschieden werden, ob einem Schülerexperiment gegenüber dem Lehrerexperiment Vorrang zu geben ist. Beispiele:

- Untersuchung des Bierkronenzerfalls (funktionaler Zusammenhang)
- Bestimmung von zurückgelegten Wegen und entsprechenden Zeiten bei konstanten Bewegung (aufgebaute Zugstrecke)
- Bestimmung diverser Volumina durch Einschüttversuche

(18) „Wichtiger" Brief

Die Lehrkraft beginnt bei dieser Eröffnung damit, dass sie einen Brief vorliest, den sie oder die Klasse kürzlich erhalten hat. Hierbei geht es dann in der Regel darum, dass ein Außenstehender ein Problem aus seinem Alltag mithilfe seiner etwas eingerosteten, mathematischen Kenntnisse nicht mehr zu lösen vermag. Der Hilfesuchende richtet sich nun mit seiner Not an die wohlwollende Klasse, die mit ihren frischen oder neu zu erlangenden Mathematikkenntnissen einschreiten soll.

Tipp: Diese Einstiegsart eignet sich besonders in unteren Jahrgängen, jedoch kann man auch höhere Jahrgänge, dann natürlich entsprechende sprachlich und inhaltlich modifiziert, auf diese Weise in ihre mathematische Entdeckungsreise entlassen.

(19) Thematisches Aufwärmen

Die Stunde beginnt damit, dass gemeinsam im Plenum oder alternativ in Einzel- oder Partnerarbeit eine Aufgabe aus dem vorangegangenen Themengebiet oder der vorangegangenen Stunde gelöst

BEISPIEL: „Wichtiger" Brief aus Klassenstufe 8/9

Frisch und Bissig GmbH
Dosenweg 12
59174 Kamen

Geschwister Scholl Gesamtschule
Haferfeldstr. 3 – 5
44309 Dortmund

Sehr geehrte Damen und Herren,

wir beabsichtigen im August des laufenden Jahres ein neues Gemüsekompott auf den Markt zu bringen. Für unser neues Produkt suchen wir noch eine geeignete Konservendose. Diese sollte möglichst kostengünstig produziert werden und ein Volumen von 550 ml besitzen.

Bitte übermitteln Sie uns möglichst zeitnah Ihr Angebot.

Mit freundlichen Grüßen aus Kamen

Volker H.
Produktion

wird. Das ist im Alltag sicherlich eine der am häufigsten verwendeten Eröffnungsarten und hat rein pädagogisch und didaktisch auch ihre feste Daseinsberechtigung.

Im Kontext einer eventuell dann problemorientierten oder erarbeitenden Stunde, in der die SuS etwas neues Lernen, ist dies jedoch dann häufig eine Art „Voreinstieg" vor dem eigentlichen Einstieg. Gerade in der eng bemessenen 45-Minutenstunde fehlt dann am Ende oft wertvolle Zeit, um zu sichern oder auf das eigentliche Problem zurückzugreifen. Demnach ist diese Einstiegsart mit Blick auf ihre Eignung für Unterrichtsprüfungen stets auf ihre Wirkung auf den Lernertrag der Stunde und den zeitlichen Rahmen sorgfältig abzuschätzen! Beispiel:

- Unterschied zwischen proportionalen und antiproportionalen Zuordnungen (siehe Kasten)
- Wiederholung der Umwandlung von Dezimalbrüchen und Brüchen als Vorbereitung für die Prozentrechnung

(20) Der Schülerfehler

Die Stunde beginnt damit, dass ein im Prozess der letzten Stunde aufgefallener Fehler von der Lehrkraft visualisiert wird. Alterna-

BEISPIEL: Thematisches Aufwärmen zum Thema proportionale und antiproportionale Zuordnungen

In der Vorstunde wurde der Unterschied zwischen proportionalen und antiproportionalen Zuordnungen erarbeitet. Der Lehrer beginnt damit, die Tafel in drei Segmente zu unterteilen und diese entsprechend zu beschriften. Die SuS werden nun aufgefordert, die durcheinandergeratenen Klebestreifen mit verbaler Begründung einem Segment zuzuordnen. Tafelbild:

Proportional:	Antiproportional:	Weder noch:
...	...	...

Hier ist etwas durcheinandergeraten. Ordne zu:

kg Kartoffeln und Gesamtpreis	Anzahl Menschen und Anzahl der Zähne
Brenndauer und Kerzenlänge	Anzahl Unterrichtsstunden und Lernspaß
Anzahl von Pferden und Haltedauer des Heuvorrates	laufende Abfüllmaschinen und Abfülldauer für 1000 l

tiv ist es aufgrund der Lehrerfahrung möglich und sinnvoll, einen häufig von SuS gemachten Fehler zu integrieren. Die SuS werden aufgefordert, diesen Fehler zu finden, seine Fehlerhaftigkeit zu begründen und die Aufgabe korrekt zu lösen.

Dies kann erst in Einzelarbeit mit anschließender Partnerarbeit und Plenumsphase erfolgen.

Aus den vorangegangenen Überlegungen und Beispielen zu den 20 Einstiegsmöglichkeiten wird ersichtlich, dass ein Einstieg nur selten beim Trivialen beginnt!

Oft ist es interessanter, motivierender und spannender, vom Problematischen herunter ins Elementare oder vom scheinbar Seltsamen hin zum Einfachen zu gehen.

4.3 Wie steige ich aus? Möglichkeiten, Stunden zu beenden

In der didaktischen Literatur findet sich eine Fülle an Texten zu Unterrichtseinstiegen und ihren didaktischen Funktionen. Das Stundenende hingegen erfährt sehr viel weniger Aufmerksamkeit. Dies

Lage sein, einen Kurzvortrag zu halten oder geeignete Impulse zu setzen. Im binnendifferenzierten Unterricht sollte man darauf achten, die präsentierten Niveaustufen abzuwechseln (vgl. Kapitel 8 zur Differenzierung).

APP-Möglichkeit
z. B. Edkimo;
Oncoo, Mentimeter

(3) Feedback, Rückmeldung über Lernerfolg, Methode, Aufgaben
Eignung für Erarbeitungsstunden: ja
Eignung für Übungsstunden: ja
Passt zu allen beschriebenen Einstiegsvarianten
Beispiele:

- Spinnendiagramme an Tafel, Klebepunkte auf Plakat zu vorgegebenen Fragen
- Impulse (verbal oder bildlich) vorgeben: „Ich fand gut, dass ...", „ich habe heute gelernt ...", „das braucht man für ..."
- Riesen-Würfel mit aufgeklebten Satzanfängen „werfen"
- SuS notieren Aussagen auf Karten und kleben dies auf die Tafel oder Plakate

HINWEIS
Auch für ein Stundenende gilt wie für die Planung: Inhalt geht vor Methode!

Hinweise, didaktische Bemerkungen: Das Feedback L/S, S/S, S/L, ist für guten Unterricht unerlässlich (vgl. Kapitel 15 zum guten Unterricht). Arbeitet man jedoch problemorientiert und ist die Einstiegsfrage noch nicht hinreichend geklärt, wirkt ein solches Stundenende befremdlich und erweckt einen eher unrunden Eindruck.

(4) Schülerfehler besprechen
Eignung für Erarbeitungsstunden: ja
Eignung für Übungsstunden: sehr gut
Passt zu allen beschriebenen Einstiegsvarianten

Hinweise, didaktische Bemerkungen: Tatsächlich aufgefallene oder häufige Schülerfehler zu besprechen, stellt einen Transfer und eine Anwendung des Gelernten dar, wenn die Hauptfrage geklärt, der Merksatz gemeinsam produziert, alle Inhalte gesichert sind.

(5) Rituale
Eignung für Erarbeitungsstunden: nein
Eignung für Übungsstunden: ja
Passt zu den Einstiegen 1, 4, 5, 14, 15, 19, 20
Beispiele: Kopfrechnen, ein kleines Mathespiel

Hinweise, didaktische Bemerkungen: Bietet eine nette Abwechslung und ordnet den Prozess. In Prüfungssituationen sollte jedoch die inhaltliche Sicherung und Abrundung im Vordergrund stehen, für Rituale also selten Zeit bleiben.

(6) Klassische Sicherung

Eignung für Erarbeitungsstunden: ja
Eignung für Übungsstunden: ja
Passt zu allen beschriebenen Einstiegsvarianten
Beispiele:

- Ein Merksatz wird gemeinsam mit den SuS erarbeitet (Lückentext, Satzpuzzle, Wortwolken).
- Ausgewählte Aufgaben werden von der Lehrkraft (Lernmodell) oder von SuS vorgerechnet.

Hinweise, didaktische Bemerkungen: Die Merksatzproduktion ist aus dem klassischen Mathematikunterricht kaum wegzudenken und hat sicherlich ihre Bedeutung. Ist jedoch zuvor im Prozess etwas falsch gelaufen, wäre dies ein typisches Beispiel für ein alternatives Ende. Das vorschnelle Formulieren eines Merksatzes sollte dann beispielsweise dem Lehrervortrag oder dem gemeinsamen Aufgabenbesprechen weichen.

HINWEIS
Ein in Prüfungen häufiger Fehler ist das „Durchziehen" bis zum Merksatz, auch wenn dieser von SuS nicht mehr geleistet werden kann. Denken Sie hier an Ihr alternatives Ende!

(7) Offene Fragen

Eignung für Erarbeitungsstunden: ja
Eignung für Übungsstunden: ja
Passt zu allen beschriebenen Einstiegsvarianten

Hinweise, didaktische Bemerkungen: Eher ein „Abschluss nach dem Ende". Nachdem die Sicherung des mathematischen Kerns absolviert ist, können noch offene Fragen besprochen werden, die zu Beginn der Stunde notiert wurden. Auch in Prüfungsstunden kann die Integration offener Fragen gut aussehen, wenn in aller Regel dafür auch die Zeit fehlen wird.

(8) Transfer, Anwendung, Übertrag

Eignung für Erarbeitungsstunden: ja
Eignung für Übungsstunden: eher nein
Passt zu den Einstiegen 1, 2, 3, 4, 5, 6, 9, 13, 15, 19

Hinweise, didaktische Bemerkungen: Eine weitere, modifizierte Aufgabe wird mit dem neuen Wissen gelöst. Eine Klassiker der Stundenbeendung, der den LuL über die Schülerbeteiligungen und Aussagen ein wichtiges Feedback über die erreichten Ziele vermittelt.

(9) Aussagen und Begründungen einordnen

Eignung für Erarbeitungsstunden: ja
Eignung für Übungsstunden: ja
Passt zu den Einstiegen 5, 6, 7, 12, 13, 15

Beispiel: Die Lehrkraft hält am Ende der Stunde Aussagen hoch (Bilder, Schilder), die die SuS unter an die Tafel geschriebene Be-

APP-Möglichkeit
Youtube.com

griffe (proportional, Quadrat usw.) begründet einordnen müssen („Meine Diagonalen sind gleich lang").

Hinweise, didaktische Bemerkungen: Dieses Vorgehen ermöglicht ein ruhiges, gemeinsames Ende. Es eignet sich dann, wenn in der Stunde mathematische Begriffe (wie Quadrat, Rechteck, Raute) erarbeitet oder geübt worden sind, und fördert die Kommunikation.

(10) Überleitung in die Folgestunde, Hausaufgaben

Eignung für Erarbeitungsstunden: ja
Eignung für Übungsstunden: ja
Passt zu allen beschriebenen Varianten

Hinweise, didaktische Bemerkungen: Die Lehrkraft gibt nochmals einen Hinweis darauf, wozu das heute Gelernte in der Folgestunde genutzt werden kann oder gibt Hilfestellungen für die Hausaufgaben.

Um sich Unmut in der Folgestunde zu ersparen oder zu reduzieren, sollten die LuL zuvor die gestellten Hausaufgaben auf eventuelle Schwierigkeiten durchschauen und sich überlegen, welche Hilfen sie geben möchten. Dieses kann den Beginn der Folgestunde oder der wöchentlichen Hausaufgabenstunde (vgl. Kapitel 10 zu Methoden und Wochenplan) erleichtern.

(11) Lehrervortrag/Unterrichtsgespräch

Eignung für Erarbeitungsstunden: ja
Eignung für Übungsstunden: ja
Passt zu allen beschriebenen Einstiegsvarianten

Hinweise, didaktische Bemerkungen: Der Lehrervortrag ist und bleibt ein unheimlich wichtiges Strukturelement (vgl. Kapitel 9) und stellt eventuell die sicherste didaktische Reserve dar, falls etwas nicht gut gelaufen ist. Es ist ein recht weit verbreiteter Ausbildungsirrtum, LuL sollten im modernen Unterricht auch am Stundenende möglichst wenig sprechen. Notwendig hingegen ist, dass die LuL hier im angemessenen Rahmen ihre Rolle als einzig anwesende Experten ausfüllen. Aber auch im gut verlaufenen Unterricht sollten sich LuL zuvor überlegen, was genau die mathematische Schwierigkeit sein wird, um am Stundenende präzise darauf eingehen zu können.

(12) Lerntagebucheintrag

Eignung für Erarbeitungsstunden: ja
Eignung für Übungsstunden: ja
Passt zu allen beschriebenen Einstiegsvarianten

Hinweise, didaktische Bemerkungen: Das Lerntagebuch kann der Selbstreflexion und Diagnose dienen (vgl. Kapitel 7) und schafft ein sehr ruhiges Stundenende.

(13) Selbsteinschätzung

Eignung für Erarbeitungsstunden: bedingt
Eignung für Übungsstunden: ja
Passt zu den Einstiegen 1, 2, 3, 4, 5, 13, 15, 18, 19, 20

Hinweise, didaktische Bemerkungen: Das Ausfüllen von Selbsteinschätzungsbögen (vgl. Kapitel 7 zur Diagnose) kann aufgrund des dafür nötigen Zeitaufwands nicht am Ende einer 45-Minuten-Stunde erfolgen. Realistisch ist jedoch, dass SuS auf Plakaten oder der Tafel Punkte kleben oder setzen zu vorgegebenen Impulsen: „Ich kann den Graph einer proportionalen Zuordnung zeichnen …" Ein solches Vorgehen ist auch mit einer großen Gruppe von SuS recht schnell umsetzbar.

(14) Sammlung / Sicherung über ein Schülerlernvideo

Eignung für Übungsstunden und Erarbeitungsstunden: Ja

Es motiviert auch sonst stillere SuS im Lernprozess die thematisierten Aufgaben und Problemstellungen in einem kleinen Video zu visualisieren. Wird aufgabendifferenziert gearbeitet, steigert das die Vielfalt der Lernprodukte.

Hinweise, didaktische Bemerkungen: Zuvor sollten gemeinsam Formalia (max. Dauer, Rollenverteilung, Visualisierungstipps etc.) geklärt werden. Auch sollte es einen Feedbackbogen / Feedbackfragen für die Zuschauenden geben, damit diese nicht nur passive Empfänger bleiben. Hier könnten z.B. Fachsprache, verständliche Darstellung, mathematische Notation sowie korrektes Ergebnis beobachtet und im Anschluss im Plenum rückgemeldet werden. Nicht gezeigte Videos können in der Folgestunde z.B. als Einstieg und Wiederholung dienen.

FRAGEN ZUM WEITERDENKEN FÜR DIE SEMINARARBEIT ODER DAS HEIMSTUDIUM

- Sammeln Sie Beispiele, bei denen ein informierender Einstieg seine Berechtigung hat und formulieren Sie dessen Begründung.
- Notieren Sie Beispiele, bei denen ein kurzer, auf den Punkt gebrachter Lehrervortrag als Einstiegsmethode didaktisch sinnvoll einzusetzen ist. Welche Darstellungsformen nutzen Sie unterstützend?
- Finden Sie zu Ihrer nächsten Unterrichtsstunde oder einer fiktiven Stunde so viele Einstiegsvarianten wie möglich aus der Liste des Kapitels 4.2 und notieren Sie didaktische Vor- und Nachteile der jeweiligen Verwendung.
- Finden Sie für die Einführungsstunde zum exponentiellen Wachstum 4 verschiedene Stundenabschlüsse aus der Liste des Kapitels 4.3 und notieren Sie Vor- und Nachteile.
- Formulieren Sie 3 oder 4 Fragen zur Selbsteinschätzung für Ihre nächste Unterrichtsstunde, zu denen Ihre SuS Punkte kleben oder setzen können (vgl. Ausstieg 13).

5 Eine Klassenarbeit konzipieren

Je nach Bundesland, Lehramt und Fächerkombination muss eine Lehrkraft bei voller Stelle laut KMK im Schuljahr 2014/15 zwischen 21,4 und 29 Wochenstunden unterrichten. Hieraus kann abgeleitet werden, dass ungefähr 18 Klassenarbeiten im Schuljahr konzipiert, bewertet und evaluiert werden müssen. Im möglichen Extremfall von 7 Lerngruppen mit schriftlichen Korrekturen können dies sogar bis zu 42 Klassenarbeiten pro Jahr sein, dazu kommen eventuell noch weitere schriftliche Lernzielkontrollen.

Bereits aus der reinen Arbeitsbelastung wird die Notwendigkeit ersichtlich, dass man sich möglichst schnell Mechanismen und Qualitätsmerkmale für die Aufstellung, Durchführung, Bewertung und Evaluation einer schriftlichen Lernzielkontrolle aneignen sollte. Zudem kommt die Tatsache, dass die Zeitspanne vom Dienstantritt einer auszubildenden Lehrkraft bis hin zur ersten eigenverantwortlich aufzustellenden Klausur oft nur noch aus wenigen Wochen besteht.

Je sorgfältiger die Kriterien einer „guten und fairen" Leistungsbewertung beachtet werden, umso leichter ist dieses Aufgabengebiet zu absolvieren. Hier gelten zum einen die aus der psychologischen Testtheorie bekannten Gütekriterien (Validität, Reliabilität, Objektivität, vgl. Bovet 2006, S. 295 ff.), dazu kommen jedoch noch weitere, pädagogische und didaktische Kriterien. Eine von der Lehrkraft allzu zeitsparend aufgestellte und wenig durchdachte Klausur kann bei einem folgenden Elternsprechtag umso zeit- und arbeitsaufwendiger werden.

Die dienstliche Forderung nach sorgfältiger Lehrerarbeit wird auch in Lehrplänen deutlich formuliert: „Klassenarbeiten dienen der schriftlichen Überprüfung der Lernergebnisse einer vorausgegangenen Unterrichtssequenz. Sie sind so zu gestalten, dass die Schülerinnen und Schüler Sachkenntnisse und methodische Fertigkeiten nachweisen können, bedürfen angemessener Vorbereitung und verlangen klar verständliche Aufgabenstellungen" (Ministerium für Schule, Jugend und Kinder des Landes NRW 2004a, S. 49). Aufgabenstellungen sollen die Vielfalt der Kompetenzen, also prozess- und inhaltsbezogene, wiedergeben. Des Weiteren sollte der Lehrer bei der Konzeption auf bekannte Lernzieltaxonomien (vom rein Reproduktiven über das Anwenden bis hin zum Bewerten und Transfer) achten (Bloom 1972, S. 217 – 223).

5.1 Grundlegende Prinzipien guter Klassenarbeiten

Dieses Kapitel stellt grundlegende Aspekte der Konzeption von Klassenarbeiten vor. Die Arbeitsschritte, die bei der Entwicklung einer Klassenarbeit anfallen, sind der Abbildung zu entnehmen. Danach sind die wichtigsten Prinzipien zusammengestellt, die beachtet werden sollten. Das wichtige Thema der Festlegung von Notenbereichen wird durch ein konkretes Beispiel verdeutlicht.

Grundlegendes zur Konzeption von Klassenarbeiten

- Klarheit über die in der Einheit integrierten Kompetenzen erlangen. Tipp: Bereits bei der Reihenplanung ein Kompetenzraster anlegen und dieses auch bei der Auswertung zur Erstellung eines Rückmeldebogens nutzen, wie er an späterer Stelle vorgestellt wird (siehe Kapitel 15).
- Nicht alle Kompetenzen müssen abgefragt werden, die Auswahlentscheidung liegt im Ermessen der Lehrkraft! Auch hier kann ein Kompetenzraster hilfreich sein.
- Gleiche Kompetenzen nicht mehrfach abfragen, um ein zu einseitiges Prüfen zu vermeiden und die Arbeit fairer zu gestalten. Dann erfahren einzelne Kompetenzen keine „Überbewertung“. (Motto: Für jeden sollte etwas dabei sein!) Somit sind klassische Päckchen ein Anachronismus!
- Den Ergebnishorizont zuvor in der von Ihnen geforderten Schülerschreibweise notieren und die Punktevergabe kleinschrittig festlegen.
- Genau überprüfen, welche Kompetenzen für eine ausreichende Note enthalten sein müssen und was den guten/sehr guten Bereich unterscheiden soll. Dies können zum Beispiel Begründungs- oder Argumentationsaufgaben und komplexere Rechenschritte sein.

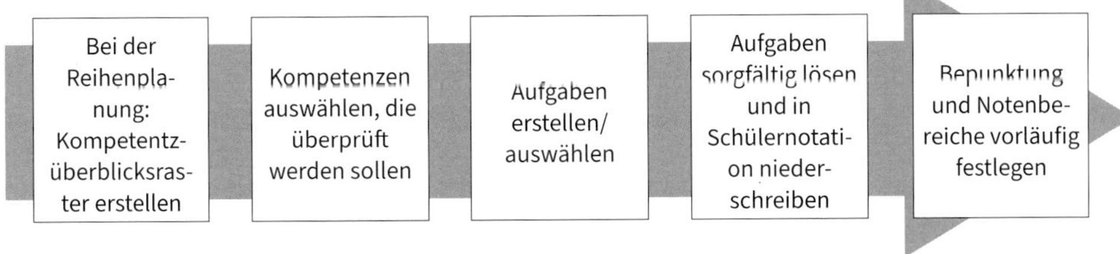

Arbeitsschritte bei der Konzeption von Klassenarbeiten

- Die Fragestellungen auf ihre Gültigkeit überprüfen: Ist die Fragestellung eventuell auch anders zu verstehen? Tipp: Fällt dies erst im Nachhinein auf, sollte die nicht erwartete Schülerantwort als richtig angesehen werden.
- Sicherstellen, dass verschiedene Aufgabenformate und damit verbundene Kompetenzen (offene, geschlossene, Begründungsaufgaben usw.) und Darstellungsformen (Graph, Tabelle, Bild, Text, Symbolik) enthalten sind.
- Die Aufgabenstellungen sprachsensibel formulieren, das heißt auf sprachliche, ungewollte Hürden hin durchleuchten (vgl. Kapitel 14).
- Gerade für untere Klassen ist ein „sicheres Hineinfinden" relevant, das heißt ein Aufbau, bei dem einfache Grundkompetenzen zu Beginn abgefragt werden. Unsichere SuS könnten sonst eventuell nicht mehr ihr Leistungsniveau abrufen, womit die Kompetenzüberprüfung unscharf wird.
- Unnötige Zeitfresser ausräumen! Je nach Jahrgangsstufe und Aufgabenschwerpunkt ist das Anfertigen von Skizzen, Tabellen, Koordinatensystemen usw. gar nicht notwendig.
- Die Arbeitszeit der SuS fair bemessen! Tipp: Den eigenen Zeitfaktor – also den Faktor, der zwischen der eigenen Bearbeitungszeit und der der SuS liegt – finden! Beispiel:
  - Klasse 5/6: Faktor 4 – 5
  - Klasse 7/8: Faktor 3 – 4
  - Klasse 9/10 Faktor 2 – 3
  - Klasse 11 – 13 Faktor 1 – 2

Steht zu wenig Zeit zur Verfügung, senkt dies die Validität der Leistungsüberprüfung deutlich.

- Vernetzung von alten und neuen Inhalten berücksichtigen. Tipp: Diesen Aspekt auch im Unterricht beachten und den SuS zuvor verdeutlichen. Bestimmte Inhalte (z. B. Prozentrechnung, Flächenberechnungen, Einheiten) lassen sich immer integrieren.
- Schwierige Aufgaben nicht zu hoch bepunkten, einfache nicht zu niedrig!
- Komplexe Aufgaben in Teilaufgaben zerlegen.
- Operatoren (wie *skizzieren, begründen, beschreiben*) im Unterricht verwenden, klären und in Klausuren hervorheben.

Beachtenswertes für den Tag der Durchführung

- SuS fragen bei Klassenarbeiten gelegentlich die Lehrkraft nach einzelnen Dingen, es muss aber klar sein, dass zusätzliche Hinweise und Tipps immer für alle SuS gegeben werden. Tipp: Entweder keinerlei weitere Information geben oder, falls sich im Prozess ein Fehler oder eine fehlende Information ergeben, die Information für alle sichtbar an der Tafel notieren.

- An der Zeit sollte es nicht liegen! Es liegt in Ihrem pädagogischen Entscheidungsbereich, ob Langsamere „in eine Pause hineinschreiben" dürfen. Weitere Lösungshinweise zu geben, nachdem einzelne SuS schon den Raum verlassen haben, wäre jedoch unprofessionell.
- Das hilfsbereite Austauschen von Taschenrechnern (mit Speicherfunktionen) und Formelsammlungen (vergessene Printmedien) sollte unterbunden werden.
- Unterbinden Sie Störfaktoren, in dem Sie zum Beispiel eine geeignete Sitzordnung schon von SuS vor Ihrer Ankunft herstellen lassen.

HINWEIS
Das sorgfältige Berücksichtigen der Punkte zur Professionalisierung hilft, Ihre Notenvergabe fairer zu machen. Der gesteigerte Aufwand wird am nächsten Sprechtag kompensiert!

Zur Professionalisierung bei der Bewertung

- Es ist fairer und weniger fehlerintensiv, insbesondere bei längeren Schülerlösungen, die Klausuren nicht nacheinander, sondern parallel zu bewerten. Bewertet man zuerst bei allen SuS Aufgabe Nr. 1, dann Nr. 2 usw., ist im Prozess noch präsent, wofür genau Punkte gegeben bzw. abgezogen wurden.
- Hieraus ergibt sich, dass die Noten bei allen SuS erst eintragen werden sollten, wenn alle Arbeiten komplett kontrolliert wurden. Falls Notenintervalle und Punkteverteilungen modifiziert werden mussten, erspart sich die Lehrkraft für SuS sichtbare Verbesserungen der eigenen Korrekturen. Dieses Vorgehen verringert zudem die Möglichkeit eines Ermüdungseffektes des Korrigierenden und ein unfaires „variables Korrigieren", bei dem die Bewertung der ersten Arbeiten sich von den später korrigierten unterscheidet, die unter dem Eindruck mancher Enttäuschung für die Lehrkraft vorgenommen wird.
- Bei längeren Aufgabenformaten ist es üblich und pädagogisch sinnvoll, Folgepunkte zu vergeben, rechnet ein Schüler nach einem Fehler richtig weiter. Tipp: Notieren Sie sich während der Kontrolle ab der ersten Arbeit, wofür genau (das heißt für welche Fehler, Schreibweisen, Genauigkeitsgrade) Sie noch „ein Auge zugedrückt" haben und welche Punktanzahl in diesem besonderen Fall vergeben wurde. Sonst liegen später Hefte vor Ihnen, in denen SuS für gleiche „Fehlerwege" unterschiedliche Punkte erhalten haben.
- Erstellen Sie während der Kontrolle eine Schüler-Notenverteilung und eine Aufgaben-Punkteverteilung Ihrer Lerngruppe (siehe unten). So sehen Sie schon beim Kontrollieren, wie sich

die erreichten Punkte Ihrer Lerngruppe über Ihren Notenintervallen und Aufgaben verteilen. Dies ist gleichzeitig ein sorgfältiges Instrument der Lernergebnisdiagnose (vgl. Kapitel 7).

- Liegen eventuell mehrere SuS genau auf, unter oder über einer „Notengrenze", wäre ein nochmaliges Überprüfen dieser Klausur oder ein Überdenken der Notenintervalle zu diesem Zeitpunkt ohne Mehraufwand möglich. Die jeweilige Fachschaft der Schule schreibt in der Regel zu erreichende Prozentzahlen für die einzelnen Noten vor. Ein Auf- und Abrunden lässt sich jedoch, je nach der vergebenen Maximalpunktzahl, nicht immer vermeiden. Dazu kommt der Bereich der pädagogischen Freiheit, in dem man in geringen Grenzen von den Vorgaben abweichen darf.
- Gebrochene Noten (Kommanoten, Plus-/Minusnoten) sind für die Sekundarstufe I nicht vorgesehen, werden aber immer wieder von Lehrkräften unter Klausuren geschrieben. Tipp: Tun Sie dies nicht und notieren Sie gebrochene Noten in der Sekundarstufe I nur in Ihren Unterlagen, so vereinfachen Sie sich hinterher eventuell Diskussionen über Endzensuren, in die auch sonstige Leistungen einfließen. Ein verantwortungsvoller Pädagoge und gerade ein Mathemathiklehrer weiß um den Umstand, dass sich Noten nicht wirklich als Mittelwert von Einzelzensuren errechnen lassen (vgl. Leuders 2003, S. 297 f.) und wird sowieso nach dem Motto „in dubio pro reo" eine faire Endnote finden. Nutzen Sie Ihre erstellte Punkteverteilung und die in Ihren Unterlagen notierten gebrochenen Noten jedoch intelligent, um zum Beispiel bei Elternsprechtagen Ihre Entscheidungen gegebenenfalls zu untermauern.

Ein Beispiel zur Bepunktung und Notenverteilung

Die Mathematik-Fachkonferenz einer Schule hat beispielsweise folgende Prozentbereiche für die einzelnen Notenstufen festgelegt:

- sehr gut: ab 95 %
- gut: ab 80 %
- befriedigend: ab 65 %
- ausreichend: ab 50 %
- mangelhaft: ab 25 %
- ungenügend: bis 25 %

Rundungsbedingt kommt die Lehrkraft bei maximal erreichbaren 55 Punkten, die sie für eine Arbeit festgelegt hat, bei der Korrektur zu der folgenden Intervalleinteilung für die Notenbereiche. Hier rundet sie teilweise auf oder ab:

Note	**erreichte Prozente**	**erreichte Punkte**	**Schüler-Notenverteilung**
1	p ≥ 94,5 %	52 ≤ x ≤ 55 (abgerundete Untergrenze)	Janin (53 P.) Carsten (52 P.)
2	p ≥ 80 %	44 ≤ x ≤ 51	Hasan (49 P.) Kathrin (48 P.) Henrik (44 P.)
3	p ≥ 63,6 %	35 ≤ x ≤ 43 (abgerundete Untergrenze)	Melanie (42) Ayla (41 P.) Oliver (36 P.) Florian (35 P.)
4	p ≥ 49,1 %	27 ≤ x ≤ 34 (abgerundete Untergrenze)	Janine **(34 P.)** Resi (29 P.) Denis B. (27 P.)
5	p ≥ 25,5 %	14 ≤ x ≤ 26 (aufgerundete Untergrenze)	Adrian **(26 P)** Willi (18 P.) Andreas (15 P.)
6	p < 25,5 %	x < 14 (aufgerundete Obergrenze)	Thorsten **(13 P.)**

Erkenntnisse aus der Übersicht: Die fett gekennzeichneten Punktnoten liegen genau unter den Intervallgrenzen. Für den Schüler Thorsten würde sich vermutlich die Konsequenz ergeben, auch bei der aufgerundeten Grenze von 14 Punkten (eigentlich 13,75 bei 25 %), ihm noch eine mangelhafte Leistung zu attestieren. Bei Janine hingegen könnte sich die Lehrkraft gegen eine Notenverschiebung nach oben entscheiden, da die 34 Punkte an der bereits abgerundeten Grenze (von eigentlich 35,75 Punkten bei 65 % der Fachschaftsforderung) liegen. Ein Blick in die von den SuS erreichten Kompetenzen könnte die Entscheidung erleichtern.

Die Punkteverteilung für die 7 Aufgaben (A1 – A7) der Lerngruppe könnte wie in der folgenden Tabelle gezeigt aussehen. Die Aufgaben-Punkteverteilung ist neben der Korrektur leicht erstellt. Sie zeigt, ob einzelne Aufgaben und Kompetenzbereiche eventuell von einem großen Teil der SuS nicht erfolgreich bearbeitet wurden oder welche Aufgaben von den meisten oder nur von den sehr guten SuS erfolgreich gelöst wurden. Es kann auch im Korrekturprozess schon auffallen, ob der Anteil an der Gesamtpunktmenge einzelner Aufgaben mit Blick auf die Schülerleistungen angemessen ist und eventuell noch variabel reagiert werden kann. Die Punktverteilungstabelle könnte hier also noch ergänzt werden.

Name	**Punkte A1**	**Punkte A2**	**Punkte A3**	**Punkte A4**	**Punkte A5**	**Punkte A6**	**Punkte A7**	**Summe**	**Note**
Janin	...	...	...	...	...	...	...	53	1
Carsten	...	...	...	...	...	...	...	52	1
Hasan	...	...	...	...	...	...	...	49	2
Kathrin	...	...	...	...	...	...	...	48	2
Henrik	...	...	...	...	...	...	...	44	2
Melanie	...	...	...	...	...	...	...	42	3
Ayla	...	...	...	...	...	...	...	41	3
Oliver	...	...	...	...	...	...	...	36	3
Florian	...	...	...	...	...	...	...	35	3
Janine	...	...	...	...	...	...	...	34	4
Resi	...	...	...	...	...	...	...	29	4
Denis	...	...	...	...	...	...	...	27	4
Adrian	...	...	...	...	...	...	...	26	5
Willi	...	...	...	...	...	...	...	18	5
Andreas	...	...	...	...	...	...	...	15	5
Thorsten	...	...	...	...	...	...	...	13	6

5.2 Ein Blick in die Praxis: Konkrete Bepunktungsbeispiele

BEISPIEL 1: Geometrie (teiloffene Aufgabe)

Gegeben ist ein Kreis. Konstruiere den Mittelpunkt, beschrifte wie im Unterricht geübt und beschreibe deinen Lösungsweg.

Beschreibung:

____

____

____

____

Erwartungshorizont und mögliche Bepunktung:

- Beschriftung: 2 P.
- Beschreibung: 3 P.
- Mittelpunkt konstruiert: 3 P.

Beschriftung:

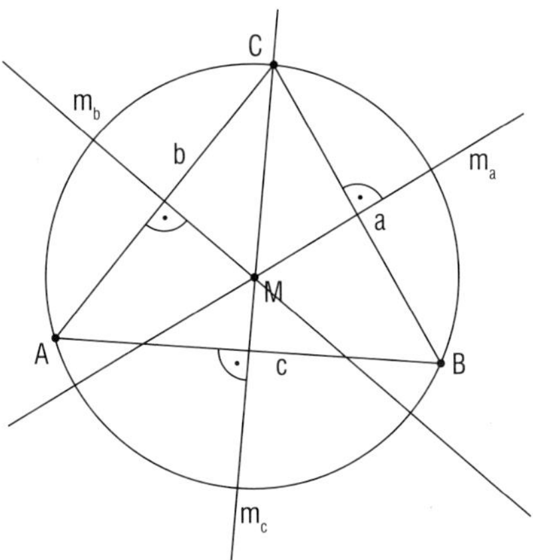

Mögliche Beschreibung eines S:

- *Drei Punkte (A, B, C) auf der Kreislinie werden gewählt. Es entsteht das Dreieck (ABC).*
- *Die Mittelsenkrechten der Dreiecksseiten werden konstruiert.*
- *Bei einem Dreieck treffen sich die Mittelsenkrechten im Mittelpunkt des Umkreises, somit ist der Punkt gefunden.*

Typisch bei Konstruktionsbeschreibungen von SuS ist eine Formulierung in der 1. Person Singular („Ich verbinde die Punkte A und B“), was in diesem Kontext ein unangemessener Sprachstil ist.

Zudem lässt sich die oben dargestellte Beschreibung mathematisch natürlich durch die Nutzung von entsprechender Symbolik erweitern. Inwiefern man hier Punkte geben oder abziehen möchte, ist in Anbetracht des vorgeschalteten Unterrichts, der Schulform und eventuell zuvor integrierten Mitteln zur Sprachförderung (vgl. Kapitel 14) anzupassen. Da die Beschreibung mehrere Antwortmöglichkeiten bietet, ist die Aufgabe als geringfügig offen zu betrachten und zu bewerten (vgl. Kapitel 12).

BEISPIEL 2: offene Aufgabe

Beschreibe kurz *zwei* Möglichkeiten, den Flächeninhalt der dargestellten Figur zu ermitteln.

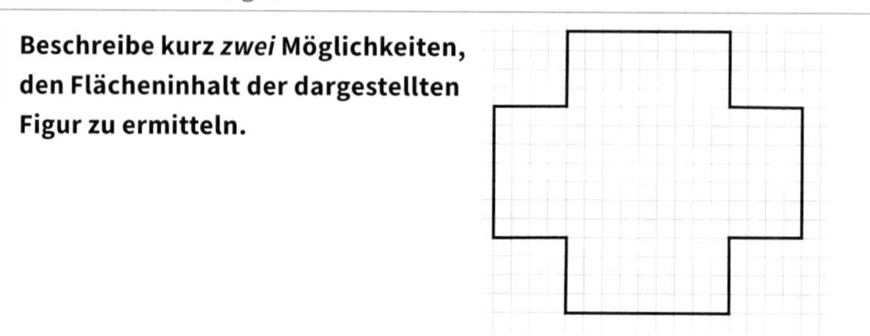

Erwartungshorizont und mögliche Bepunktung: Hier sind verschiedene additive Lösungsansätze möglich, die eingezeichnet und beschrieben werden. Hinzu kommt die Möglichkeit, die Figur (Hellmig u. a. 2007, S. 51) zu umranden und die 4 Teilflächen zu subtrahieren.

Mögliche Antworten und Punkteverteilung:

- Der S zeichnet 2 richtige Lösungen ein und beschreibt die Addition (je 2 P. pro Lösung).
- Der S zeichnet 1 Lösung ein und beschreibt die Addition und wählt als 2. Möglichkeit die Subtraktionsmethode (je 2 P.).
- Der S zeichnet nichts ein, beschreibt jedoch hinreichend genau 2 Möglichkeiten (4 P.).
- Die Lösung, die Kästchen zu zählen, die schwache SuS formulieren könnten, sollte auch entsprechend mit 2 P. bewertet werden.

BEISPIEL 3: geschlossene Aufgabe

Verdoppelt man bei einem Quadrat die eine Seitenlänge und verkürzt die andere um 5 cm, so erhält man ein Rechteck, dessen Fläche um 24 cm^2 größer ist als die Fläche des ursprünglichen Quadrats.
Welche Seitenlänge x hat das Quadrat?

Erwartungshorizont in ausführlicher Schülernotation und Bepunktung:

$2x(x-5) = x^2+24$	Aufstellen des Terms: 2 P.
$2x^2-10x = x^2+24 \mid -x^2, -24$	Auflösen der Klammer: 1 P.
$x^2-10x-24 = 0$	Termumformung: 1 P.
$x_{1,2} = 5 \pm \sqrt{(-5)^2+24}$	Anwenden der P-Q-F: 2 P.
$x_1 = 5+7 = 12$	Notieren der Lösungen, jeweils 1 P.
$x_2 = 5-7 = -2$	Antwort: 1 P.

Antwort:

- Die Seitenlänge betrug 12 cm.
- „–2“ kommt in diesem Kontext als Lösung nicht in Betracht!

Anmerkung: Es ergibt sich eine Summe von 9 Punkten. In Seminaren bepunkteten Teilnehmer diese Aufgabe häufig mit 3 – 4 Punkten, was jedoch zu gering wäre. Eine objektiv richtige Bepunktungslösung existiert natürlich nicht, jedoch lässt sich ein sinnvolles Intervall festlegen. Wichtig ist, dass man sich die Einzelleistungen bewusst macht, und dabei sollte man als Lehrkraft auf 6 – 9 mögliche Punkte kommen. Ist der Gesamtanteil an den Klausurpunkten zu hoch und wird zum Beispiel die Kompetenz „P-Q-F lösen“ mehrfach angewendet, ergibt sich ein Kürzungsspielraum.

5.3 Kompetenzbasierte Rückmeldebögen

Wie zuvor erwähnt, ist es sehr hilfreich und ebenfalls ein großer Schritt zur kompetenzorientierten Ausrichtung des gesamten Unterrichts, wenn sich die Lehrkraft bereits bei der Reihenplanung einen Überblick über die Kompetenzen verschafft und diese auch innerhalb eines geeigneten Rasters darstellt. Eine Teilmenge dieser Kompetenzen findet sich dann als Auswahl der Lehrkraft in der schriftlichen Lernzielkontrolle wieder, sodass absolvierter Unterricht und Abgefragtes sich auch entsprechen. Zudem bietet die Integration solcher Raster ein einfaches und realistisches, für SuS gut nachvollziehbares Mittel der Ergebnisdiagnose (vgl. Kapitel 7).

Das abgebildete Beispiel für einen Rückmeldebogen zielt ferner darauf ab, Elternsprechtage, Einzelgespräche und individuelle Förderungen zu konkretisieren und zu vereinfachen.

Rückmeldebogen zur Arbeit Nr. _____ Name: ___________________________________

Nr.	Schülerfähigkeit	kein Übungsbedarf	Übungsbedarf und Fehlerart: nicht begonnen	Flüchtigkeitsfehler	nicht verstanden	Übungen findest du hier:
1	Ein Koordinatensystem anlegen					
1	Eine Wertetabelle anlegen					
1, 2	Einen Graphen einzeichnen					
4	Einem Graphen einen Term zuordnen					
4, 5	Einem Term einen Graphen zuordnen					
4	Funktionsterme begründet auswählen					Buch S. 112-113
6	Die p-q-Formel anwenden					Arbeitsblatt Nr. 4
6	Nullstellen bestimmen und interpretieren					Buch S. 10, Arbeitsblatt Nr. 2 Übungsheft
7	Die quadratische Ergänzung anwenden					Regelheft Buch S. 115 Arbeitsblatt Nr. 3
4	Einen Scheitelpunkt ablesen					Buch S. 111 Übungsheft
7	Ein Ergebnis im Realkontext interpretieren					Übungsheft Arbeitsblatt Nr. 5
7, 6, 3	Funktionsterme umformen					Buch S. 80-82

Hinweise (Zutreffendes ist angekreuzt):

- ○ Du könntest mehr erreichen, wenn du nicht oft / ständig / gelegentlich mit anderen Dingen im Unterricht beschäftigt wärst.
- ○ Du solltest deine Hausaufgaben / Wochenpläne sorgfältiger bearbeiten.
- ○ Einige der Aufgaben waren fast identisch geübt (z. B. Nr. ______). Du solltest also Inhalte aktiver nacharbeiten.
- ○ Du musst unseren Analysebogen vor der Arbeit bei deinen Übungen mehr beachten.
- ○ Du solltest an Form und Darstellung arbeiten.

Ich habe die Analyse der Klassenarbeit meines Sohnes / meiner Tochter zur Kenntnis genommen und werde ihn / sie bei der Weiterarbeit unterstützen.

____________________ ____________________________

Datum Unterschrift

Rückmeldebogen zu einer Klassenarbeit

5.4 Differenzierende Klassenarbeiten

Immer mehr Schulen heben aus den verschiedensten Gründen in ihrem System die äußere Differenzierung (z. B. Erweiterungs- und Grundkurse) auf. Die LuL, die einen solchen Kurs unterrichten, sehen sich abgesehen von der Problematik des verstärkt binnendifferenziert anzulegenden Unterrichts der Schwierigkeit gegenüber, schriftliche Lernzielüberprüfungen in solchen Kursen konzipieren zu müssen. Zu der in solchen Lerngruppen stark gesteigerten Inhomogenität im Unterricht kommt die Tatsache, dass SuS integriert sind, die nach verschiedenen Lehrplänen (z. B. Hauptschule – Grund- und Erweiterungskurs oder Gesamtschule – Grund- und Erweiterungskurs) zu unterrichten sind.

Die augenscheinlich einfachste Lösung ist trivial und besteht darin, jeweils zwei verschiedene Klausuren auszuteilen und zu bewerten. Das ist jedoch nur als suboptimale Lösung zu betrachten, da sie den Gedanken der maximal geförderten Durchlässigkeit zwischen den Systemen (Hauptschule – Gesamtschule – Gymnasium) bzw. den Kursen (E- und G-Kurs) nur bedingt fördert. Kommt ein S in den Bereich, in dem eine Aufstufung infrage käme, sind die LuL mehr denn je gezwungen, eine genaue Kompetenzanalyse durchführen.

Das nachfolgend dargestellte Beispiel zeigt die schwierigere Lösung, allen SuS eine gemeinsame Klausur auszustellen. Hierbei muss Folgendes beachtet werden:

- Grundlage muss eine sorgfältige Aufspaltung der entsprechenden Kompetenzen sein, die in den jeweiligen Lehrplänen gefordert werden.
- Der S bekommt nur eine Note E- oder G-Kurs.
- Es kann keine Funktion f geben, die eine Note im Grundkurs (nG) in eine Note im Erweiterungskurs f(nG) „umrechnet"! Somit muss SuS und Eltern entsprechend deutlich kommuniziert werden, dass eine scheinbar gute G-Kurs Note nicht einfach in eine befriedigende E-Kursnote „verwandelt" werden kann. Hier muss weiterhin individuell und kompetenzorientiert im Einzelfall entschieden werden.
- Auch, wenn E-Kurs-SuS in der Regel schneller sind und im Unterricht und in Klausuren sicherlich von ihnen mehr verlangt werden kann und sollte, kann die Lösung bei einer Klausurkonzeption nicht einfach eine entsprechende Vergrößerung der Aufgabenanzahl sein.
- Die übersichtliche Gestaltung der Klausur gewinnt bei differenzierenden Klausuren noch mehr an Relevanz, da schwächere SuS schon beim Orientieren in den Aufgaben, dem Entnehmen

der auf dem Aufgabenblatt enthaltenen Informationen Probleme haben können. Hier empfiehlt sich zum Beispiel eine Darstellungsart in Tabellenform.

Beispiel: Quadratische Funktionen, Klasse 9/10

Betrachten wir die für die ausgewählte Einheit relevanten Kompetenzen des Lehrplans für die Gesamtschule (Ministerium für Schule und Bildung des Landes NRW, 2022 S. 37ff.) (**E-Kurs-Stoff** durch Fettdruck hervorgehoben), dann fällt uns auf, dass es der Lehrkraft hier scheinbar recht einfach gemacht wird, da die SuS zumindest auf dem Papier nur recht wenig unterscheidet. Der kundigen Lehrkraft, die diese Einheit bereits durchgeführt hat, ist bekannt, dass die kleinen Unterschiede mathematische Welten ausmachen. Mathematische Inhalte, wie die p-q-Formel, Scheitelpunktform, quadratische Ergänzung oder als Additum der Satz des Vieta lassen die Niveauunterschiede schnell wachsen und stellen oft für die schwächeren SuS schwer oder gar nicht überwindbare Hürden dar.

BEISPIEL: Kernlehrplan Realschule NRW/Arithmetik als Grundlage von Differenzierung

Arithmetik/Algebra Die Schülerinnen und Schüler …
wählen Verfahren zum Lösen quad. Gleichungen begründet aus, vergleichen deren Effizienz und bestimmen die Lösungsmenge einer quad. Gleichung auch ohne Hilfsmittel, für G-Kurs: lösen rein quadratische Gleichungen
wenden ihre Kenntnisse über quadratische Gleichungen **und Exponentialgleichungen** zum Lösen inner- und außermathematischer Probleme an und deuten Ergebnisse in Kontexten
Funktionen Die Schülerinnen und Schüler …
stellen Funktionen (lineare, quad., **exp. Funktionen**, G-Kurs nur $f(x)=ax^2$) mit eigenen Worten, in Wertetabellen, als Graphen und als Terme dar
verwenden aus Graph, Wertetabelle und Term ablesbare Eigenschaften als Argumente beim Bearbeiten mathematischer Fragestellungen
1: erklären den Einfluss der Parameter eines Funktionsterms auf den Graphen der Funktion (Ausnahme bei quadratischen Funktionen in der Normalform: nur Streckfaktor und y-Achsenabschnitt) auch in Anwendungssituationen **2: formen Funktionsterme quad. Funktionen um und nutzen verschiedene Formen der Termdarstellung situationsabhängig** 3: berechnen Nullstellen quadratischer Funktionen durch geeignete Verfahren bestimmen anhand des Graphen einer Funktion die Parameter eines Funktionsterms dieser Funktion

fett markierte Teile: E-Kurs-Stoff

Das auf S. 88 ff. dargestellte Klausurbeispiel basiert auf der oben gezeigten Kompetenzzusammenfassung und setzt an den Kompetenzunterschieden zwischen E- und G-Kurs an. Hierbei müssen E-Kurs-SuS alle Aufgaben bearbeiten, G-Kurs-SuS können sich mit Blick auf Förderung und Durchlässigkeit an den E-Kurs Aufgaben versuchen.

Diese Art der differenzierenden Klassenarbeit lässt sich bis in hohe Jahrgänge recht gut, wenn auch mit deutlich erhöhtem Konzeptionsaufwand realisieren. In höheren Jahrgängen wird es dennoch zunehmend schwieriger zu konzipieren, beispielsweise an solchen Stellen, an denen E- und G-Kurs innermathematisch an anderen Thematiken (im Lehrplan von Nordrhein-Westfalen zum Beispiel im Bereich der Trigonometrie) arbeiten.

5.5 Typische Fehler bei der Konzeption von Klassenarbeiten

Es gibt einige typische Fehler, die Anfängern bei der Konzeption von Klassenarbeiten und Klausuren oft unterlaufen:

- Die abgefragten Kompetenzen entsprechen nur zum Teil den im Unterricht vermittelten Inhalten, da keine gründliche Kompetenzanalyse zu Beginn und während der Einheit vorgenommen wurde. Kompetenzen aus anderen Einheiten zu integrieren, ist spiralcurricular sinnvoll. Das sollte jedoch auch im Unterricht geschehen.
- Einzelne Kompetenzen dominieren die Arbeit, werden mehrfach abgefragt oder der Anteil an den Gesamtpunkten ist zu hoch.
- Der untere Notenbereich wird vernachlässigt, die Arbeit enthält also zu wenige Aufgaben aus dem unteren Kompetenzbereich.
- Die bei der Bepunktung geforderten Schülerleistungen werden von der Lehrkraft nicht in Schülernotation gelöst und dadurch Aufgabenlösungen mit zu wenigen Punkten versehen.
- Schwierige Aufgaben werden nicht in Teilaufgaben zerlegt.
- Unsinnige Zeitfresser (leere Tabellen, Graphen, Koordinatensysteme) werden von der Lehrkraft bei der Punktevergabe nicht berücksichtigt.
- Aufgaben bauen aufeinander auf und es fehlen Teillösungen, um weiterarbeiten zu können.
- Die Schriftgröße ist zu klein, was gerade schwächere oder sehr aufgeregte SuS negativ beeinflusst.

Denken Sie im Entwurf bei Ihrer Reihenplanung an die Integration einer Lernzielkontrolle an der richtigen Stelle. Das demonstriert Alltagsnähe und die Kompetenz der chronologisch richtigen Platzierung. Schreiben Sie zudem eine kleine Anmerkung zur Struktur.

BEISPIEL: Möglicher Bewertungsschlüssel der Beispielklausur

Bewertungsaspekt	Punkte für alle SuS		Punkte E-Kurs (fett: Zusatzpunkte)	
Aufgabe 1	a	5	a	5
	b	0	**b**	**2**
Aufgabe 2	a b	2 0	a **b**	2 **2**
Aufgabe 3	a	3	a **b**	3 **5**
Aufgabe 4	a b c	6 4 5	a b c	6 + **1** 4 5
Aufgabe 5	a b c d	2 3 2 2	a b c d	2 3 2 2
Ordnung und Darstellung		2		2
Summe:		36		46

BEISPIEL: Notenverteilung zur Beispielklausur

Prozentwerte	Note	G-Kurs	E-Kurs
ab ca. 90 %	sehr gut	32–36	41–46
ab ca. 80 %	gut	27–31	37–40
ab ca. 60 %	befriedigend	22–26	28–36
ab ca. 45 %	ausreichend	16–21	21–27
ab ca. 25 %	mangelhaft	9–15	12–20
darunter	ungenügend	0–8	0–11

FRAGEN ZUM WEITERDENKEN FÜR DIE SEMINARARBEIT ODER DAS HEIMSTUDIUM

- Zur Diskussion: Sie schreiben aus Versehen ein „gut“ statt eines „ausreichend“ unter eine Arbeit und teilen sie aus. Zählt die bessere Note?
- Wie stellen Sie sicher, dass ein bei der Klassenarbeit fehlender Schüler eine faire Nachschreibarbeit erhält? Prüfungsfrage: Müsste er in jedem Fall nachschreiben?
- Analysieren Sie Ihre letzte Klassenarbeit (oder ein Beispiel aus dem Internet). Integrieren Sie bei Ihren Überlegungen die in diesem Kapitel enthaltenen Qualitätsmerkmale.
- Verdeutlichen Sie sich an einem Beispiel, warum Endnoten nicht als Mittelwert von Einzelnoten bestimmt werden sollten.
- „Ziffernnoten abschaffen und Kompetenzbeschreibungen einführen“: Nehmen Sie differenziert Stellung zu dieser Aussage.
- Finden Sie eine schwierig zu bewertende offene Aufgabenstellung (vgl. Kapitel 12.2), eine Geometrieaufgabe und eine für SuS komplexe Begründungsaufgabe und bepunkten Sie diese.
- Entwerfen Sie einen Rückmeldebogen zu Ihrer letzten Klassenarbeit, der sich auf die abgeprüften Kompetenzen bezieht und mit dessen Hilfe Eltern und SuS an Defiziten arbeiten können.
- Es müssen, rechtlich und pädagogisch betrachtet, nicht alle SuS die gleiche Klausur absolvieren. Versuchen Sie, Beispiele für differenzierende Ansätze zu finden.
- Entwickeln Sie einen Rückmeldebogen, der den SuS vor der Klassenarbeit, in ausreichendem zeitlichen Abstand, eine möglichst präzise Rückmeldung über ihre Kompetenzen verschafft.
- Prüfungsfrage: Was bescheinigen Sie einem Schüler mit der Note „mangelhaft“ oder „ungenügend“?

- ist sprachaufmerksam formuliert (vgl. Kapitel 14);
- kann nicht mit minimalem Aufwand durch einen kurzen Tafel-, Board- oder Folienanschrieb ersetzt werden;
- fördert die Selbstständigkeit und wirft nicht durch seine Struktur schon Fragen auf (die sollten im Bereich der Mathematik bleiben);
- sollte motivierenden Charakter (durch Sprache, Bilder usw.) besitzen.

Didaktische und mathematikimmanente Kriterien
Ein gelungenes Arbeitsblatt
- hebt jahrgangsangemessen Operatoren *(beschreiben, berechnen, begründen, skizzieren)* hervor (eventuell am Anfang fett gedruckt);
- orientiert sich an den tangierten Kompetenzen und Indikatoren der konkreten Stunde – somit können Inhalte, die heute nicht im Zentrum stehen, im Sinne der Ökonomisierung vorgegeben werden (Skizzen, Tabellen, Koordinatensysteme);
- ist (bei Erarbeitungsblättern) am zuvor durchdachten Denkprozess der SuS orientiert;
- enthält ein angemessenes Verhältnis von Lenkung und Offenheit und gibt so wenige Hilfen wie nötig sind, damit der Beispielschüler der konkreten Gruppe das Ziel erreicht. Gestufte Lernhilfen (vgl. Kapitel 10) können zum gegebenen Zeitpunkt integriert werden.

HINWEIS
Download-Material: Übung zur Erstellung von Arbeitsblättern

6.3 Die Entwicklung eines Arbeitsblattes: ein Beispiel

Um den Grad der Offenheit und geeignete minimale Hilfen zu identifizieren, gestalten Sie zunächst ein komplett gelenktes Arbeitsblatt und überlegen anschließend, was davon weggelassen werden und an welchen Stellen die Aufgabenstellung geöffnet werden kann. Daraus ergibt sich dann häufig auch eine Möglichkeit, differenziert zu arbeiten!

APP-Möglichkeit
z. B. QR-Codes (verlinkt zu den verschiedenen Darstellungsformen, Differenzierungen …)

Betrachten wir ein sehr gelenktes Beispiel zur Bruchrechnung. Es enthält keine Redundanzen, ist klar verständlich, gibt über die Bilder geeignete Hilfestellungen und ist am Gedankengang der SuS orientiert. Über den enaktiven Zugang des Faltens wird den SuS mithilfe des Darstellungsformwechsels (Bild, konkrete Bruchschreibweise) der Gedanke des Erweiterns nähergebracht und mithilfe der Operatorpfeile die Erweiterung als mathematische Operation verdeutlicht. Wird der Merksatz im Unterrichtsgespräch gemeinsam

BEISPIEL: Lenkendes Arbeitsblatt zur Bruchrechnung

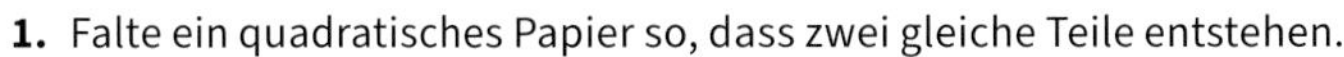

1. Falte ein quadratisches Papier so, dass zwei gleiche Teile entstehen.

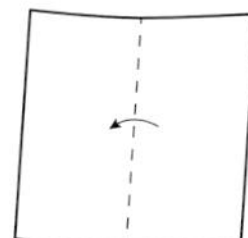 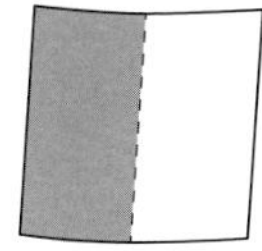 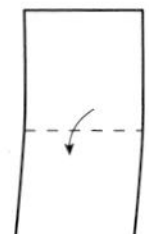

2. Färbe $\frac{1}{2}$ der Fläche.

3. Falte das Blatt wieder zusammen und halbiere es erneut.

4. Falte das Blatt auseinander und notiere, welcher Bruch nun dargestellt ist.

Es ist der Bruch —— dargestellt.

5. Falte das Blatt wieder zusammen und halbiere es noch einmal.

6. Falte das Blatt wieder auseinander und notiere, welcher Bruch nun markiert ist.

Es ist der Bruch —— dargestellt.

7. Vergleiche die entstandenen Einteilungen und Brüche.
Was bleibt dabei unverändert, was bleibt gleich?

8. Fülle die Lücken aus:

$\frac{1}{2}$ = —— = ——

Beschrifte die Pfeile:

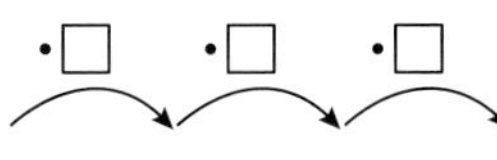

$\frac{1}{2}$ = —— = ——

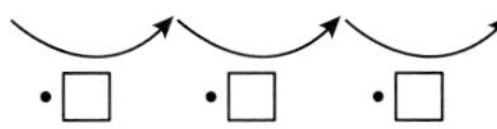

Merksatz:

____

____

____

HINWEIS
Die freie sprachliche Produktion eines Merksatzes kann außer beim typischen „Gymnasialschüler“ als Überforderung angesehen werden. Sie benötigt häufig Methoden zur Sprachförderung (siehe Kapitel 14).

erarbeitet und dann abgeschrieben, so kann es als vollständig geschlossenes, lenkendes Arbeitsblatt bezeichnet werden.

Wie könnte man von hier aus ausgehend differenziert ein offener gestaltetes zweites Arbeitsblatt angehen? Betrachtet man die in Kapitel 6.1 gegebenen Kriterien, kann die Lehrkraft wie folgt vorgehen und ein offeneres, differenzierendes Arbeitsblatt erstellen:

- minimale Hilfen geben (Bilder als gestufte Hilfen auslegen und nicht auf dem Arbeitsblatt darstellen);
- die Kleinschrittigkeit der Aufgabenstellung „aufbrechen“ und Aufgaben öffnen;
- weniger optische „Hilfsmittel“ (Pfeildiagramm, Textaufbau) geben;
- SuS am Merksatz beteiligen (Lückentext, Satzpuzzle usw.).

BEISPIEL: Offeneres Arbeitsblatt zur Bruchrechnung

1. Falte ein quadratisches Papier so, dass zwei gleiche Teile entstehen und färbe 1/2 der Fläche.

2. Versuche, durch weiteres Falten möglichst viele Brüche zu finden, die ebenfalls durch die gefärbte Fläche dargestellt werden, und notiere deine Ergebnisse. Tipps liegen auf der Fensterbank.

3. Beschrifte die Pfeile:

$$\cdot\square \quad \cdot\square \quad \cdot\square$$

$$\frac{1}{2} = \text{—} = \text{—}$$

$$\cdot\square \quad \cdot\square \quad \cdot\square$$

4. Fülle den Lückentext aus. Bilde mit den Lückentext-Wörtern einen Merksatz.

erweitern	Zähler	Nenner	multipliziert	wertgleiche	Brüche	gleich

Durch das Falten „entstehen“ neue _________. Der Wert der verschiedenen Brüche ist ________.

Man findet ___________ Brüche, indem man _______ und _______ mit der gleichen Zahl

____________. Dies nennt man _____________.

Denke dir einen Bruch und finde wertgleiche Brüche. Lasse sie anschließend von deinem Nachbarn überprüfen.

7 Diagnose im Unterricht

7.1 Diagnose: warum – und wie?

Diagnose ist in Anbetracht der Aufgabenverdichtung für viele LuL darauf begrenzt, aus dem Prozess heraus ein „Gefühl" dafür zu entwickeln, was die konkrete Lerngruppe bereits im Mittel recht gut beherrscht und was noch durch weitere Übungsaufgaben weiter vertieft werden sollte.

Dem gegenüber steht der Begriff der Unterrichtsdiagnose, der dieses „Gefühl" möglichst präzise und konkret zu einem klaren Kompetenzüberblick der LuL wandeln möchte.

Definition Unterrichtsdiagnose: Unter Unterrichtsdiagnose wird hier der Klärungsprozess und die damit verbundenen Instrumente verstanden, mit denen sich LuL einen möglichst präzisen Überblick über die konkreten Kompetenzen der einzelnen SuS verschaffen.

Dieser Prozess ist zwingend verknüpft mit verschiedenen Erfassungsmöglichkeiten (Diagnosemitteln), mit denen LuL es realisieren können, einen möglichst präzisen Überblick über den konkreten Kompetenzstand eines einzelnen Schülers zu erhalten.

Diagnose in diesem Kontext sollte somit die übergeordnete Intention haben, Inhalte, Methoden und Lerngruppen einander anzupassen und den einzelnen Schüler optimal und vor allem kompetenzorientiert individuell zu fördern.

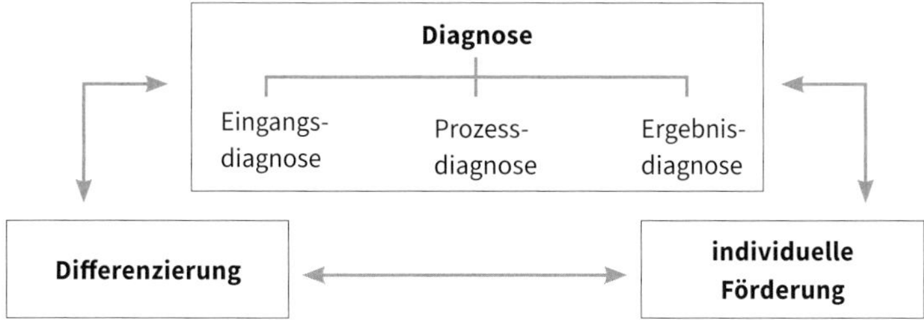

Diagnose im Unterricht

Die Physik bringt den Zusammenhang auf den Punkt: Diagnose kostet die Lehrkraft Energie, die sich im Idealfall in optimierte Förderung, damit verbundenen besseren Schülerleistungen und einer Passung von Unterrichtsinhalten und Methoden umwandelt. Ohne anschließende Förderung und sonstige Konsequenzen kann sie nur als entwertete, nutzlos aufgebrachte Energie bezeichnet werden.

Diagnose mit Förderung klingt nach einem sehr hoch gesteckten Ziel und drängt die Frage auf, in welchen Phasen oder an welchen Stellen einer Einheit oder einer Schülerlaufbahn dieses gewinnbringende Basiselement des modernen Unterrichts integriert werden soll. Die Antwort ist aber erstaunlich einfach, denn Diagnose lässt sich jederzeit integrieren.

Die Abbildung verdeutlicht die Möglichkeiten der Integration. Diagnose kann am Eingang zur Reihe oder in die Schullaufbahn stehen (Abfragen von Grundkompetenzen oder Kompetenzen aus der vorangegangenen Einheit oder des vorangegangenen Schuljahres). Ebenso kann Diagnose im Prozess selbst (Abfrage der aktuell tangierten Kompetenzen, um den Folgeunterricht anzugleichen) oder am Ende der Reihe erfolgen (zum Beispiel bei der Evaluation einer Klassenarbeit).

Diagnose sollte demnach spiralförmig den gesamten Lehr-Lernprozess begleiten. Da LuL per Schulgesetz zur Förderung verpflichtet sind (vgl. z. B. Schulgesetz Nordrhein-Westfalen, § 1) sind sie auch indirekt zur Diagnose verpflichtet.

Integrieren Sie im Entwurf einen Verweis auf Diagnoseansätze!

Diagnose wird in Ansätzen auch schon seit jeher von jedem Unterrichtenden betrieben. Neu ist jedoch das notwendige Denken in Kompetenzen, denn die LuL müssen ihren individuellen Kompetenzblick schulen. Hier genügt es keineswegs, die in Lehrplänen aufgezählten zu berücksichtigen, da Unterricht und die darin geforderten Kompetenzen sehr viel umfassender sind als dort dargestellt.

Damit geht ein zwingend notwendig gesteigertes Wissen um die Eignung der Aufgaben einher. Wann ist eine Aufgabe „gut und sinnvoll“, um von den LuL als Diagnoseaufgabe ausgewählt zu werden?

Welche Aufgaben sind für Diagnose geeignet?

Zum einen: Die Aufgabe sollte den LuL auch wirklich über ihre Schülerlösung eine Rückmeldung über die abgefragte Kompetenz liefern. Die LuL müssen anhand der Lösung also erkennen können, was die SuS beherrschten oder nicht beherrschten.

Die Aufgabenstellungen müssen zweitens für die SuS verständlich sein, um auszuschließen, dass eine falsche Lösung nicht auf Faktoren beruht wie einer unverstandenen Formulierung (sprachliche Hürden) oder einer zu komplexen Skizze.

Aufgaben sollten außerdem viel Spielraum für Begründungen und Textproduktionen geben, um das mathematische Denken der SuS erfassen zu können.

Ein Beispiel: Begründe, bei welcher Gleichung du die p-q-Formel verwenden würdest, um die Nullstellen zu bestimmen:

$f(x) = 3x + 10$
$f(x) = 2$
$f(x) = x^2 + 10$
$f(x) = x^2 + 10x$

Aufgaben sollten hinreichend offen sein (Qualitätsagentur/Landesinstitut für Schule 2006), um möglichst individuellen Freiraum bei der Bearbeitung zu ermöglichen. Dies ist jedoch mit Bedacht einzusetzen und sollte nicht übertrieben werden, da offene Aufgaben in der Regel mehrere verknüpfte Kompetenzen abfragen (siehe unten)!

Noch wichtiger als die Forderung nach hinreichender Öffnung und häufigen Begründungen ist für die LuL jedoch das Wissen um die verschiedenen Niveaustufen der SuS und die passenden gestuften Aufgaben, die auf das Abfragen dieser Niveaustufen abzielen. So gibt es viele SuS, die eben an der Offenheit oder der Begründung einer Aufgabe scheitern, jedoch die jeweilige Grundkompetenz und die damit verbundenen Indikatoren beherrschen.

Beispiel: Die Fähigkeit „Ich kann Fehler in zu Textaufgaben aufgestellten linearen Funktionen finden und begründet verbessern" ist sicherlich im sehr hohen Niveau einzustufen, denn darunter könnte unter anderem Folgendes getestet werden:

- Ich kann zu verschiedenen Textaufgaben (Kontexten) lineare Funktionen aufstellen.
- Ich kann den Graph einer linearen Funktion zeichnen.
- Ich kann Werte in eine lineare Funktion einsetzen und die Funktionswerte berechnen.

Welche Kompetenzen können diagnostiziert werden?

Im modernen Unterricht sind inhalts- und prozessbezogene Kompetenzen zu vermitteln. Diese Forderung lässt sich auf Diagnoseaufgaben übertragen. Diagnoseaufgaben können abzielen auf:

- Regeln
- Verfahren
- alle inhalts- und prozessbezogenen Kompetenzen
- sprachliche Kompetenzen: Die sprachlichen Kompetenzen sind in Teilen schon in den prozessbezogenen integriert. Hier ist jedoch über das Argumentieren, Kommunizieren und Begründen hinaus noch die Menge der sprachlichen Kompetenzen und Hürden gemeint, die zum Teil schon in dem sprach-

lichen Verstehen der Aufgabenstellungen stecken, die so innerhalb der Kernlehrpläne schwer zu berücksichtigen sind (vgl. Kapitel 14).

Wie kann dies nun im Alltag umgesetzt werden, ohne die eigene Unterrichtskultur aufwendig zu modifizieren?

Alle Anforderungen an gute Diagnoseaufgaben lassen sich sicherlich im Alltagsgeschehen nicht realisieren, dennoch können engagierte Mathematik-LuL Schwerpunkte setzen und mit einfachen Mitteln etwas mehr Klarheit in den realen Kompetenzstand ihrer SuS bringen.

Von großer Bedeutung für modernen Mathematikunterricht und den nachhaltigen Lernerfolg ist es in diesem Kontext, den SuS dazu zu verhelfen, sich möglichst häufig selbst einen Überblick über die eigenen Kompetenzen zu verschaffen, um ihnen den eigenen Lernstand so sichtbar wie möglich zu machen.

Dieses Kapitel möchte dazu beitragen, realistische Diagnosemittel darzustellen, die ohne großen Mehraufwand in den Unterricht zu integrieren sind und so die Qualität und Effektivität des eigenen Unterrichts verbessern können.

1 2 3

Vorgegebene Diagnosemittel wie Selbsteinschätzungsbögen zu kennen, einzusetzen und didaktische Konsequenzen daraus zu ziehen, kann und sollte etwa ab der Hälfte der Ausbildung praktiziert werden. Selbständig Kompetenz- und Indikatorenraster zu erstellen, sie gezielt einzusetzen und zu analysieren bedarf hingegen einiger Erfahrung und sollte erst im letzten Drittel der Ausbildung in den Fokus rücken.

7.2 Am Anfang steht die Schärfung des Kompetenzüberblicks

Kompetenzen können nicht direkt von den LuL kontrolliert oder beobachtet werden (vgl. Kapitel 3.3.1). Um Einblick in den Kompetenzstand seiner SuS zu erhalten, finden sich im Lehrplan beobachtbare konkretisierte Kompetenzerwartungen, die in Verbindung mit entsprechenden Aufgaben und deren Lösungen eine Beobachtung durch die Lehrkraft möglich machen. An dieser Stelle müssen LuL ansetzen und die Beobachtungsmittel möglichst ausführlich auffächern.

Ein Beispiel aus dem nordrhein-westfälischen Kernlehrplan für Realschulen und Gesamtschulen/Sekundarschulen (in diesem Fall identisch) ist der Kompetenzbereich Geometrie am Ende des Jahrgangs 6 (siehe Kasten). Diese Kompetenzerwartungen müssen aufgefächert und präzisiert werden. Ein Beispiel für den Arbeitsansatz in Fachkonferenzen und schulinternen Lehrplänen als Grundlage für die darauf aufbauende Diagnose ist in der folgenden Kompetenz-/Indikatoren-Tabelle (S. 102) zu sehen.

Solche Raster sollten im Idealfall von ganzen Fachkonferenzen für jede Unterrichtseinheit erstellt werden. Ein solches Vorgehen hat mehrere Vorteile:

- Die in Kapitel 6.2 aufgeführten unterrichtlichen Ansätze fundieren auf konkreten und wirklich von den LuL beobachtbaren Indikatoren, ansonsten bleibt der erwähnte Zusammenhang von Diagnose, Differenzierung und individueller Förderung überwiegend ein Handeln aus dem pädagogischen Bauchgefühl heraus.
- Durch eine solche sorgfältige Aufspaltung wird den LuL noch bewusster, an welchen Stellen sie individuell fördern können.
- Die Benotung wird fairer.
- Eine Einstufung in E- und G-Kurse wird einfacher und vor allem für alle durchschaubarer, was vor allem in integrierten Kursen, in denen die SuS in der gleichen Gruppe sitzen, von großer Bedeutung ist.
- Elternsprechtage werden für alle Seiten (Eltern, LuL, SuS) deutlich durchsichtiger und sachlich fundierter, wenn SuS im konkret vorliegenden Raster verortet werden.

BEISPIEL: KONKRETISIERTE KOMPETENZERWARTUNGEN IM INHALTSFELD GEOMETRIE (bis Ende der Doppeljahrgangsstufe 5/6, Kernlehrplan NRW)

Die Schülerinnen und Schüler ...
(1) erläutern Grundbegriffe und verwenden diese zur Beschreibung von ebenen Figuren und Körpern sowie deren Lagebeziehungen zueinander, (2) charakterisieren und klassifizieren besondere Dreiecke und Vierecke, (3) identifizieren und charakterisieren Körper in bildlichen Darstellungen und in der Umwelt, (4) zeichnen ebene Figuren unter Verwendung angemessener Hilfsmittel wie Zirkel, Lineal und Geodreieck sowie dynamischer Geometriesoftware, (5) erzeugen ebene symmetrische Figuren und Muster und ermitteln Symmetrieachsen bzw. Symmetriepunkte, (6) stellen ebene Figuren im kartesischen Koordinatensystem dar, (7) erzeugen Abbildungen ebener Figuren durch Verschieben und Spiegeln, auch im Koordinatensystem, (8) nutzen dynamische Geometriesoftware zur Analyse von Verkettungen von Abbildungen ebener Figuren, (9) schätzen und messen die Größe von Winkeln und klassifizieren Winkel mit Fachbegriffen, (10) schätzen die Länge von Strecken und bestimmen sie mithilfe von Maßstäben, (11) nutzen das Grundprinzip des Messens bei der Flächen- und Volumenbestimmung, (...)

(Ministerium für Schule u. Bildung des Landes NRW 2022, S. 29f.)

BEISPIEL: KOMPETENZ-/INDIKATOREN-TABELLE: GEOMETRIE, KLASSE 5

Mathematische Inhalte: Beziehungen von Geraden, Strecken und Punkten; Zeichnen und Messen diverser Figuren (Quadrat, Rechteck, Raute, Parallelogramm) und Größen (Winkel, Länge), Symmetrie. Flächeninhalte und Umfänge werden im 2. Halbjahr thematisiert.

Reproduzieren	**Anwenden/Transfer**		**Beurteilung/Entfaltung**
Stufe 1: Kennen	**Stufe 2: Können**	**Stufe 3: Kommunizieren**	**Stufe 4: Reflektieren**
Erfassen (mathematische Fachbegriffe verstehen und unterscheiden)			
Ich kenne die mathematischen Fachbegriffe: Strecke, Strahl, Gerade, Senkrechte, Parallele, Diagonale, Abstand, Radius, Durchmesser, Symmetrieachse, Quadrat, Rechteck, Raute und Parallelogramm.	Ich kann mathematische Fachbegriffe verstehen, unterscheiden und anwenden.	Ich kann mathematische Fachbegriffe sachgerecht zur Darstellung und Lösung von Aufgabenstellungen verwenden.	Ich kann eigene und fremde mathematische Aussagen auf Korrektheit überprüfen und korrigieren.
Konstruieren – Teil 1 (zeichnen)			
Ich kenne Strecken, Strahlen, Geraden, Senkrechten und Parallelen, Symmetrieachsen und kann sie identifizieren.	Ich kann Strecken, Strahle, Geraden, Senkrechten, Symmetrieachsen und Parallelen zeichnen.	Ich kann die Unterschiede zwischen Strecken, Strahlen, Geraden, Senkrechten, Symmetrieachsen und Parallelen bestimmen und unterscheiden.	Ich kann die Anwendung der Zeichentechniken auf ihre Korrektheit überprüfen und korrigieren.
Messen (Entfernungen und Abstände messen)			
Ich kenne den Gebrauch eines Messgerätes (Geodreieck, Lineal).	Ich kann Abstände von Punkten und Strecken messen.	Ich kann erklären, wie Abstände von Punkten und Strecken gemessen werden.	Ich kann eigene und fremde Strategien auf ihre Eignung bewerten.
Messen – Teil 2			
Ich kenne den Gebrauch eines Messgerätes (Geodreieck, Lineal).	Ich kann Seitenlängen diverser Figuren ausmessen und Abstände in Figuren bestimmen.	Ich kann erklären, wie Abstände und Seitenlängen in Figuren gemessen werden.	Ich kann eigene und fremde Strategien auf ihre Eignung beurteilen.
Konstruieren – Teil 2 (symmetrischen Figuren zeichnen)			
Ich kenne die Eigenschaften symmetrischer Figuren.	Ich kann symmetrische Figuren zeichnen und bestimmen.	Ich kann die Regeln für das Zeichnen symmetrischer Figuren erklären.	Ich kann die gezeichneten symmetrischen Figuren auf ihre Richtigkeit überprüfen und begründet identifizieren.
Konstruieren – Teil 3 (Werte im Koordinatensystem)			
Ich kenne die Darstellung von Punkten im Koordinatensystem.	Ich kann Koordinatenkreuze zeichnen, diese richtig skalieren und Punkte eintragen.	Ich kann die Koordinaten der Punkte aus einem Koordinatensystem ablesen und die Strategie erklären.	Ich kann Koordinaten und eingetragene Punkte ablesen und Punkte auf ihre Richtigkeit überprüfen.

7.3 Diagnosemittel für den Unterricht und konkrete Beispiele

Die folgende Liste bietet dem Leser einen kompakten Überblick, welche Diagnosemittel in der jeweiligen Phase (Eingangs-, Prozess-, Ergebnisdiagnose) realisierbar sind. Darauffolgend werden 5 der hier aufgelisteten Diagnosemittel, die mit relativ geringem Aufwand zu konzipieren sind und gute Ergebnisse liefern, näher beschrieben und jeweils anhand eines Beispiels erläutert.

Eingangsdiagnose:
- Schuleingangstest
- Selbstdiagnosebögen
- Abfragearten des Vorwissens: Methoden der grafischen Visualisierung, wie Mind-Maps oder Concept-Maps (diese sind jedoch nur schwer zu analysieren und nur in höheren Jahrgängen, ca. ab Klasse 9 wirklich ergiebig)
- Hausaufgaben (die Neues integrieren, können auch Aufschluss über bereits zur Verfügung stehende Kompetenzen geben). Hinweis: Bei der Diagnose durch Hausaufgaben hilft auch die Erkenntnis, dass nicht alle die gleichen Hausaufgaben erledigen müssen!

Prozessdiagnose:
- Lerntagebücher
- Selbstdiagnosebögen
- Fehleranalyse von Lernprodukten (Plakate, Hefte, Folien)
- Schülertexte (zum Beispiel als Ergebnis von Aufgaben, die ein Argumentieren oder Begründen erfordern, vgl. Kapitel 14)
- Persönliche Gespräche („Erkläre mir, warum du so vorgehst“)
- Schülerkurzvorträge („Begründet bitte euer Vorgehen!“)
- Partnerdiagnose
- Diagnose der Gruppenarbeit

Ergebnisdiagnose:
- Kompetenzanalyse der Klassenarbeiten
- Selbstdiagnosebögen
- Fehleranalyse
- Begründungen von SuS (mündlich im Einzelgespräch oder aus Aufgabenauswertungen)
- Analyse der externen Evaluation (Abschlussprüfungen und Vergleichsarbeiten)
- Feedback der SuS an die Lehrkraft

Dies sollte auch mal schriftlich abgefragt werden und im Unterricht mithilfe einer Tabellenkalkulation und entsprechenden Diagrammen gemeinsam besprochen werden. Während der Unterricht weiterläuft, können zwei SuS die Ergebnisse der Befragung in die Kalkulationstabelle tippen. Hierbei kommen überraschende und ehrliche Ergebnisse heraus!

Kriterien wie Lernzeit, Klarheit der Aufgaben, Bewertungstransparenz, Einzelbetreuung, Methoden, Sozialformen, Lehrervorträge, Klima und die L-S-Beziehung können abgefragt werden.

APP-Möglichkeit
z. B. QR-Codes verlinkt zu Erklärvideos/Lösungen

7.3.1 Beispiel 1: Selbsteinschätzungsbögen

Ein Beispiel für einen ausführlichen Rückmeldebogen für eine Klassenarbeit findet sich in Kapitel 5. Weitere Diagnosemittel finden sich in Kapitel 14.

Selbsteinschätzungsbogen

Wie sicher fühlst du dich bei folgenden Aufgabentypen?		ziemlich sicher	sicher	unsicher	sehr unsicher	Wo finde ich Beispiele?
Additionsverfahren	$4x - 3y = 10$ $2x + 3y = 32$	☐	☐	☐	☐	S. 12, Arbeitsblatt 3
Gleichsetzungsverfahren	$79 - u = 6v$ $6v = 51 + 3u$	☐	☐	☐	☐	S. 14, Arbeitsblatt 4
Einsetzungsverfahren	$3y + 7x = 5$ $y = 2x - \frac{1}{2}$	☐	☐	☐	☐	S. 13, Arbeitsblatt 4
LGS mit Brüchen	$\frac{3}{2}x - 2y = 9$ $\frac{2}{5}x + \frac{1}{3}y = 5$	☐	☐	☐	☐	S. 12, Arbeitsblatt 3
LGS mit Klammern (Distributivgesetz)	$5(x - 1) + (y + 1) = 15$ $3(x + 3) + (y - 12) = 8$	☐	☐	☐	☐	S. 10, 11
Textaufgaben	Die Summe zweier Zahlen ist 46. Addiert man zum Doppelten der ersten Zahl das Dreifache der zweiten Zahl, so erhält man 106.	☐	☐	☐	☐	S. 11, Arbeitsblatt 1

Selbsteinschätzungsbogen 1

Passende Aufgaben zu finden bzw. zu strukturieren und sie zur Diagnose einzusetzen ist nicht immer einfach und die beste Lösung. Zudem ergeben sich daraus häufig folgende Probleme:

- Es kann schwierig sein, alle Aufgabentypen abzudecken.
- Die Kompetenzen in Indikatoren zu überführen und nach Niveau zu stufen, kann komplex sein.
- Den SuS ist zu vermitteln, dass die Diagnose eine Orientierung für ihre Lernfokussierung bieten kann, jedoch nie alles erfassen kann.

Hieraus ergibt sich, dass auch die Diagnose ohne konkrete Aufgaben, jedoch mit formulierten Teilkompetenzen bzw. Indikatoren, Verwendung finden sollte (siehe Selbsteinschätzungsbogen 2). SuS gewöhnen sich schnell an das Vorgehen, richten teilweise ihr Lernen nach den Ergebnissen aus und fordern die Bögen sogar ein.

APP-Möglichkeit
z. B. Edkimo.com, Mentimeter.com

Selbsteinschätzungsbogen

Fähigkeit	Selbsteinschätzung	Aufgaben und Erklärungen	Hast du Fragen? Notiere sie hier:
Ich zeichne immer mit einem Geodreieck und einem angespitzten Bleistift!		alle	
Ich kenne den Unterschied zwischen einer Geraden, einer Strecke und einem Strahl.		S. 66 Regelheft S. 60, Nr. 1, 2	
Ich kann Strecken zeichnen.		Arbeitsblatt 3	
Ich kann Strecken messen.		Tafel-anschrieb vom 8.3.	
Ich kann Strecken in Figuren erkennen und zählen.		S. 61, Nr. 12 S. 62, Nr. 16	
Ich kann Strecken(-züge) in ihren Längen unterscheiden.		S. 61, Nr. 14 S. 78, Nr. 1 S. 79, Nr. 10	
Ich kenne den Unterschied zwischen einer Parallelen und einer Senkrechten.		S. 64 Regelheft	
Ich kann Parallelen (in einer Figur) erkennen und benennen.		S. 65, Nr. 2, 5 S. 79, Nr. 11	
Ich kann Senkrechten (in einer Figur) erkennen und benennen.		S. 65, Nr. 6	
Ich kann Parallelen und Senkrechten in einer Figur unterscheiden.		S. 65, Nr. 7, 4	

Selbsteinschätzungsbogen 2

Vorgehen:
Selbsteinschätzungsbögen sollten möglichst in jeder Einheit mindestens einmal zum Einsatz kommen und dann herkömmliche Übungsblätter ersetzen. Es empfiehlt sich, im Klassenraum eine Übersicht auszuhängen, auf der die SuS für die einzelnen Bereiche Markierungen setzen, sodass die Lehrkraft nach der Selbsteinschätzung eine informative „Punktwolke" ihrer Klasse erhält und Konsequenzen für den Folgeunterricht ableiten kann.

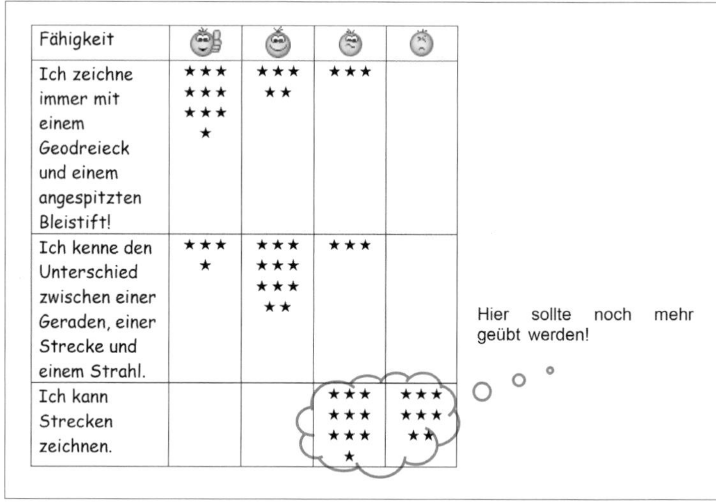

Fähigkeit				
Ich zeichne immer mit einem Geodreieck und einem angespitzten Bleistift!	★★★ ★★★ ★★★ ★	★★★ ★★	★★★	
Ich kenne den Unterschied zwischen einer Geraden, einer Strecke und einem Strahl.	★★★ ★	★★★ ★★★ ★★★ ★★	★★★	
Ich kann Strecken zeichnen.			★★★ ★★★ ★★★ ★	★★★ ★★★ ★★

Selbsteinschätzungsbogen 3: Übersicht im Klassenraum

HINWEIS
SuS benötigen stets einen engen Bezug zu den konkreten Aufgaben.

Selbsteinschätzungen und Fremdeinschätzungen sollten stetig durchgeführt und bereits in den unteren Jahrgängen eingeführt werden, da sich diese Fähigkeiten bei den SuS erst entwickeln müssen. Ein Kreuz unter einen Smiley zu setzen, hat nur bedingt etwas mit der von LuL gewünschten Diagnose zu tun, wenn Selbsteinschätzung nicht geübt wird oder falsch verstanden wurde, ist sie dann entsprechend wenig aussagekräftig.

7.3.2 Beispiel 2: Lerntagebucheintrag

APP-Möglichkeit
z. B. OneNote
tumblr.com

Ein klassisches Lerntagebuch oder Portfolio wird vermutlich nur selten im Mathematikunterricht eingesetzt, da es häufig mit einem recht hohen Aufwand für die Lehrperson verbunden ist. In einem guten Verhältnis von Aufwand und Nutzen steht jedoch die Integration von Tagebucheinträgen im normalen Schulheft (ein konkretes Beispiel findet sich in Kapitel 14).

Vorgehen:
- Die SuS beantworten einmal pro Woche als ständige Hausaufgabe in ihrem Schulheft in einem markierten Bereich Fragen, die der Lehrkraft einen Einblick in ihr Denken ermöglichen.
- Der Lehrer sammelt alle oder gezielt einzelne Hefte in bestimmten Abständen ein und gibt eventuell knappe schriftliche Rückmeldungen.

Beispiele für Fragestellungen:
- Was hast du in der Woche gelernt?
- Wofür braucht man das?
- Finde ein eigenes Aufgabenbeispiel und beschreibe, wie du dieses löst.

Vorteile:
- Die Lehrkraft bekommt einen Einblick in das Denken der SuS und erkennt Lücken, aber auch eventuell Fähigkeiten bei stillen Lernern. Gleichzeitig handelt es sich um eine selbstdifferenzierende Förderung nach oben und unten, zum Beispiel durch die selbsterdachten Beispiele der SuS.
- Nette Schülerideen können als Einstieg oder Übungsaufgabe und Gesprächsanlässe genutzt werden.
- Viele SuS füllen die Tagebucheinträge gern aus und melden zurück, dass ihnen das Nachdenken über die Fragen hilfreich erscheint.
- In dieser Form benötigt dieses Diagnosemittel keinerlei Vorbereitung und wenig „Pflegeaufwand“ im Prozess.

7.3.3 Beispiel 3: Partnerdiagnosebogen

Partnerarbeiten können, wenn die Aufgaben entsprechend gestaltet sind, ebenfalls als Diagnosemittel herangezogen werden, bei dem SuS sich gegenseitig einschätzen. Hierbei ist die Diagnose nicht mit der einer Lehrkraft zu vergleichen, dennoch erhöht das Vorgehen den Grad der sinnstiftenden Kommunikation im Mathematikunterricht und hilft SuS dabei, sich einzuschätzen.

Vorgehen:
- Die SuS bearbeiten wenige Aufgaben in Einzelarbeit.
- Anschließend überprüft ein Partner (hier bietet sich auch ein Lerntempoduett an) die Lösungen und gibt eine schriftliche Rückmeldung in einer anderen Farbe.
- Im Anschluss daran tauschen sich die SuS aus.

Partnerdiagnosebogen

Behauptung	w	f	Meine Begründung	Partnerrückmeldung (andere Farbe benutzen!)
Ein Zufallsversuch ist ein Versuch, den man nur zufällig macht.	☐	☐	______ ______ ______ ______ ______	Du weißt, was ein Zufallsversuch ist. ja ☐ nein ☐ Anmerkung: ______ ______
Der Schuss auf ein Tor ist kein Laplace-Experiment.	☐	☐	______ ______ ______ ______ ______	Du weißt, was ein Laplace-Experiment ist. ja ☐ nein ☐ Anmerkung: ______ ______
Einen Würfel werfen ist ein Laplace-Experiment.	☐	☐	______ ______ ______ ______ ______	Du weißt, was ein Laplace-Experiment ist. ja ☐ nein ☐ Anmerkung: ______ ______
Ein Zufallsexperiment kann mehrere mögliche Ergebnisse haben.	☐	☐	______ ______ ______ ______ ______	Du weißt, wie viele Ergebnisse ein Zufallsexperiment haben kann. ja ☐ nein ☐ Anmerkung: ______ ______
Wenn eine Münze zwei Mal geworfen wird, hat das entsprechende Baumdiagramm auch zwei Äste.	☐	☐	______ ______ ______ ______ ______	Du weißt, wie man Baumdiagramme zeichnet. ja ☐ nein ☐ Anmerkung: ______ ______
Die relative Häufigkeit und die Wahrscheinlichkeit eines Ergebnisses sind stets gleich!	☐	☐	______ ______ ______ ______ ______	Du kannst den Begriff „relative Häufigkeit" deuten. ja ☐ nein ☐ Anmerkung: ______ ______

Partnerdiagnosebogen 1 zum Festigen von Begriffen: Stochastik, Klasse 8

Um sicherzustellen, dass durch die beiden Partner nicht irgendetwas falsch korrigiert und zurückgemeldet wird, ist die Hereingabe oder Darbietung von Aufgabenlösungen durch die Lehrkraft not-

Partnerdiagnosebogen

Anweisungen:

1. Bearbeitet die Aufgaben zuerst in EA!
2. Sucht euch einen Partner/eine Partnerin, der euren Bogen kontrolliert (andere Farbe).
3. Tauscht euch über die Rückmeldung aus.

Um die Fenster der Schule zu putzen, benötigen 3 Arbeiter 8 Stunden.

Lege eine Wertetabelle im Heft an (3, 6, 12 Arbeiter)

Wie viele Arbeiter braucht man, wenn die Arbeit in 1 Stunde (0,25; 0,5 h) getan sein soll?

Zeichne den Graph der Funktion.

Entscheide jeweils, ob für folgende Beispiele ein proportionaler, antiproportionaler oder keinerlei Zusammenhang besteht:

Nr.	*Ausgangsgröße*	*Zielgröße*	*a/p/k*
1	Anzahl Personen	Gesamtanzahl von Kopfhaaren	
2	Anzahl Bagger	Zeit für das Ausheben eines Lochs	
3	Heumenge	Tage, die ein Pferd fressen kann	
4	Benzinmenge	Preis	
5	Anzahl von hungrigen Kindern	benötigte Schokoriegel, bis alle satt sind.	

Partnerseite: Du kannst…

Du kannst eine Wertetabelle anlegen.
ja ☐ nein ☐
Tipp:

Du kannst mit Hilfe der Tabelle richtig rechnen.
ja ☐ nein ☐
Tipp:

Du kannst den Graphen und das KOS zeichnen.
ja ☐ nein ☐
Tipp:

Du kannst entscheiden, ob ein pro-/antiproportionaler oder keinerlei Zusammenhang besteht.
ja ☐ nein ☐
Tipp:

Partnerdiagnosebogen 2 mit konkreten Aufgaben: Klasse 7, Zuordnungen

wendig. Dies kann wahlweise vor oder nach dem zweiten Schritt erfolgen, je nachdem, wie hoch der erwünschte Diskussionsgrad unter den SuS ist.

7.3.4 Beispiel 4: Gruppendiagnosebogen

Vorgehen:
Eine sorgfältig agierende Lehrkraft sollte sich auch in Gruppenarbeitsphasen nicht vollständig zurücknehmen, sondern sinnvoll als Lernbegleiter dienen. Zudem lässt sich die Phase nutzen, um gezielt und kriteriengeleitet Gruppen und einzelne SuS mithilfe von Diagnosebögen zu beobachten. Anschließend kann die Lehrkraft gezielt zu einzelnen Gruppen und konkreten SuS eine Rückmeldung geben.

Gleichzeitig wird den SuS hierdurch verdeutlicht, dass eine Gruppenarbeit sich unter anderem durch die Mitarbeit aller Mitglieder auszeichnet. Beobachtbare Kriterien sind dem folgenden Beispiel zu entnehmen.

Eine Gruppendiagnose kann inhaltlich nicht so an Indikatoren und Kompetenzen orientiert sein wie Selbsteinschätzungsbögen oder die Ergebnisdiagnose in Form von Rückmeldebögen. Zudem ist die Anzahl der beobachtbaren Indikatoren sehr stark begrenzt und LuL werden im Prozess realistisch nur 1 bis maximal 3 Gruppen präziser beobachten können.

Damit überhaupt etwas beobachtet werden kann, müssen die SuS eine echte Gruppenarbeit absolvieren und nicht, wie es in der

Gruppendiagnosebogen

Beobachtung Der Schüler	**Schüler 1** Name: ________	**Schüler 2** Name: ________	**Schüler 3** Name: ________	**Schüler 4** Name: ________
trägt einen Lösungsansatz vor.	ja ☐ nein ☐	ja ☐ nein ☐	ja ☐ nein ☐	ja ☐ nein ☐
verbalisiert ein richtiges Verständnis für die Aufgabe.	ja ☐ nein ☐	ja ☐ nein ☐	ja ☐ nein ☐	ja ☐ nein ☐
verbalisiert Argumente für seine / gegen die Ansätze der Gruppenmitglieder.	ja ☐ nein ☐	ja ☐ nein ☐	ja ☐ nein ☐	ja ☐ nein ☐
verwendet die Fachbegriffe richtig	ja ☐ nein ☐	ja ☐ nein ☐	ja ☐ nein ☐	ja ☐ nein ☐

Für die Stundensicherung Relevantes (Fehler, Ideen):

____

____

Gruppendiagnosebogen

Realität häufig vollzogen wird, lediglich „die gleichen Raum-Zeit-Koordinaten" teilen, das heißt, die SuS müssen kooperativ miteinander arbeiten. Um sicherzustellen, dass jedes Mitglied der Gruppe einen wenn auch noch so kleinen Beitrag zum Gruppenergebnis beitragen kann, sollte zuvor die eigenständige Beschäftigung (in Einzelarbeit) tradiert werden, womit hier nicht gemeint ist, dass mathematische Probleme bereits im Vorfeld gelöst werden sollen (was viele SuS überfordern würde). Das An-Denken des Probkems auf dem eigenen Niveau, das Formulieren einer Idee hingegen ist eine sinnvolle Tätigkeit.

Stehen die SuS mit der Arbeit in dieser Sozialform noch am Anfang, sollte man sie zuerst motivieren, im Uhrzeigersinn jeweils etwas zu der zuvor in der Einzelarbeit gelösten oder angedachten Aufgabe zu sagen, zumindest den eigenen Ansatz und die eigenen Ideen vorzutragen.

7.3.5 Beispiel 5: Lerneingangsdiagnose

Lerneingangsdiagnosen werden inzwischen von vielen Verlagen, zum Teil auch in guter Qualität, online oder als Printmedium angeboten. Beim Durchdenken der nächsten Einheit gehört eine kurze Analyse des notwendigen Vorwissens der SuS zum guten Planungsprozess. Als Resultat dieser Überlegung werden dann oft Wiederholungsstunden vorangestellt oder in der Reihe eingeschoben. Hier lässt sich relativ einfach ein zur eigenen Reihe und der konkreten Lerngruppe passender Eingangsdiagnosebogen in Form eines Selbstdiagnose- oder Partnerdiagnosebogens herstellen. Das notwendige Vorwissen aus vorangegangenen Unterrichtseinheiten oder Schuljahren liefert hier den Inhalt der Diagnose. So wird den SuS transparent, was ihnen an Vorwissen für die nächste Einheit zur Verfügung stehen muss.

FRAGEN ZUM WEITERDENKEN FÜR DIE SEMINARARBEIT ODER DAS HEIMSTUDIUM

- Notieren Sie für die Einheit „Einführung der Bruchrechnung" möglichst viele beobachtbare Indikatoren, die in ein entsprechendes Raster und anschließende Selbsteinschätzungsbögen übernommen werden können.
- Erläutern Sie den Zusammenhang zwischen Diagnose, individueller Förderung und Differenzierung am konkreten Beispiel.
- Wo sind für Sie Grenzen und Chancen der realistischen Diagnose, die jeder Mathematiklehrer im Alltag einsetzen sollte?
- Verdeutlichen Sie sich die Relevanz der Selbsteinschätzung für SuS und nennen Sie Umsetzungsmittel, mit deren Hilfe der Lehrer ebenfalls daraus Konsequenzen ziehen kann.

8 Differenzierungsansätze – Grundgedanken und Probleme

8.1 Grundgedanken zur Differenzierung

HINWEIS
Aus Beobachtungen in zahlreichen Lehrproben zeigt sich, dass bei Differenzierungen fälschlicherweise die starken SuS oft vergessen werden.

Lerngruppen bestehen aus mehreren Personen, von denen jede eine eigene Sichtweise auf den Lerngegenstand, eigene Lernwege, Lernvoraussetzungen und Kompetenzen mitbringt. Insofern ist jede Lerngruppe als inhomogen zu betrachten.

Die aktuelle Unterrichtsrealität bewegt sich zudem immer mehr dahin, äußere Differenzierungen, zum Beispiel in Form von Grundkurs- und Erweiterungskursschülern, aufzuheben. Dazu kommt die Tatsache, dass verstärkt auch Lernende mit besonderem Förderbedarf innerhalb einer Regelschullerngruppe unterrichtet werden. LuL treffen also im Extremfall auf eine Gruppe, in der sie zieldifferent und nach verschiedenen Lehrplänen unterrichten müssen, im für sie einfachsten Falle immerhin auf eine zielgleiche Gruppe mit der normalen Inhomogenität.

Die Forderung nach differenzierenden Momenten im „guten Unterricht" ist keineswegs neu und findet sich bereits in Literatur aus den 1970ern (vgl. Winkler 1979). Meyer stellte 2004 (S. 15 ff.) nochmals ihre Relevanz als eines der zehn Kriterien guten Unterrichts ausführlich dar. Auch das Schulrecht diverser Bundesländer manifestiert die Forderung nach Differenzierung und individueller Förderung: „Jeder junge Mensch hat ohne Rücksicht auf seine wirtschaftliche Lage und Herkunft und sein Geschlecht ein Recht auf schulische Bildung, Erziehung und individuelle Förderung." (Schulgesetz Nordrhein-Westfalen, 2023, § 1)

Individuelle Förderung, die mit Differenzierung einhergeht, hat somit während der gesamten Schulzeit stattzufinden und richtet sich an alle SuS. Demnach dürfen wir auch die Leistungsstarken, also eine Differenzierung nach oben nicht vernachlässigen.

In der heutigen Unterrichtsrealität stellt sich somit längst nicht mehr die Frage danach, warum ein Lehrer differenzieren sollte oder ob er dies tun sollte, es geht nur noch um die Art und den Grad der Differenzierung.

THESEN ZUR BINNENDIFFERENZIERUNG

- Als Lehrkraft muss mir klar sein: Gemeinsam in einer Lerngruppe zu lernen hat und hatte eigentlich auch noch nie etwas damit zu tun, dass alle das Gleiche lernen.
- Von der tradierten Unterrichtsform, in der alle SuS in langen Phasen Gleiches tun, müssen wir uns zumindest in Teilen verabschieden und Unterricht neu denken. Es werden im Unterricht der Zukunft also immer häufiger auch gleichzeitig unterschiedliche Sozialformen eingesetzt.
- Möglichst häufig muss es die Lehrkraft ermöglichen, dass innerhalb einer Lerngruppe gleiche Inhalte auf unterschiedlichem Niveau bearbeitet werden können.
- Mathematikunterricht wird dadurch zwangsläufig etwas materialintensiver.
- Sehr gute SuS müssen das Recht erhalten, auch mal „auszuscheren", um eine andere Aufgabenstellung zu bearbeiten.
- Kooperatives Lernen und innere Differenzierung sind miteinander vereinbar.
- Innere Differenzierung ist auch ohne aufwendigen Materialeinsatz und noch aufwendigere Unterrichtsvorbereitung möglich.
- Der Unterricht und seine Planung werden durch diese Thematik nicht einfacher, es gibt jedoch Wege, die Thematik „greifbarer" zu machen.
- Die effektivste Form der Differenzierung ist die Einzelarbeit.

(vgl. Sturm 2015, S. 2)

8.2 Probleme und Grenzen der Differenzierung im Unterricht

Individualisierung und damit einhergehende Differenzierung bringen für den Lernerfolg offensichtliche und unbestreitbare Vorteile; für die LuL, die den Unterricht nach solchen Kriterien ausrichten und strukturieren möchten, ergeben sich weitere Probleme und Grenzen der Realisierung, von denen hier einige dargelegt werden:

- Differenzierung braucht gelegentlich auch „Klassenfläche". Je größer die Anzahl der SuS pro Klasse ist, desto schwieriger ist es, ungestört, in welcher Sozialform auch immer, an seinem eigenen Thema zu arbeiten.
- LuL sind indirekt noch stärker als zuvor dazu aufgefordert, ihren Materialfundus in Richtung der anderen Schulformen zu erweitern.
- LuL müssen bereit sein, Lenkung aus der Hand zu geben.
- Offenere Unterrichtsformen, die sich mit der differenzierenden Einzelarbeit abwechseln, gehen definitiv mit einem höheren Geräuschpegel einher.
- Unterrichtsgespräche und kurze Lehrervorträge können sich in Zukunft nicht immer an die gesamte Lerngruppe richten, wenn Teilgruppen zieldifferent arbeiten.

- Im Bereich der Notengebung müssen sich LuL weiterentwickeln (siehe das Beispiel der differenzierenden Klausur in Kapitel 5.2).

8.2.1 Ansätze für den integrativen Unterricht (Inklusion)

Im Rahmen von Differenzierung ist es heute auch für den Regelschullehrer notwendig, den Blick zu erweitern und über den gemeinsamen Unterricht von Regelschülern und Schülern mit Förderbedarf nachzudenken (integrativer oder inklusiver Unterricht, auch als „gemeinsames Lernen" bezeichnet). Im vorliegenden Werk ist eine umfassende Darstellung dieser hochkomplexen Thematik nur schwer möglich. Dazu kommt, dass die Arbeit in diesem Bereich ein noch viel differenzierteres Vorgehen, eben abgestimmt auf jeden einzelnen Schüler (Diagnose und daraus resultierende, kompetenzorientierte Förderpläne), erfordert. In diesem Bereich schnürt der betreuende Lehrer praktisch für jeden Schüler ein eigenes Materialpaket, was einen immensen Aufwand darstellt.

Die Probleme in der Unterrichtsrealisierung in Regelschulgruppen, also die Abwechslung und Parallelausführung von Individualbetreuung, offenen Unterrichtsformen und lehrerzentriertem Arbeiten, sind in den Strukturtabellen berücksichtigt und finden dort Lösungsvorschläge für die praktische Umsetzung.

Im Folgenden werden zudem sonderpädagogische Grundsätze und Hinweise dargestellt, die im Mathematikunterricht in solchen Lerngruppen von Bedeutung sind.

8.2.2 Hinweise für den integrativen Unterricht

- Für den Förderschwerpunkt Lernen können sich LuL recht gut an den Hauptschullehrplänen und Büchern orientieren (hieran orientieren sich auch inhaltlich die entsprechenden Mathematik-Förderschulbücher). Diese sind dann jeweils im Stoff um ca. 1 bis 2 Jahre nach unten verschoben, die Aufgaben sind aber in großen Teilen sehr ähnlich.
- Offene Arbeitsformen, wie zum Beispiel der Wochenplan, gewinnen im gemeinsamen Unterricht an Bedeutung, da die LuL dadurch Freiräume für die individuelle Einzelzuwendung oder die parallel frontale Beschulung der Teilgruppe erhalten (siehe Strukturtabelle).
- Die frühzeitige oder temporäre Integration von Hilfsmitteln (Taschenrechner, Computer) scheint für Kinder mit Förderbedarf teilweise sinnvoll und für den Prozess sehr hilfreich.

- Medien mit Selbstkontrolle (Arbeitsblätter, Computerprogramme) geben Hilfestellungen und schaffen Freiräume für Mathematik-LuL.
- Die didaktische Reduktion hat hier einen anderen Stellenwert: Was kann alles reduziert werden, damit es für die konkreten SuS „brauchbar in ihrem Alltag“ ist?
- Die Routine im Stundenablauf (Einstiegsart, Sozialformen und Phaseneinteilung) stellt für SuS mit Förderbedarf eine wichtige Orientierung dar und sollte nur behutsam variiert werden.

8.2.3 Sonderpädagogische Prinzipien

Die Lernvoraussetzungen der SuS sind grundsätzlicher Ausgangspunkt für die Planung und Durchführung des Unterrichts (vgl. Flott-Tönjes 2005). Dieses berücksichtigt der Regelschullehrer in seinem Handeln ebenso, in diesem Kontext erhält dies jedoch eine andere Tiefenbedeutung.

- **Prinzip der Selbsttätigkeit der SuS:** LuL sollten viele Arbeitsphasen schaffen, die keine Abhängigkeit von ihnen erfordern (z. B. Wochenpläne, geeignete Medien mit Selbstkontrolle, Regelheft, kooperative Lernformen etc.).
- **Prinzip des Gebrauchswertes für die konkreten SuS:** Welchen konkreten Nutzwert können meine SuS für sich und ihre Lebenswelt in der Thematik sehen, der ihnen so das Lernen erleichtert und besonders motiviert (Problemorientierung am Alltag)? Auch dieses Prinzip kennt der Regelschullehrer (Legitimation nach Klafki, Kontextorientierung). Die Gebrauchswertbedeutung ist in diesem Bereich jedoch viel höher einzustufen als die übliche Frage des Regelschülers: „Und wofür brauche ich das jetzt?“
- **Prinzip der Übung und der Wiederholung:** In diesem Bereich bekommt der Übungsbegriff eine völlig andere Bedeutung. Offenere Aufgaben sind definitiv weniger von Bedeutung, dafür rücken die Anzahl der Wiederholungen, die in einem gemeinsamen Unterricht deutlich gesteigert ist, klare Strukturen und der Alltagsbezug in den Aufgaben in den Vordergrund der Überlegungen. Die SuS erlangen unter anderem Sicherheit durch die Anzahl an übenden Wiederholungen und verdeutlichten Strukturen („Eselsbrücken“ usw.). Zu Beginn einer neuen Einheit muss der Lehrer damit rechnen, auf ein sehr viel geringeres, für die neue Thematik relevantes Vorwissen bei den SuS zu stoßen, auf dem er aufbauen kann, auch wenn dessen Durcharbeitung noch nicht lange zurückliegt.

8.3 Eine praxisorientierte Auswahl an Differenzierungsarten

8.3.1 Differenzierungsart: im Aufgabenbereich

APP-Möglichkeit
z. B. Padlet
QR-Codes
Hyperlinks integrieren

Konkret bedeutet Differenzierung im Aufgabenbereich:

- Differenzierung mithilfe der **Aufgabenanzahl** ❶: Dies ist sicherlich die trivialste Möglichkeit mit geringerem Mehraufwand, die im Alltag am häufigsten Anwendung findet.
- SuS ein **Überholen** ❶ ermöglichen (schnellere SuS scheren aus und machen weiterführende Aufgaben): Schnellere SuS, die weniger Wiederholungen benötigen, dürfen nicht zu häufig als Lernbegleiter für die langsameren eingesetzt werden, da auch diese ein Recht auf Förderung haben und dadurch auch Gefahr laufen sich zu langweilen. Schon ein ausgelegtes Lösungsbuch, ein im Prozess notierter Tipp an einem bei Bedarf zu besetzendem „Überholtisch" reicht diesen SuS häufig aus, um sich ohne Mehraufwand angemessen integriert zu fühlen.
- Differenzierung mithilfe des **Schwierigkeitsgrades** ❶ (automatisierend, transferbezogen, vertiefend, argumentierend, begründend, modellierend): Hier lassen sich schnell zum Beispiel Zahlenmaterial oder Zeichnungen variieren. Dies erfordert auf gutem Niveau eine Aufgaben- und Kompetenzanalyse. In Unterrichtsprüfungen nicht zuvor analysierte Aufgaben bergen eine hohe Stolpergefahr. LuL müssen sich des (sofern existierenden) Niveauunterschieds bewusst sein.
- differenzierende **Aufgabenwahl** ❶ (selbst- oder fremdgesteuert).
- **gestufte Hilfen/unterschiedliche Hilfen** ❶: Fremdsteuerung und Selbstwahl sollten abgewechselt werden und das Schülerverhalten bei der Selbstwahl von den LuL beobachtet werden.

Die nachfolgend aufgeführten Differenzierungsarten sind für LuL schwieriger zu planen, da sie einen größeren Erfahrungsschatz und eine sorgfältigere Aufgabenanalyse erfordern. Die Lehrkraft muss sich selbst erst bewusst werden, worin sprachliche Schwierigkeiten der Lerngruppe liegen, was das konkrete Sprachniveau der einzelnen SuS ist und wie man mit Sprache behutsam differenziert (vgl. Kapitel 14). Sehr schnell ist man sprachlich zu hoch oder viel zu niedrig im Niveau.

- in der **sprachlichen Komplexität der Aufgabenstellung** ❸ differenzieren.
- in der **sprachlichen Komplexität des geforderten Schülerproduktes** ❸ differenzieren:

- freie/geleitete Merksatzproduktion integrieren, zum Beispiel mit Satzteilen, Satzpuzzles oder einer Wortwolke
- freie/geleitete Begründungen integrieren
- freie/geleitete Beschreibungen integrieren
- freie/geleitete Vergleiche integrieren
- Zuordnungsaufgaben: Hierbei können ganze Sätze oder Satzteile, ikonische oder symbolische Darstellungen einander zugeordnet werden.
  Hier liegt ein sehr großes Differenzierungspotenzial, das einen höheren Planungsbedarf und etwas mehr Erfahrung erfordert. Die freie Produktion eines Merksatzes oder einer Begründung überfordert häufig den größten Teil der SuS. Hier können gestufte Hilfen und Methoden der Sprachförderung eingesetzt werden (vgl. Kapitel 14 zur Sprache im Mathematikunterricht).

- Differenzierung mithilfe der **Darstellungsform** ❸ (Bilder, Sprache, Symbolik, Tabellen, Diagramme usw.): Im Wechsel von Darstellungsformen liegt für SuS ein großer Lernschritt und elementarer Schritt zum Verständnis. Verschiedene Darstellungsformen zu verwenden erhöht zudem das Anspruchsniveau und Schwierigkeitsniveau für SuS und muss daher durchdacht eingesetzt werden. Gleichzeitig ist der Darstellungsformwechsel ein grundlegendes Prinzip des Mathematikunterrichts und ein Qualitätsmerkmal (vgl. Kapitel 11 zu didaktischen Prinzipien).
- **offene Aufgabenstellungen/Blütenaufgaben/Fermiaufgaben** ❸ (vgl. Kapitel 12.2) integrieren.
- **Aufgaben umkehren** ❸: „Finde weitere Aufgaben oder finde zu dem Ergebnis eine passende Aufgabe." Aufgaben, bei denen die Fragestellungen, der Bearbeitungsweg oder die Ergebnismenge offen sind, sind durch ihre Natur stark differenzierend, erfordern von der Lehrkraft jedoch ein Höchstmaß an Dynamik in Einstiegs- und Sicherungsphasen. Zudem muss die Lehrkraft zumindest teilweise einen Erfahrungsschatz besitzen, welche Wege und Irrwege SuS beschreiten könnten, um dieses sinnvoll zu nutzen.

8.3.2 Differenzierungsart: mithilfe von Sozialformen und Methoden

Konkret bedeutet Differenzierung mithilfe von Sozialformen und Methoden:

- **Einzelarbeit** ❶ der SuS: Die SuS arbeiten an ihren Aufgabe aus dem Aufgabenpool auf ihrem Kompetenzstand, woraus sich ein

Höchstmaß an Differenzierung und Individualisierung ergibt. Die Fähigkeit zur Einzelarbeit sollte langsam, beginnend mit 1 bis 2 Minuten, gesteigert werden. Lösungen und Lernhilfen sollten ausliegen.

- **Partnerarbeit** ❶ der SuS (z. B. als Lerntempoduett): Die SuS arbeiten mit einem etwa gleich starken, gleich schnellen Mitschüler in Partnerarbeit zusammen. Dieser muss nicht zwingend am gleichen Tisch sitzen, da die LuL die Voraussage, welche SuS etwa gleich stark sind, erst nach einiger Zeit leisten können. Ein Lerntempoduett, bei dem SuS nach einer Bearbeitung aufstehen und sich einen ebenfalls fertigen Mitschüler suchen (eher für kleinere, stillere Lerngruppen geeignet), kann hier Abhilfe schaffen. Auch hierbei müssen Lösungen/Lernhilfen ausliegen.
- ein **Lerntagebuch** ❶ als intelligentes Arbeitsheft (eventuell auch im Rahmen des „alten" Regelheftes) führen lassen. Integriert man ein Lerntagebuch, so ist es durch seine Struktur – es erfordert intelligente Sprachproduktionen der SuS – in höchstem Maße differenzierend und gleichzeitig ein gutes Diagnoseinstrument für die LuL (siehe auch Kapitel 7, 10 und 14). Ein Lerntagebuch lässt sich relativ einfach integrieren, da es in den eigentlichen Unterrichtsprozess nicht eingreift, sich jedoch jederzeit damit auch nette Unterrichtsmomente, zum Beispiel Präsentationen oder Einstiege, generieren lassen.
- die SuS arbeiten in **Gruppenarbeit** ❷ in jeweils „annähernd" **homogenen Gruppen** an
  - gleichen Aufgaben auf unterschiedlichem Wege, zum Beispiel mit unterschiedlichen Hilfekarten oder abweichenden sprachlichen Hilfen, Darstellungsformen oder Fragestellungen;
  - unterschiedlichen Aufgaben auf entsprechenden Niveaustufen mit unterschiedlichen Hilfekarten oder abweichenden sprachlichen Hilfen und Darstellungsformen.
- die SuS arbeiten in **Gruppenarbeit** ❷ mit jeweils mindestens 1 **„Expertenschüler"** pro Gruppe. Hierbei können die Vorzüge der Gruppenarbeit (argumentieren, kommunizieren, soziale Lernziele, zwischenmenschliche Interaktion) genutzt und innerhalb der Gruppen an verschiedenen Aufgaben gearbeitet werden. Für Prüfungsstunden muss hier im Besonderen der Einstieg und das Ende durchdacht werden. Während ein mathematisch inhaltlich gleicher Einstieg hier schwerer ist (eher informierend, vgl. Kapitel 4 zum Einstieg), könnte innermathematisch eine einfachere Aufgabe, die alle SuS beantwor-

ten können, vor einer komplexeren gesichert werden. Diese Art der Gruppenarbeit stellt eine in Prüfungen und im Alltag sehr häufig benutzte Differenzierungsart mit geringem Aufwand dar. Hier stehen soziale Lernziele und der Effekt, dass bestimmte Schülertypen gern von Mitschülern lernen, dem Nachteil gegenüber, dass leistungsstarke ausgebremst werden.

1 Gruppenarbeit stellt eine in Prüfungen und im Alltag sehr häufig benutze Differenzierungsart mit geringem Aufwand dar.

2 Die Differenzierung über einen Experten in einer Gruppe stellt die einfachste Form dar, da sie von LuL ohne Mehraufwand zu planen und durchführbar ist (Stufe 1).

3 Komplexer zu planen, zu begleiten und im Unterricht zusammenzuführen sind Gruppenarbeiten, bei denen alle Gruppen gleiche Aufgaben auf unterschiedlichem Weg absolvieren (Stufe 2). Die größte Herausforderung an die Lehrkraft, ihren Erfahrungsschatz und Sicherungskompetenz stellt sich, wenn Gruppen an unterschiedlichen Aufgaben arbeiten. Hier den Überblick zu behalten, einen guten Einstieg durchzuführen und geschickt etwas für alle Interessantes zu sichern, erfordert Ruhe und eine sehr gute Moderationsfähigkeit (Stufe 3).

- SuS arbeiten an ihren **Wochenplänen** ❷: frontale Phasen/Unterrichtsgespräche durchführen, die nicht mehr alle SuS als Adressaten haben und sich, zumindest teilweise, nur an eine **Teilgruppe** ❷ wenden.
- die SuS daran gewöhnen, über Teile des Unterrichts **selbständig zu arbeiten** ❷ und Ergebnisse zu vergleichen.
- die SuS daran gewöhnen, dass nicht alle immer inhaltlich das Gleiche bearbeiten und die **Lehrerzuwendung** ❷ in einzelnen Stunden oder phasenweise nicht immer gleichmäßig verteilt sein kann: Hierbei arbeiten die SuS in einzelnen Phasen bzw. Stunden des Unterrichts in freier Sozialform an ihrem Wochenplan, der „Mindestaufgaben" enthält, die innerhalb der Woche von den SuS bearbeitet werden müssen. Der Wochenplan kann in sich schon eine differenzierte Struktur beinhalten. Möglichkeit für stark inhomogene Gruppen/integrativen Unterricht: LuL arbeiten mit einer Teilgruppe traditionell, zum Beispiel fragend-entwickelnd, oder klären frontal Fragen und Probleme, während der andere Teil der Gruppe am Wochenplan arbeitet. Danach wechseln die Rollen.
- alle sonstigen **kooperativen Lernarrangements** ❷: Da dem kooperativen Lernen eine Einzelarbeit vorangeht, ist diese Arbeitsform in sich differenzierend, da praktisch alle SuS zuerst

die Möglichkeit bekommen, den eigenen Gedankenweg zu beschreiten. Hier ist sorgfältig darauf zu achten, dass die Einzelarbeit auch eine solche ist und Aufgabenstellungen eine sinnvolle Einzelarbeit hergeben, sonst zerbricht der Differenzierungsgedanke bereits zu Beginn der Stunde. Konstruieren LuL als Einstieg einen guten, didaktisch fruchtbaren Moment, der den Großteil der SuS aufzeigen lässt, wirkt die Einzelarbeit oft künstlich und bremst häufig sogar die Motivation.

- **Gruppenpuzzle** ❸: Die SuS arbeiten in den Stammgruppen (vgl. Kapitel 10) an unterschiedlichen Aufgaben. Hier muss jedoch sehr gründlich das Zeitmanagement durchdacht werden. Zudem darf das inhaltliche Niveau nicht zu weit differieren, da sonst in Phase zwei das gegenseitige Erklären mit hoher Wahrscheinlichkeit scheitert. Eine Lösung ist es, die unterschiedliche Darstellung (Darstellungsformen, sprachliche Darstellung, Zahlenmaterial) von ähnlichen oder gleichen Inhalten zu integrieren.

Ein Gruppenpuzzle ist, will man es didaktisch sinnvoll und nicht als „Showmethode" integrieren, sehr schwer umzusetzen. Unter anderem müssen die Aufgabenarten, Aufgabenanzahl, Zwischensicherungen und Stundenenden gut durchdacht und vor allem die Unterrichtszeit kritisch betrachtet werden, was einen hohen Erfahrungsschatz und hohe Moderationsfähigkeit erfordert. (Eine genauere Beschreibung findet sich in Kapitel 10.)

- Lernen an **Stationen und Lerntheken** ❸: Ist je nach Aufbau differenzierend. Hier ist stets zu hinterfragen, ob Aufwand und Lernergebnis im angemessenen Verhältnis stehen. Zudem muss, will man differenzierend damit arbeiten, den Stationen und Angeboten der Lerntheke eine entsprechende Kompetenzzuweisung zugrunde liegen. Es besteht hier also die Gefahr, dass zwar alle etwas tun, jedoch dies nur bedingt differenzierend und individuell fördernd ist. Einen aufeinander aufbauenden Stationenlauf zu entwerfen ist komplex. Der Umgang mit Schülerfehlern, Lernkontrollen, Ergebnissen und SuS, die allein nicht weiterkommen, wirft in der Realität stets Fragen und Probleme auf.

8.3.3 Differenzierungsart: Hausaufgaben

Hausaufgaben ❶ haben nur sehr wenig damit zu tun, dass alle SuS zu Hause das gleiche tun und das gleiche Ergebnis produzieren!

LuL müssen sich verdeutlichen, dass SuS dies auch nicht tun müssen. Differenzierende Hausaufgaben sind ein legitimes und einfaches Mittel der Differenzierung.

Als Additum können freiwillige, differenzierte Hausaufgaben als Wiederholung oder Einstieg in der Folgestunde von SuS vorgestellt werden.

Das darf natürlich von LuL und SuS nicht so verstanden werden, dass einzelne oder Gruppen von SuS mehr arbeiten müssten als andere. Dennoch gab es nie einen Grund dafür, dass schnelle SuS in der Heimarbeit ausgebremst werden und schwächere nur Aufgaben bekommen, an denen sie scheitern müssen.

8.4 Möglichkeiten für und Probleme bei Übungs- und Erarbeitungsstunden

In der Unterrichtsrealität klaffen die Kompetenzen einer Lerngruppe nach Einführung eines neuen mathematischen Inhaltes sehr schnell, wenn nicht sogar sofort, auseinander. Einige wenige SuS durchdringen das Neue sofort und benötigen so gut wie keine weiteren Grundaufgaben. Diese Gruppe langweilt sich ziemlich schnell und wird häufig von LuL als „Hilfscoach" in Gruppen- oder Partnerarbeit eingesetzt. Dieses Mittel der Differenzierung ist sicherlich das für die LuL am einfachsten zu integrierende, kommt aber nur bedingt im Bereich der inhaltlichen Lernziele und Kompetenzen dem Grundgedanken der individuellen Förderung nach. Hier schulen die Spitzenschüler eher ihre Erklärungskompetenz und arbeiten an prozessbezogenen Kompetenzen. Das „Mittelfeld", ein Großteil der Lerngruppe, benötigt Aufgaben, die nur geringfügig von den Einstiegsaufgaben abweichen. Und ein dritter Teil der Lerngruppe, je nach Kurszusammensetzung, verharrt bis zum Ende der Unterrichtseinheit auf dem Grundniveau.

Für Prüfungsstunden ist Differenzierung fast ein inoffizielles „Muss". Begründen Sie im Entwurf also, wenn Sie im konkreten Fall nicht differenzierend arbeiten.

8.4.1 Möglichkeiten für und Probleme bei Übungsstunden

Im Bereich der Differenzierung mit Aufgaben ist der Einsatz des genutzten Schulbuchs und eventuell einzelner Ausgaben für andere Schulformen sicherlich der im Alltag mit eher kleinerem Aufwand realisierbare Ansatz. Hierbei müssen sich LuL lediglich im Vorfeld einen Überblick über den Erwartungshorizont und die Kompetenzanforderungen der enthaltenen Aufgaben verschaffen. Ein rasch an die Tafel gezeichnetes Schaubild (siehe Abbildung) mit entsprechender Zuordnung verschafft den SuS Klarheit über das Vorgehen (vgl. Sturm 2014).

Die sorgfältig beobachtende und diagnostizierende Lehrkraft (vgl. Kapitel 7) wird schnell ein Gespür dafür entwickeln, welche

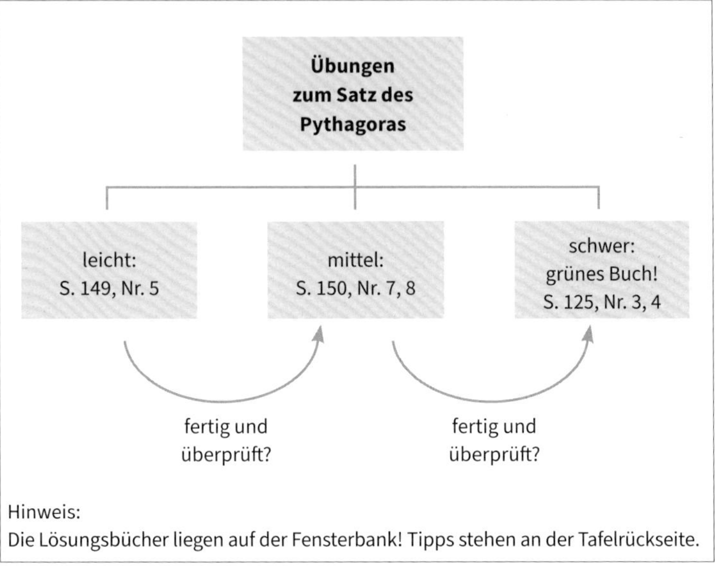

Tafelanschrieb: Differenzierung mit dem Schulbuch

Aufgaben und Kompetenzen dem Grundbereich und welche den weiterführenden Bereichen zuzuordnen sind.

Aus dieser Unterrichtsrealität ergibt sich die Konsequenz, dass Übungsstunden, in denen sich alle mit den gleichen Aufgaben beschäftigen, nicht mit der Idee von intelligentem Üben vereinbar sind. Zudem erschweren und verringern sich in differenzierenden Übungsstunden die Phasen, in denen ein Unterrichtsgespräch mit allen SuS geführt wird. Diese sind jedoch natürlich nach wie vor von Relevanz für den Lernprozess und dürfen nicht vernachlässigt werden.

Einen gemeinsamen Einstieg in eine solche Stunde zu finden ist etwas schwieriger als in nicht differenzierenden Übungsstunden. Es kann versucht werden, ein mathematisches Einstiegsproblem zu finden, zu dem jeder etwas auf seinem Niveau sagen kann; eine gemeinsame Grundaufgabe oder ein im Vorfeld aufgefallener, typischer Schülerfehler kann kurz vor der differenzierenden Übungsphase thematisiert werden. Auch ein klassischer, informierender Einstieg (vgl. Greving/Paradies 2002, S. 33), bei dem die SuS zeitsparend über Aufbau und Verlauf informiert werden, ist für solche Stunden einfach zu konzipieren.

Die folgende Übersicht über Strukturierungshilfen enthält zu den einzelnen Phasen Alternativen – diese sind aber natürlich nicht als chronologische Folge zu verstehen.

ÜBERSICHT: ALTERNATIVEN FÜR DIFFERENZIERENDE ÜBUNGSSTUNDEN

Abkürzungen: EA: Einzelarbeit, PL: Plenum, GA: Gruppenarbeit, UG: Unterrichtsgespräch, SV: Schülervortrag

Phase	Aktionsmöglichkeiten, Alternativen	mögliche Sozialformen, Methoden	mögliche Medien
Einstiegsalternativen			
	• informierender Einstieg, Transparenz über den Verlauf • Besprechung einer Grundaufgabe • Besprechung eines aufgefallenen Schülerfehlers	EA/PA/GA/UG	Tafel, Folien, Schülerbuch
	• SuS-Zuweisung zu Kompetenzbereichen durch die Lehrkraft	EA/PA/GA/UG UG	Diagnosebögen Tafel, Arbeitsblätter
	• Klärung/Hinweis der Lehrkraft auf Schwierigkeiten und Kompetenzen der sÜbungsaufgaben	UG	
	• eigenständige Zuordnung von Kompetenzbereichen und Aufgaben durch die SuS	EA	Diagnosebögen
	Je nach der Häufigkeitsverteilung der Kompetenzbereiche innerhalb der SuS-Gruppe sollte die Lehrkraft intelligent entscheiden, welcher Kompetenzbereich im Plenum angesprochen werden sollte. Als praktikabel und zeitsparend haben sich neben den üblichen Selbsteinschätzungsbögen DIN-A3-Plakate und Klebepunkte erwiesen. So erhält die Lehrkraft schnell einen Überblick, woran die Gruppe in der nächsten Phase arbeiten sollte.		
Übungsphase			
	• Arbeit an Übungsaufgaben (selbst oder durch die Lehrkraft zugewiesen) entsprechend den Kompetenzniveaus der SuS	EA/PA/GA Lernen an Stationen, Lerntheke	Schülerbücher, Arbeitsbücher, differenzierende Arbeitsblätter (Niveau, Sprache, Inhalt), Lösungsblätter, verschiedene Lernhilfen (Niveau, Anzahl, Sprache)
	Hier hilft im Alltag ein Pfeildiagramm (siehe Abbildung oben), das den einzelnen Aufgaben des Buches eine Niveaustufe zuweist. Einzelexemplare für andere Schulformen und Arbeitsbücher zur Differenzierung nach oben/unten sind ebenfalls ohne großen Aufwand integrierbar. Der Zeitpunkt und die Verwendung von Lernhilfen und Lösungen sollte durchdacht und geübt werden.		
Alternativen für die Sicherung/Stundenabschluss			
	• Besprechung eines aufgefallenen Schülerfehlers des unteren Kompetenzniveaus, um eine breite Aktivität zu ermöglichen	SV/LV/UG	Tafel, Folien, Arbeitsblätter, per Beamer dargestelltes Foto eines Schülerproduktes
	• Besprechung eines „neuen“ Beispiels aus dem unteren Bereich • Besprechung jeweils eines Beispiels aus dem unteren und oberen Bereich	UG/LV	
	• erneute Abfrage der Kompetenzen/Diagnose/ Rückmeldungen der SuS	UG/SV	Diagnosebögen, Diagnoseplakat mit Klebepunkten
	Hier liegt es an der Lehrkraft, überlegt zu entscheiden. Besonders dann, wenn im Prozess inhaltliche Schwierigkeiten aufgetreten sind, empfiehlt sich ein innermathematisches Ende der Stunde.		

8.4.2 Möglichkeiten für und Probleme bei Erarbeitungsstunden

Differenzierung in Erarbeitungsstunden gestaltet sich sicherlich noch etwas schwieriger und planungsaufwendiger in ihrer Umsetzung als in entsprechenden Übungsstunden.

Betrachtet man die oben aufgeführten Arten der Differenzierung, so wird auch hier das Hauptaugenmerk im Bereich der jeweils zu betrachtenden Lernaufgaben liegen. Im Bereich der Unterrichtsartikulation (Phaseneinteilung) ergeben sich hier jedoch die teilweise bei den Übungsstunden bereits erwähnten Problematiken oft noch stärker.

Im Extremfall ist die zu betrachtende Klasse nicht nur normal inhomogen, sondern zudem zieldifferent zu unterrichten, das heißt, sie enthält SuS mit besonderem Förderbedarf oder solche mit unterschiedlicher Kurszugehörigkeit. Das Problem, dass die Aufgabenstellungen entsprechend der SuS-Kompetenzen und die Lehrpläne und -inhalte „auseinanderlaufen", wird mit höherer Jahrgangsstufe immer komplexer. Hier offenbaren sich für die Lehrkraft für die Unterrichtsplanung gleich mehrere Fragen, und die Abkehr vom klassischen Unterrichtsdenken zeigt sich in ihrer ganzen Komplexität. Die Unterrichtsphasen, in denen alle SuS die gleiche Tätigkeit ausüben, nehmen zwangsläufig ab.

Die folgenden Abschnitte stellen die Probleme dar, die in Erarbeitungsstunden in zieldifferenten Lerngruppen innerhalb der verschiedenen Phasen hinzukommen.

Einstiegsphase

Der für die Lehrkraft einfachste Fall der Stundeneröffnung ergibt sich aus der Möglichkeit eines informierenden Einstiegs, in dem die SuS rasch mittels Visualisierungen (Tafel, Plakat, Folie, Beamer) eingeteilt werden oder sich selbst einteilen und über Verlauf der Stunde und ihre Erarbeitungsaufgabe informiert werden. Diese Einstiegsart für zieldifferente Gruppen würde aber gleichzeitig die Anzahl der spannenden, alltags- und problemorientierten Einstiege reduzieren und ist somit nur mit Bedacht zu verwenden.

Ein zweiter Ansatz besteht darin, den kontextbezogenen Einstieg mit der Hauptgruppe durchzuführen, während die kleinere Teilgruppe einen medial anders gestalteten (Folie/Buch/Arbeitsblatt) informierenden Einstieg erfährt oder sich mit Ritualen (Hausaufgaben, Wochenplan, lesen, Rechenspielen) beschäftigt.

Einer dritten Einstiegsmöglichkeit liegt der sehr soziale Gedanke zugrunde, dass in Einstiegs-, Erarbeitungs- und Sicherungsphasen alle SuS am gleichen Thema auf individuellem Niveau tätig sein sollen. Es wären somit alle SuS nützlich für den Ertrag der Lerngruppe. Hier steht die Steigerung des Selbstwert- und Gruppenzugehörigkeitsgefühls über den inhaltlichen Problemen, da Beiträge aus verschiedenen Schülergruppen von schwächeren SuS teilweise sicherlich nicht verstanden werden können.

Erarbeitungsphase

Für die Planung von Erarbeitungsphasen muss sich die Lehrkraft im Vorfeld die Frage stellen, wie es realisierbar sein könnte, dass Förderkinder oder Erweiterungs- und Grundkursschüler teilweise an unterschiedlichen Inhalten arbeiten oder dass alle irgendwie auf ihrem Niveau an der gleichen Thematik arbeiten.

Die Hauptlösung ist hierbei die Differenzierung im Aufgabenbereich sowie eine noch ausführlichere und individuelle didaktische Reduktion.

Sicherungsphase

Hier ergibt sich ein Planungsproblem, wenn die SuS zuvor zieldifferent und im Extremfall an unterschiedlichen mathematischen Inhalten gearbeitet haben. Ein zu verfolgender Grundgedanke muss auch hier sein, dass nicht alle SuS das Gleiche lernen müssen und können und somit auch nicht für alle das Gleiche gesichert werden muss. Dieser Gedanke ist eher neu und ergab sich in tradierten Unterrichtsstrukturierungen nicht, in denen bestenfalls alle auf unterschiedlichen Wegen zum gleichen Ziel kamen. Auch hier muss Unterricht und seine Struktur somit neu gedacht werden. Dass hierbei dennoch alle SuS beachtet und ihr Beitrag in irgendeiner Art wertgeschätzt werden muss, ist eine pädagogische Selbstverständlichkeit.

BEISPIEL: STRUKTURIERUNGSHILFE FÜR DIFFERENZIERENDE ERARBEITUNGSSTUNDEN

Phase	Aktionsmöglichkeiten, Alternativen	mögliche Sozialformen, Methoden	mögliche Medien
Einstieg, Alternative 1			
	• problemorientierter, motivierender Einstieg aus der Schülerrealität für alle SuS	LV, UG, EA	Folien, Realien, Tafelbilder, Cartoons
	Bei zieldifferenten Gruppen wäre eine Möglichkeit, zwei verschiedene Probleme zu wählen, dies ist aber zeitaufwendig und daher oft unrealistisch. Alternativ können zieldifferente SuS an „Teilproblemen“ arbeiten, die thematisch zum problemorientierten Einstieg der „Hauptgruppe“ passen, oder am Wochenplan arbeiten.		

Phase	Aktionsmöglichkeiten, Alternativen	mögliche Sozialformen, Methoden	mögliche Medien
Einstieg, Alternative 2			
	• informierender Einstieg	LV	Folien, Realien, Tafelbilder, Cartoons
	Ist ohne Weiteres kein spannender Kontext für die SuS aufbaubar, ist der informierende, gut moderierte Einstieg eine Alternative. Dies ist gelegentlich bei der Einführung von Rechenregeln der Fall. Ebenso gewinnt dieser wieder an Bedeutung in zieldifferenten Lerngruppen.		
Einstieg, Alternative 3			❸
	• Einstieg über offene Aufgaben zur Problemgewinnung/Gewinnung von Fragen • Die SuS verbalisieren verschiedene Fragen, die der Lerngegenstand mit sich bringt (vgl. Kapitel 7.1 zum Thema offene Aufgaben).	LV, EA, UG	
	Hier ist eine hohe Moderationsfähigkeit von der Lehrkraft gefordert. Zudem muss der Überblick über die Fragen und die dadurch gewonnenen Schülerrechnungen (schnelle Niveaueinschätzung durch die Lehrkraft) und -ergebnisse überdacht werden können. Besonders anspruchsvoll sind bei diesem Vorgehen die Einstiegs- und Sicherungsphasen. Eine Differenzierung kann dann über eine Aufgabenzuweisung und Hilfekarten realisiert werden.		
Erarbeitungsphase, Alternative 1			❸
	• Erarbeitung des gleichen Inhalts durch alle SuS	EA, PA, GA	Buch, Arbeitsblatt usw.
	Differenzierung über Arbeitsblätter (z. B. sehr geleitet bis offen), Hilfen, Lösungsansätze, sprachliche Differenzierung über die Aufgabenstellung, Darstellungsformvariation (Graph, Lerntext, Tabelle usw.). Differenzierung über die Sozialform.		
Erarbeitungsphase, Alternative 2			
	• Erarbeitung unterschiedlicher Inhalte durch die SuS (teilweise in Kursen ohne äußere Differenzierung notwendig)	EA, PA, GA	Buch, Arbeitsblatt usw.
	Differenzierung über Arbeitsblätter, ausgelegte Einzelbücher, Lösungsansätze, Lösungen, Sozialform.		
Sicherung/Abschluss/Rückgriff auf den Einstieg			
	• Rückkehr und gemeinsame Klärung, wenn alle SuS den gleichen Inhalt (differenziert) erarbeitet und ein Einstiegsproblem gelöst haben	SV, LV, UG	Tafel, Beamer, Folien
	Es empfiehlt sich, sollte die Zeit es ermöglichen, Schülervorträge verschiedener „Kompetenzstärken" präsentieren zu lassen. Eine Alternative ist das Abwechseln oder das teilweise Einsammeln oder Verschieben in die Folgestunde, um Lernerfolg, Diagnose und nicht zuletzt die Würdigung der SuS zu realisieren. Ein Galeriegang oder Gruppenpuzzle ist möglich, der Zeitaufwand dafür jedoch in 45 Minuten meist zu hoch.		

Phase	Aktionsmöglichkeiten, Alternativen	mögliche Sozialformen, Methoden	mögliche Medien
Sicherung/Abschluss/Rückgriff auf den Einstieg, Alternativen			❸
	• Sicherung der unterschiedlichen Inhalte, an denen die SuS gearbeitet haben Alternativen: • nur die „schwächeren" SuS präsentieren • nur die „stärkeren" SuS präsentieren • beide Gruppen präsentieren (oft nicht realisierbar) • die Lehrkraft präsentiert Lösungen, um den Prozess zu beschleunigen • ein Transferproblem, das Kompetenzen für beide Gruppen beinhaltet, wird besprochen (hohe Planungskompetenz und Aufgabenanalysekompetenz der Lehrkraft erforderlich)	SV, LV, UG	Schülerhefte, Tafel, Folien
	Dies stellt auch für erfahrene LuL eine spannende und niveauvolle Situation dar, die im Einzelfall überlegt entschieden werden muss. Lösungshilfen und zum rechten Zeitpunkt ausgelegte Lösungen sind praktisch unentbehrlich. Alternativen: • Die „schwächeren" SuS präsentieren ihren Inhalt, da die stärkeren SuS dem folgen können. • Einzelne Gruppenergebnisse werden eingesammelt. • Eine Gruppe bekommt die Lösung ausgehändigt, vergleicht zu Hause und beginnt damit die Folgestunde (abwechselnd). • Eine Gruppe präsentiert nur vor einem Teil der Lerngruppe, während der andere weiterarbeitet (Nachteil: kein gemeinsames Ende).		

8.5 Ein Beispiel aus einer integrativen Lerngruppe

Integrieren Sie differenzierte Lernziele und Kompetenzen.

Das folgende Beispiel bezieht sich auf die Unterrichtsmöglichkeit, bei der die Lehrkraft versucht, ein mathematisches Thema (hier: Oberfläche eines Quaders) mit einer Lerngruppe zu behandeln, in der SuS mit Förderbedarf integriert sind. Um thematisch nicht komplett zu differenzieren und allen SuS das Gefühl zu geben, am Unterricht teilzunehmen, sollen alle SuS im Rahmen ihrer Möglichkeiten am gleichen Oberthema arbeiten. Bei seiner Planung muss sich der Lehrer somit konkretisieren, welche Kompetenzen, Inhalte und Aufgabenformate von allen SuS bearbeitet werden können und wo eine Differenzierung notwendig ist. Die Differenzierung im inklusiven Unterricht basiert unter anderem auch auf der Analyse der Lernausgangslage (vgl. auch Kapitel 1.2.1).

BEISPIEL: DIFFERENZIERENDE LERNZIELE

<table>
<tr><td colspan="2">Oberthema: Die Oberfläche des Quaders, Jahrgang 6</td></tr>
<tr><td>Teillernziele der Hauptgruppe:
Die SuS sollen …
• die Teilflächen als Rechtecke identifizieren, die entsprechenden Maße messen und richtig in das Quadernetz übertragen.
• die Teilflächeninhalte berechnen, indem sie die korrekten Werte multiplizieren.
• die Oberfläche bestimmen, indem sie die Teilfächen addieren.
• den Umgang mit Messinstrumenten trainieren, indem sie reale Modelle mit dem Lineal ausmessen.

Ihre Fähigkeiten im Bereich des Präsentierens trainieren, indem sie ihre Gruppenergebnisse im Plenum vorstellen.</td><td>Teillernziele der drei Förderkinder:
(Förderschwerpunkt lernen)
Für Florian und Mike:
Die SuS erhalten reduziertes Material (vereinfachtes Zahlenmaterial und ein sprachlich reduziertes Arbeitsblatt) und einen Quader, auf dem die einzelnen Rechteckflächen eingefärbt und abnehmbar sind. Zusätzlich sind die Seiten mit Fragen beschriftet und eine Beispielrechnung auf ihrem Arbeitsblatt.
Sie berechnen jeweils nur 2, nach Farben zugeordnete Teilflächen.
Für Sabrina:
Sabrinas Teilflächen sind zusätzlich noch mit Einheitsquadraten parkettiert.
Daraus ergibt sich:</td></tr>
<tr><td>Fakultative Teillernziele für die Hauptgruppe:
Die SuS sollen
• eine Formel für die Oberfläche des Quaders aufstellen, indem sie mithilfe des teilweise mit Variablen beschrifteten Quadernetzes (Zusatzmaterial) einen entsprechenden Term aufstellen.</td><td>Teillernziele der Förderkinder:
Die SuS sollen
• die Teilflächeninhalte berechnen, indem sie die korrekten Werte multiplizieren;
• die Teilflächen als Rechtecke identifizieren;
• ihre Ergebnisse im Plenum präsentieren;
• den Umgang mit Messinstrumenten trainieren, indem sie reale Modelle mit dem Lineal ausmessen.
• fakultativ: die Oberfläche berechnen, indem sie ihre Teilergebnisse in der Gruppe addieren (mit Taschenrechner, sonst ist dieses schwer zu erreichen)</td></tr>
</table>

Möglicher gemeinsamer Einstieg

Wie oben dargelegt, ist in einem derart angelegten Unterricht ein problemorientierter Einstieg oder ein innermathematischer Einstieg für alle SuS ebenso wie eine gemeinsame Sicherung nicht immer so einfach zu konstruieren, wie dies in einer „normalen Lerngruppe mit herkömmlicher Heterogenität" ohne Inklusionsschüler der Fall ist. Hier ist dies jedoch recht einfach realisierbar (siehe Abb. auf S. 129).

Im Einklang mit dem Prinzip des Gebrauchswerts steht im inklusiven Unterricht die Notwendigkeit nach maximaler Transparenz zu Beginn des Unterrichts. Die Lehrkraft sollte hier also stets den konkreten Alltagsnutzen und den Stundenverlauf verdeutlichen. Zudem bietet es sich im inklusiven Unterricht an, das mithilfe geeigneter Karten oder Bilder an der Tafel visuell zu verdeutlichen.

Problemorientierter Einstieg zum Thema „Oberfläche eines Quaders“

Differenzierung in der Erarbeitung

Möglichkeiten für die Hauptgruppe:

- qualitative/quantitative Differenzierung über eine Zusatzaufgabe, die sich mit der Aufstellung der Oberflächenformel beschäftigt
- eventuell Berechnung des Verschnitts
- andere Zahlenwerte (Dezimalbrüche)

Möglichkeiten für die SuS mit Förderbedarf:

- Differenzierung über sprachliche Reduktion
- Differenzierung über zusätzliche und anders gestaltete Zeichnungen (keine eigene Produktion gefordert)
- zusätzlich Hilfen (eventuell Taschenrechner)
- Differenzierung über Inhalte (keine Formelaufstellung oder vollständige Berechnung gefordert)

Mögliches gemeinsames Stundenende

Im Regelunterricht bestünde das typische Stundenende aus einem klassischen Rückgriff auf den Einstieg, den man möglichst bei einer problemorientiert angelegten Stunde zu realisieren versucht. Im integrativen Unterricht kommt hier die Problematik hinzu, die zieldifferenten Kinder zu integrieren. Falls möglich, ist ein gemeinsames Stundenende empfehlenswert.

Beginnt die Lehrkraft mit den Ergebnissen der schwächsten SuS, könnten diese ihre Teilergebnisse einbringen. So könnten die von ihnen berechneten Teilflächen, die sie zuvor am realen Quadermodell abgenommen haben, nun in ein Quadernetz an der Tafel ge-

HINWEIS
Download-Material: Übung zur Formulierung von differenzierten Lernzielen und differenzierendem Stundenaufbau

klebt werden. Anschließend könnte die Lehrkraft oder die zielgleichen SuS mithilfe des Netzes die Berechnung der Gesamtfläche und eventuell das Aufstellen der Formel erläutern.

8.6 Differenzierung für jeden Tag

An Differenzierung für den Alltag ist unter anderem der Anspruch zu stellen, dass sie vom Planenden schnell, im Idealfall mithilfe des Schulbuches, einsetzbar ist. Die neue Schulbuchgeneration liefert Ansätze, diese gehen jedoch in ihrem Angebot oft nicht weit genug, sodass LuL „nachlegen" und weitere Aufgaben finden oder erstellen müssen. Ein gemeinsames Schulbuch für alle SuS kann es aufgrund der Komplexität der Materie auch in Zukunft niemals geben.

Im Folgenden wird beispielhaft dargestellt, wie man die gegebenen Aufgaben mit einfachen Mittel variieren kann, ohne stets einen großen Bücherberg zu bewegen oder Kopierfluten zu verursachen.

Beispiel

In der Vorstunde wurden die ersten Terme mit Variablen über die Umfänge verschiedener Figuren eingeführt. Nun ist klar, dass bereits an dieser Stelle ein Teil der Lerngruppe noch auf diesem Niveau verharrt, die Lehrkraft also für diesen Schülerteil lediglich weitere Beispiele mit modifizierten Figuren und anderen Variablen an die Tafel schreiben kann.

Ein Blick in die Übersicht in Kapitel 8.3 gibt einen schnellen Überblick über Mittel der Differenzierung, aus denen der Lehrer wählen kann, es bietet sich hier Folgendes an:

- **Variation in der Anzahl** (trivial)
- **Differenzierung im Aufgabenniveau:** Alle SuS stellen Terme zu Figuren unterschiedlicher Komplexität auf, auch Körper werden integriert.
- **Darstellungsform und Gegenstände:** Einzelne SuS könnten Kantenmodelle oder Bilder erhalten.
- **Sprachliche Differenzierungsmittel:** „Schreibe eine Geschichte/ein Aufgabenbeispiel zu folgendem Term: $2x + 4y = 20$"; Zuordnungsaufgaben: „Ordne angegebene Sätze und n Terme einander zu" (siehe auch Kapitel 14).
- **Umkehrung der Aufgabe/Öffnung der Aufgabe:** Während SuS auf Grundniveau Terme zu diversen Figuren aufstellen, zeichnen andere SuS Figuren zu vorgegebenen Termen.

- **Sozialform/Methode:** Denkbar ist alles, bis hin zur Freistellung der Sozialform, da Sitznachbarn unterschiedliche Aufgaben bearbeiten könnten oder ein Lerntempoduett. Einzelne SuS können in EA oder PA arbeiten, während andere in GA arbeiten.

8.7 Typische Planungsfehler in Prüfungsstunden

Die Lerngruppe enthält zieldifferente SuS, diese bekommen oft jedoch keine wie auch immer geartete individuelle Aufgabenstellung. In Entwürfen wird die inhaltliche Differenzierung für die Förderschüler oft als nicht notwendig eingestuft. Gehen Sie davon aus, dass eine Prüfungskommission dies dann auch überprüft!

Der Differenzierung liegt manchmal keine gründliche Kompetenzanalyse und Lernausgangslagenbestimmung der SuS zugrunde, woraus sich oft Folgendes ergibt:

- Schwächere SuS scheitern bereits zu Beginn.
- Leistungsträger werden vergessen, sind gelangweilt und zu schnell fertig.
- Differenzierungsmöglichkeiten im Bereich der Sprache werden vergessen oder nicht ausgeschöpft.
- Verschiedene Darstellungsformen (Graph, Tabelle, Funktion, Bilder, Diagramme, Texte usw.) werden nicht integriert und somit eine triviale Differenzierungsmöglichkeit und eines der didaktischen Grundprinzipien des Mathematikunterrichts vergessen.

FRAGEN ZUM WEITERDENKEN FÜR DIE SEMINARARBEIT ODER DAS HEIMSTUDIUM

- Klären Sie für sich die Inhomogenität Ihrer Lerngruppe, indem Sie ein Kompetenzraster für Ihre aktuelle Einheit erstellen (vgl. Kapitel 7) und Ihre SuS mit dessen Hilfe verorten.
- Erstellen Sie einen Selbstdiagnosebogen für Ihre SuS, um deren Differenzierungsbedarf aus Schülersicht zu erfassen.
- Welche Differenzierungsansätze lassen sich für Sie ohne größeren Mehraufwand bereits zeitnah umsetzen?
- Überlegen Sie sich für Ihre nächste Unterrichtsstunde eine Differenzierungsmöglichkeit und orientieren Sie sich dabei an den angegebenen Differenzierungsmöglichkeiten.

1
2
3

Die Kompetenz, einen guten Lehrervortrag zu halten, ein gutes Unterrichtsgespräch zu moderieren und die SAMBA-Kriterien umzusetzen, stufe ich als eine der höchsten Lehrerkompetenzen ein, die häufig erst gegen Ende der Ausbildung umgesetzt werden kann. Sie muss jedoch von Beginn der Ausbildung an stetig geübt und optimiert werden.

9.2 Wann ist ein Lehrervortrag didaktisch sinnvoll zu integrieren?

Ein Lehrervortrag lässt sich zu allen Unterrichtsphasen didaktisch sinnvoll legitimieren, da jederzeit Situationen denkbar sind, die ihn erforderlich machen.

Beispielanlass: Ein Lehrervortrag ist sinnvoll, wenn etwas von SuS nur schwer entdeckt werden oder nur mithilfe eines schwierigen Lerntextes eingeführt werden kann. Beispiel: Einführung des Baumdiagramms.
Mögliche Legitimationen:
- Es steht zu wenig Zeit zur Verfügung.
- Wiederholungen von Schreibweisen und Umformungen.
- Die einzige Alternative, wenn ein Sachverhalt nicht entdeckt werden kann, ist ein Lerntext, und dieser wäre eventuell für die konkrete Lernklasse (beispielsweise an Hauptschulen) unangemessen.

Beispielanlass: Im lebendigen Erarbeitungsprozess ist ein stockender Moment aufgetreten, das heißt, die SuS würden ohne ein Einschreiten der Lehrkraft nur schwer vorankommen oder sogar ganz dabei scheitern. Dies resultiert in der Regel aus einer falsch analysierten Lernausgangslage oder einer ungeschickten Aufgabenstellung.
Mögliche Legitimationen:
- Ein solcher Lehrervortrag ist in der Regel spontan, kann jedoch auch als didaktische Reserve angedacht werden und ist meistens in diesem Falle die richtige Entscheidung. Die Konzentration aller SuS auf die Lehrperson und eventuell eine kleine Erklärung an der Tafel oder auf Folie rettet häufig den stockenden Erarbeitungsprozess.

Beispielanlass: Die SuS präsentieren ihre Ergebnisse oder den von ihnen gefundenen Merksatz. Die Lehrkraft legt im Anschluss daran im Lehrervortrag den „Fokus auf die relevanten Punkte“: Dies können Fehler aber auch einschränkende Bedingungen, weiterführendes Denken oder Gegen- und Ausnahmebeispiele sein, die von SuS so nicht erwartet werden können.

Mögliche Legitimationen:

- Die SuS sind mit dem Notieren ihrer Präsentationsergebnisse nicht fertig geworden.
- Die Ergebnisse sind fehlerhaft und eine gemeinsame Analyse der Fehler oder Ableitung eines Gesetzes, was durchaus didaktisch fruchtbar und empfehlenswert ist, kann aus Zeitmangel nicht erfolgen.

9.3 Zum guten Unterrichtsgespräch

Die Übergänge vom Lehrervortrag, also einem kurzen Vortrag ohne Zwischenfragen, einem Vortrag mit erwünschten Zwischenfragen und einem moderierten Unterrichtsgespräch sind fließend, dennoch sollen hier die wesentlichen Gütekriterien des guten Unterrichtsgesprächs kurz erwähnt werden. Der elementare Unterschied zum Vortrag besteht im Zulassen von Fragen und vor allem in den eigenen, intelligenten Fragen der LuL.

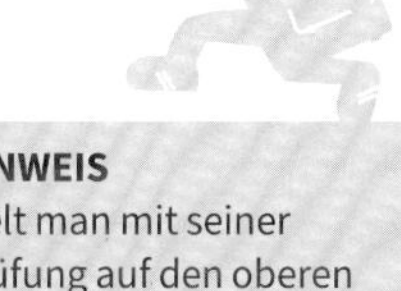

HINWEIS
Zielt man mit seiner Prüfung auf den oberen Notenbereich ab, versteht es sich von selbst, dass der Lehrer in irgendeiner Form akzentuiert, sprachliche Präsenz zeigt.

Die Mehrheit der von LuL gestellten Fragen (60 %) zielt lediglich auf das triviale Wiederholen von Fakten ab, 20 % zielen auf das „Wie“ (Methodenwahl etc.) ab. Für die zum Mitdenken anregenden Fragen, die Denkanstöße generieren oder eine Diskussion anregen, also sozusagen „intelligentere Fragen“, bleibt kein großer Raum (vgl. Hattie 2012, S. 74 f.).

Ein gut moderiertes Unterrichtsgespräch zu führen, zählt ebenso wie der Lehrervortrag zu den anspruchsvollsten Lehrerkompetenzen, was dazu führt, dass gerade Anfänger sich zu Beginn eine Vielzahl von Fluchtmöglichkeiten suchen, um solche Situationen vor allem in Unterrichtsprüfungen zu umgehen. Eine gute Gesprächsführung muss jedoch, eben wegen ihrer Komplexität, immer wieder trainiert werden.

Was genau identifiziert die intelligente Fragetechnik bzw. das gute Moderationsverhalten?

Auch für Unterrichtsgespräche gilt das SAMBA-Prinzip, wobei in diesem Falle „abbildend“ so verstanden werden kann, dass die LuL in der Lage sein müssen, Schüleräußerungen auf den Punkt zu bringen oder in für andere SuS zum Mitdenken anregende Impulse umzuformulieren (sie also auf eine andere Art der sprachlichen Darstellung abzubilden).

Für gute Unterrichtsgespräche gelten die nachfolgend dargestellten Regeln.

Intelligente Fragen stellen!

Unterrichtskommunikation ist definitiv ein spontaner Prozess, nicht jedoch für die ersten ein, zwei Fragen oder Impulse im Einstieg! Diese sollten zum Mitdenken anregen und Denkanstöße generieren.

Für Sicherungsphasen gilt dies ebenso. Hier sollten die LuL zuvor wissen, worauf genau der Fokus zu legen ist, weniger erfahrene LuL notieren sich im Prozess aufgefallene Fehler und interessante Fragestellungen von SuS. So wird aus der Trivialfrage „Habt ihr alles verstanden?“ (die nur sehr selten eine ergiebige Antwort liefert) der diskussionsanregende Impuls: „Schaut mal, was mir aufgefallen ist, nehmt bitte dazu Stellung …“

Den eigenen Redeanteil abbauen!

LuL sollten eher weniger Fragen stellen, dafür intelligentere im oben beschriebenen Sinne.

LuL sollten nicht jeden Beitrag kommentieren und das Wort weiterleiten.

LuL formulieren eventuell Schülerbeiträge um und geben das Wort wieder an dieSuS, ohne ein ständiges Lehrerecho zu integrieren, um die Diskussion zu motivieren („Habe ich dich richtig verstanden, dass …“; „Was haltet ihr von Karstens Lösungsansatz?“).

Den SuS Denkzeit geben!

Nach einer gestellten Frage sollten LuL warten (gern auch mal 20 – 30 Sekunden) und nicht, wie häufig beobachtet, nach 1, 2 Sekunden – noch bevor die SuS überhaupt anfangen können zu denken – den schnellsten Schüler oder den ersten „Reinredner“ drannehmen. In dieser Ruhezeit können LuL über ihren nächsten Hilfeimpuls nachdenken, falls die erste Frage zu wenige SuS erreicht hat.

Rahmenbedingungen anpassen!

LuL sorgen für Ruhe, ein freundliches, wertschätzendes, angstfreies Miteinander und für kommunikative Sitzordnungen. Der Umgang mit Fehlern sollte geklärt sein.

Als Moderator kann man auch mal einen Schülerplatz einnehmen oder sich am Ende des Raumes platzieren.

Chancengleichheit bei der Beteiligung fördern!

Gerade im binnendifferenzierten Mathematikunterricht und der damit verbundenen gesteigerten Inhomogenität besteht eine der großen Schwierigkeiten darin, die verschiedenen Leistungsstufen auch im Gespräch zu berücksichtigen.

In Sicherungsphasen sollte darauf geachtet werden, auch schwache SuS zu ermutigen und eventuell nicht ganz Richtiges oder schlecht Formuliertes zu artikulieren.

Haben LuL in der Erarbeitung Impulse notiert, können sie diese für die Sicherung nach Niveau einstufen, um auch Schwache zu integrieren.

FRAGEN ZUM WEITERDENKEN FÜR DIE SEMINARARBEIT ODER DAS HEIMSTUDIUM

- Planen Sie einen Lehrervortrag zu einer der unten angegebenen Thematiken. Diese wurden bewusst an innermathematischen „Unterrichtsbruchstellen" orientiert, das heißt, an diesen Stellen sind häufig erklärende, einführende oder wiederholende Lehrervorträge sinnvoll.
- Überlegen Sie sich, wie Sie bei Ihrem Vortrag die Tafel integrieren, und beachten Sie bei der Durchführung des Vortrags das SAMBA-Prinzip. (Vorbereitungszeit: 8 Minuten)
- Thematiken:
  - Brüche erweitern und kürzen
  - Proportional, antiproportional oder keins von beiden
  - Durch Summen kürzen nur die Dummen oder die Könner
  - Lineares oder exponentielles Wachstum?
  - Ordnen von Dezimalzahlen (0; 13; 0,3; 0,24; 1,3)
  - Zweistufige Zufallsversuche (zweifaches Ziehen aus einer Urne etc.)
  - Einführung der quadratischen Ergänzung
  - Lineare Funktion zeichnen
- Halten Sie den Vortrag vor Ihrem Seminar und holen Sie sich konstruktive Rückmeldung.
- Falls möglich: Bitten Sie einen Kollegen in Ihren Unterricht mit der Bitte um qualitative Rückmeldung für Ihren Vortrag oder Ihr Unterrichtsgespräch. Im Optimalfall sollte diese Übung regelmäßig absolviert werden.
- Notieren Sie einen interessanten Schülerfehler (eventuell auch einen sprachlichen Fehler). Tauschen Sie mit einem Seminarteilnehmer und halten Sie dazu spontan vor dem Seminar einen klärenden Kurzvortrag.

10 Ausgewählte Methoden für den Mathematikunterricht

Das vorliegende Kapitel stellt auf eine kompakte Art eine Auswahl an geeigneten Methoden für den Mathematikunterricht dar, beschreibt diese kurz, nennt mögliche mathematikimmanente Einsatzmöglichkeiten und integriert wichtige Hinweise in Form von didaktischen Begründungen oder möglichen Fehlern, damit die LuL diese nicht erst „nachfühlen" oder „nachentdecken" müssen. An ausgewählten Stellen werden praktische Beispiele angeboten. Dabei werden die Methoden auch kritisch beleuchtet und analysiert.

Die Auswahl der enthaltenen Methoden resultiert zum Teil aus dem Konzept eines guten Mathematikunterrichts, auf dem das Gedankengerüst des Buches ruht, nach dem SuS möglichst häufig die Gelegenheit zum eigenständigen, aktiven, Spaß bereitenden und nachentdeckenden Umgang mit Mathematik in Verbindung mit einem hohen Grad an Kommunikation über Mathematik gegeben sein sollte.

Ein weiterer, die Auswahl bestimmender Faktor liegt in der vorherrschenden Dominanz von und der Vorliebe für bestimmte Methoden, wie sie in Hunderten von Unterrichtsbesuchen und Prüfungen erkennbar geworden ist.

Ein guter Lehrer braucht einen Grundstock an verschiedenen Methoden, das sind jedoch im Allgemeinen vermutlich relativ wenige, da persönliche Vorlieben, bestimmte arbeitsmethodische Bereiche, in denen man „sich wohlfühlt", und die Vorlieben der eigenen SuS, die durch ihre Bereitschaft und Aktivität die Auswahl indirekt mitbestimmen. Maßgeblich für guten Unterricht sind zudem Faktoren, die in den Aufgaben und in der Lehrperson begründet liegen (vgl. Kapitel 15).

Wie bereits in Kapitel 1 gesagt: Die tollste, bunteste und modernste Methode, zur falschen Zeit, am falschen Inhalt oder in der falschen Lerngruppe angewendet, ist oft der Anfang des didaktischen Untergangs!

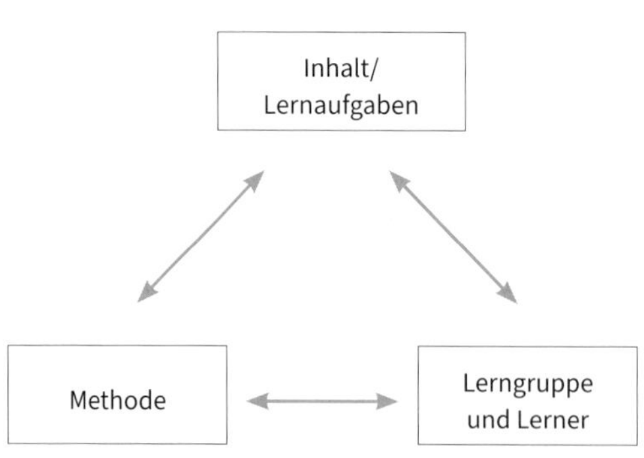

Davon unberührt bleibt die aktuelle Entwicklung und Notwendigkeit, dass im Bereich der Sprache „alte und neue" Methoden (vgl. Kapitel 14) hinzukommen und in das Bewusstsein und Handlungsrepertoire aufgenommen werden sollten.

Keine Methode muss genau in der hier oder in anderer Literatur dargestellten Form durchgeführt werden. Intelligente Variationen sind wie immer erlaubt. Modifizieren LuL eine bekannte Methode mit bekannter Struktur, ist ein begründender Hinweis im Entwurf aber nicht zu vergessen.

Achten Sie darauf, die gewählte Methode didaktisch zu begründen.

10.1 Lernen an Stationen ❸

HINWEIS
Die nebenstehende Beschreibung enthält relevante Qualitätsmerkmale an die Methode, die sie auf Prüfungsniveau sehr anspruchsvoll erscheinen lassen. Lernen an Stationen macht Differenzierung zur Pflicht!

Das Lernen an Stationen stellt eine sehr offene Unterrichtsform dar, bei der SuS in verschiedenen Sozialformen an diversen Stationen, Aufgaben oder Experimentierstellen in ihren unterschiedlichen Tempi und Niveaustufen (Differenzierung) in der Regel selbstkontrollierend arbeiten. Auch die Berücksichtigung verschiedener Lerntypen und mathematischer Darstellungsformen und Lernmedien (Bücher, Modelle, Experimentiermaterial, Arbeitsblätter, Lernsoftware usw.) ist theoretisch möglich. Die LuL und lehrerzentrierte Phasen rücken deutlich in den Hintergrund.

Grob unterscheiden lassen sich aufeinander aufbauende und voneinander relativ unabhängige Stationen oder der Aufbau in Pflicht- und Wahlstationen, um das Geschehen zeitlich und räumlich zu entzerren.

Die Methode eignet sich für:

- Erarbeitungen
- Übungen
- Systematisieren und Sichern
- Diagnose
- differenzierende Momente
- GU/inklusiver Unterricht – im Besonderen dann, wenn selbstreguliert (Tempi), selbstkontrollierend (Lösungen und Lernhilfen) differenzierend gearbeitet werden soll. Offene Formen wie das Lernen an Stationen gewinnen im GU/inklusiven Unterricht sicherlich wieder an Bedeutung, da Räume für Individualbetreuungen entstehen (vgl. Kapitel 8 zur Differenzierung).

Hinweise, Fehler, didaktische Bemerkungen:
Wenn die Methode falsch verstanden wird, lohnt sich häufig der definitiv hohe Materialaufwand und Vorbereitungsaufwand nicht. Zu beachten ist vor allem:

HINWEIS
Auch bei dieser Form der Gruppenarbeit ist eine vorgeschaltete Einzelarbeit sinnvoll!

10.4 Gruppenpuzzle ❸

Bei dieser Methode werden 2 Gruppenphasen durchgeführt. In der 1. Phase erarbeiten sich die SuS in Gruppen ihr Teilgebiet und werden somit zu Experten (Expertengruppe). In Phase 2 setzen sich die SuS so zu neuen Gruppen zusammen, dass aus jeder Expertengruppe mindestens ein Vertreter enthalten ist.

Es ist notwendig sicherzustellen, dass sich alle SuS inhaltlich mit den Aufgaben der anderen beschäftigen. Das kann zum Beispiel dadurch erreicht werden, dass auch in der 2. Phase von allen SuS Notizen gemacht werden müssen und die Hausaufgaben aus Aufgaben der verschiedenen Gruppen bestehen.

Bearbeiten alle Gruppen die gleichen Aufgaben, jedoch einen anderen Teil, der in Phase 2 zu einer Gesamtlösung beiträgt, ergibt sich dadurch schon eine positive Abhängigkeit der Gruppenmitglieder. Hier ist das Gesamtproblem so zu zerlegen, dass alle Teile notwendig sind, um die Lösung zu erlangen.

Die Methode eignet sich für:

- Erarbeitungen
- Übungen
- Argumentieren/Kommunizieren
- Gruppendiagnose (schwerer als in der normalen Gruppenarbeit)
- Systematisieren und Sichern
- differenzierende Momente: Im Vorfeld können bessere SuS und schwierigere Aufgaben von LuL zugeordnet werden. Eine zweite Möglichkeit wäre, den SuS gleiche Aufgaben in verschiedenen Darstellungsformen (Sprache, Bild, Symbolik, Graphen usw.) zu geben.

Hinweise, Fehler, didaktische Bemerkungen:

- Eine Schwierigkeit, die hier im Vergleich zur Gruppenarbeit (Kapitel 10.3) noch hinzukommt, ist der Zeitfaktor. In 45 Minuten ist die Methode nur schwer sinnvoll durchführbar. Zudem müssen die einzelnen Aufgaben ungefähr gleichschnell zu bearbeiten sein. Hierbei wird den prozessbezogenen Kompetenzen ein großer Anteil zugesprochen. Ist die Zeit zu klein bemessen oder lassen die Aufgaben diese nicht zu, wirkt die Methode unpassend.
- Erarbeitungen sind schwer zu strukturieren, da sichergestellt werden sollte, dass in der Expertenrunde (Phase 2) nicht nur Falsches präsentiert wird (eventuell Lernhilfen oder Teillösungen auslegen), auch wenn das Reden über Fehler didaktisch seine Begründung hat.

- LuL müssen die Aufgabenanzahl und Schüleranzahl abstimmen und variabel reagieren können, falls mehrere SuS abwesend sind.
- Der Stundenanfang und das Stundenende müssen besonders durchdacht werden. Eventuell wird etwas besprochen, das alle interessiert (ein interessanter Fehler oder eine Erkenntnis) oder eine Gruppe aus der einfacheren Aufgabenauswahl präsentiert etwas.
- Die Aufgaben an sich müssen hinreichend komplex und kognitiv fordernd für die konkreten SuS sein, um für die Methode infrage zu kommen.
- Die SuS müssen wissen, in welcher Gruppe sie in den Phasen 1 und 2 sein sollen. Dazu ist es hilfreich, ihnen Gruppenkarten auszuhändigen (siehe Abbildung). Die Zahl darauf steht für Phase 1, das Symbol für Phase 2. Auf den Gruppentischen sollten dann die entsprechenden Zahlen und Symbole gut sichtbar wiederzufinden sein. Die Abbildung zeigt eine mögliche Aufteilung für 29 SuS und 3 verschiedene Aufgaben. Die Aufgaben werden in Phase 1 jeweils von 2 Gruppen bearbeitet. Aufgabe 1 zum Beispiel von Gruppen 1 und 4. Die Pfeile markieren SuS, die zu Stundenbeginn fehlen könnten, ohne das Puzzle zu zerstören. Hier wären 5 Ausfälle verkraftbar.

Aufteilung für das Gruppenpuzzle

3 Aufgaben: Nr. 1 2 3

6 Gruppen: Phase 1: 1 2 3 4 5 6 Phase 2: ✚●■★▲◖

Aufgabe	Gruppenmitglieder Phase 1	Gruppenmitglieder Phase 2
Nr. 1	1✚ ⇦	1✚
(Quader)	1✚	1✚
	1●	2✚
	1●	3✚
	1■	3✚
Nr. 2	2✚	1●
(Trapez)	2● ⇦	1●
	2●	2●
	2■	2●
	2■	3●
Nr. 3	3✚	1■
(Dreiecke)	3✚	2■
	3●	2■
	3■ ⇦	3■
	3■	3■

Aufgabe	Gruppenmitglieder Phase 1	Gruppenmitglieder Phase 2
Nr. 1	4★ ⇦	4★
(Quader)	4★	4★
	4▲	5★
	4▲	6★
	4◖	6★
Nr. 2	5★	4▲
(Trapez)	5▲ ⇦	4▲
	5▲	5▲
	5◖	5▲
	5◖	6▲
Nr. 3	6★	4◖
(Dreiecke)	6★ ⇦	5◖
	6▲	5◖
	6◖	6◖

Aufteilungsplan für ein Gruppenpuzzle

BEISPIEL 1

Alle SuS bekommen den gleichen Aufgabenkopf, der das methodische Vorgehen erklärt. Die unterschiedlichen Aufgaben der Gruppen sind thematisch gleich (lineare Gleichungssysteme), jedoch niveaudifferent ausgewählt.

Einzelarbeit

1 Lies dir die Aufgabe genau durch und notiere die beiden Gleichungen in Einzelarbeit.

Gruppenarbeit

2 Vergleicht eure Lösungen in der Gruppe und korrigiert falsche Ansätze.

3 Löst die Aufgabe gemeinsam und notiert die Lösung anschließend in euren Heften. Achtet auf eine strukturierte und übersichtliche Darstellung.

4 Bereitet euch gemeinsam auf die Präsentation der Aufgabe und deren Lösung vor. Besprecht in der Gruppe die Aufgabenschwierigkeiten, die ihr später euren Mitschülern/Mitschülerinnen erklären müsst. Achtung: Jeder von euch wird die Aufgabe vorstellen müssen!

Präsentation

5 Versammelt euch in der neuen Gruppe. Ihr erklärt nun als Experte/Expertin eurer Gruppe die Aufgabe und ihren Lösungsweg. Nutzt dafür eure Mitschrift.

Aufgabe Gruppe 1

Aus einem Draht von 140 cm Länge ist ein Kantenmodell einer quadratischen Säule hergestellt worden.
Die Höhe ist um 5 cm länger als die Grundseite.
Bestimme die Kantenlänge.

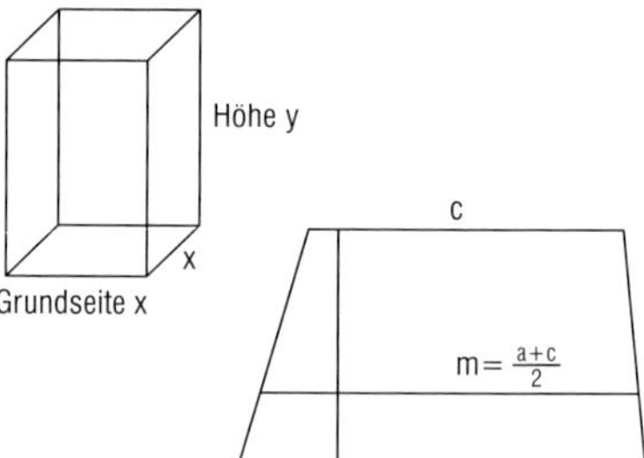

Aufgabe Gruppe 2

Die Mittellinie (m) eines Trapezes ist 12 cm lang.
Die eine der parallelen Seiten ist um 2 cm länger als die andere.
Berechne die Länge der parallelen Seiten.

Aufgabe Gruppe 3

Legt man 4 kongruente gleichschenklige Dreiecke zu einem großen Dreieck zusammen, so hat dieses einen Umfang von 46 cm.
Legt man sie zu einem Parallelogramm zusammen, beträgt der Umfang 38 cm.

Wie lang sind die Seiten des Dreiecks?

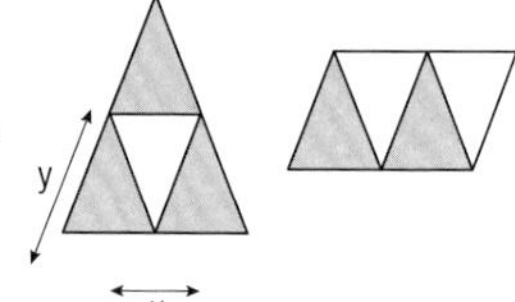

In dem Falle, dass SuS unterschiedliche Aufgaben bearbeiten und später präsentieren, muss besonders auf die Zeit geachtet werden, da sonst Phase 2 zu kurz geraten kann.

(Quellen: Aufgaben des Beispiels 1 in ihrer ursprünglichen Form entnommen aus: Aufg. Gruppe 1/2: Herlink, J. u. a.: *Erweiterungskurs Mathematik*, 2002, S. 25; Aufg. Gruppe 3: Maroska, R. u. a.: *Schnittpunkt 9, Mathematik für Realschulen*, 2008, S. 33)

BEISPIEL 2

Hierbei ist die Aufgaben so gewählt, dass die in Phase 1 erarbeiteten Teillösungen am Expertentisch der Phase 2 zu einer Gesamtlösung zusammengeführt werden.

Aufgabenbeispiel für Klasse 5, Einführung der Koordinatenschreibweise
Die SuS üben in Phase 1 das in der Vorstunde eingeführte Einzeichnen von Punkten in ein Koordinatensystem, die zu Strecken verbunden werden müssen.
In Phase 2 werden die vorgegebenen Koordinaten und die sich daraus ergebenden Strecken nach einem vorgegebenen Plan (zum Beispiel einer Nummerierung) zu einem großen Ganzen, einem motivierendem Bild oder Muster zusammengelegt.

Aufgabenbeispiel für Klasse 8: Genauere Erkundung der linearen Funktion
Die SuS untersuchen den Funktionsterm $y = m x + b$ an ihrem Gruppentisch:
Für vorgegebene Terme werden Wertetabellen ausgefüllt und Graphen gezeichnet.
In Phase 1 untersuchen die Gruppen zum Beispiel Folgendes:
Gruppe 1: Funktionsterme mit $m < 0, b = 0$ / $b \neq 0$
Gruppe 2: Funktionsterme mit $m > 0, b = 0$ / $b \neq 0$
Gruppe 3: Funktionsterme mit $m = 0, b \neq 0$
In Phase 2 stellen sich die Gruppen ihre Ergebnisse vor und leiten Erkenntnisse für m und b ab.
Diese Aufgabe ist nur schwer in 45 Minuten zu realisieren!

10.5 Think – Pair – Share ❷

APP-Möglichkeit
z. B. Classroomscreen

Ein Lerngegenstand wird zuerst in Einzelarbeit angedacht oder in Teilen gelöst, dann in Partnerarbeit besprochen und zuletzt in Gruppenarbeit oder im Plenum gelöst oder präsentiert.

Die EA soll es ermöglichen, dass sich möglichst alle SuS auf ihrem Niveau kurz mit der Thematik auseinandersetzen, bevor eine PA oder GA beginnt, und somit jeder zu einem aktiven Gruppenmitglied werden kann. Die PA unterstützt die Sicherheit des Einzelnen, kann jedoch auch, etwa aus Zeitgründen, entfallen.

Die Methode eignet sich für:

- Erarbeitungen
- Übungen
- Argumentieren/Kommunizieren
- Diagnose (mit Beobachtungsbögen, vgl. Kapitel 7)
- Differenzierung

Hinweise, Fehler, didaktische Bemerkungen:
Prinzipiell lässt sich jede Aufgabe und jeder Aufgabentyp mit dieser Methode behandeln. Jedoch ist es nur dann sinnvoll, wenn die Auf-

gabenstellung vielen SuS einen Zugang gewährt und die Beschäftigung mit der Aufgabe hinreichend viel Zeit erfordert, nicht also von einem Großteil der Klasse sofort in der EA gelöst werden kann. Hier muss es im Unterricht tradiert sein, dass die SuS wenigstens ihre Gedanken und Ansätze notieren.

Unpassend und geradezu „lernbremsend“ wirkt die Methode nach einem hochgradig motivierenden Einstieg, nachdem bereits fast alle SuS aufzeigen.

Entscheiden sich LuL dazu, in der Einzelarbeit schon differenziertes Material auszugeben, beispielsweise dieselbe Aufgabe in anderer Darstellungsform (Graph, Term, Tabelle, Text, Bild, sprachliches Niveau), wird die Durchführung komplex. Hier müssen sich die LuL dann zuvor Gedanken machen, wie viele unterschiedliche Niveaustufen sie einbauen möchten und wie sie die SuS den Aufgaben zuweisen oder ob diese das selbst tun sollen. Auch Gedanken über die Sitzordnung gehören oft dazu, falls es für die Gruppenzusammenstellung relevant ist, welche Einzelarbeit von den SuS im Vorfeld absolviert worden ist.

10.6 Selbstlerntext

Die SuS erarbeiten sich einen neuen Sachverhalt oder einen neuen Kontext mithilfe eines kurzen, lerngruppenangemessenen Textes.
Die Methode eignet sich für:

- Erarbeitungen
- Übungen
- Einzeldiagnose (mit Beobachtungs- oder Einschätzungsbögen, vgl. Kapitel 7)
- differenzierende Momente

Die eigene Produktion eines Selbstlerntextes erfordert von LuL einige Erfahrung und sensibles Formulierungsgeschick. Die Methode bietet sich zum Beispiel immer dann an, wenn die SuS sich etwas nur mithilfe eines Lehrervortrags (vgl. Kapitel 9) oder eben mithilfe eines Textes, aber nicht vollständig selbständig erarbeiten könnten. Beispiele:

- Baumdiagramme
- Pfadregel
- Koordinatenschreibweise

Fehler, Hinweise, didaktische Bemerkungen:
Im Zeitalter der notwendigen Sprachförderung im Mathematikunterricht (vgl. Kapitel 14) wird diese Methode sicherlich wieder an Bedeutung gewinnen. Dennoch ist eine Klasse schnell damit über-

fordert, sich selbst etwas zu „erlesen", woraus man nicht folgern darf, dies im Unterricht nicht zu üben. LuL müssen überlegen, wie sie mit voraussichtlichem Scheitern weiterarbeiten (UG, LV usw).

Bedient man dazu noch mehrere Niveaus, werden also zum Beispiel verschiedene Texte zur gleichen Thematik angeboten, ist die Methode sehr anspruchsvoll für LuL und SuS. Um Texte auf verschiedenen Niveaustufen zu formulieren, variieren LuL unter anderem die verwendete Fachsprache, Satzlänge, Textlänge oder die integrierten Beispiele, Aufgaben- und Darstellungsformen (vgl. Kapitel 14).

BEISPIEL: SELBSTLERNTEXT

Hier siehst du ein „Quadratgitter" mit dem Punkt P(2/4). Die neue Punktschreibweise (Koordinate) gibt uns an, wie weit wir vom Nullpunkt aus nach rechts und dann nach oben „gehen" müssen.
Also:

P(2/4)

erst 2 nach rechts, dann 4 nach oben.

Alles klar? Dann zeichne nun die Punkte A(4/2) und B(1/2) in das obige Quadratgitter ein und vergleiche anschließend mit deinem Partner.

10.7 Erarbeitungstabelle ❶

SuS können sicht oft Inhalte nicht vollständig selbstgesteuert bzw. offen erarbeiten. Der Inhalt (Messergebnisse, Rechenergebnisse, Notationen, Vereinfachungen, Lösungsschritte) wird bei dieser Methode so in Tabellen übersetzt, dass es den SuS durch die optische Strukturierung leichter fällt, die erwarteten Erkenntnisse zu gewinnen.
Die Methode eignet sich für:

- Erarbeitungen
- Übungen
- Systematisieren und Sichern
- Begriffslernen: Erarbeitung und Festigung von Begriffen
- Diagnose
- differenzierende Momente (unterschiedliche Angaben oder Beschriftungen in den Tabellen)
- GU/inklusiver Unterricht

HINWEIS
Das Niveau kann nach der Erarbeitung im Übertragen und in der Differenzierung angehoben werden.

Fehler, Hinweise, didaktische Bemerkungen:
Je nach Gestaltung der Tabelle und der vorgegebenen Inhalte nimmt man einer Aufgabe einen Teil der Offenheit und das damit verbundene Niveau bzw. den Schwierigkeitsgrad für die SuS. Die Tabelle muss der Lehrer daher sorgfältig an seine SuS anpassen. In kleinen Modifikationen der Tabelle finden sich schnell Differenzierungsmöglichkeiten.

BEISPIEL: ERARBEITUNGSTABELLE 1 – BESTIMMUNG VON Π

Körpername	**Durchmesser (d in cm)**	**Umfang (u in cm)**	**u / d**
Farbdeckel	6 cm	19,8 cm	3,3 cm
Marmeladendeckel	8,3 cm	26,6 cm	3,20 cm
...			
...			
...			
...			
...			
...			
...			
...			

Was fällt euch auf?

BEISPIEL: ERARBEITUNGSTABELLE 2 ALS OPTISCHE STRUKTURIERUNGSHILFE (AUS DER SEMINARARBEIT)

Das folgende Beispiel ist sprachlich und inhaltlich eher komplex, daher ist ein hohes Kursniveau erforderlich und eine 60-Minuten-Stunde.

Auf einem Bauernhof gibt es Hühner und Schafe. Zusammen hat der Bauer Abraham 12 Tiere. Am Abend möchte er wissen, ob alle Tiere im Stall sind. „So ein Mist!" – seine Schlüssel sind verschwunden und seine Frau Elisabeth hat den Stall schon abgeschlossen. Allerdings ist unter der Tür ein kleiner Spalt, sodass er darunter die Beine der Tiere sehen kann.

Er zählt alle Beine zusammen, es sind 34. Woher kann er jetzt wissen, ob alle 12 Tiere im Stall sind? – Bauer Abraham fragt seine Frau Elisabeth, ob sie ihm helfen kann. „Na das ist doch ganz klar", meint sie und stellt eine Rechnung auf: Also, wir haben 12 Tiere, Schafe und Hühner. Nennen wir die Schafe x und die Hühner y.

Dann ist $x + y = 12$

Schafe haben 4 Beine und Hühner 2 Beine, aber zusammen sind es 34 Beine.

Dann sind $4x + 2y = 34$

Also schreiben wir 2 Gleichungen untereinander:

$x + \ y = 12$

$4x + 2y = 34$

Als Nächstes schaust du dir die Faktoren x und y an, und überlegst, ob x oder y wegfallen soll.

In unserem Beispiel nehmen wir x!

Das bedeutet die Faktoren vor dem x müssen gleich sein, also multiplizieren wir die erste Gleichung mit 4 und erhalten:

(1) $4x + 4y = 48$

(2) $4x + 2y = 34$

Da beide Faktoren vor dem x gleich sind, ziehen wir von der ersten Gleichung die zweite ab.

(1) $\ 4x + 4y = 48$

(2) $-4x - 2y = 34$

____

$2y = 14$

$y = 7$

Jetzt wird die Gleichung nach y aufgelöst. In unserem Fall ist $y = 7$.

„Oh", ruft Bauer Abraham, „das hört sich gar nicht so schwer an. Nun weiß ich, dass ich 7 Hühner habe. Dann müssten ja noch 5 Schafe im Stall sein! Wie kann ich das noch überprüfen?" Seine Frau hilft ihm weiter und sagt: „Setze die 7 in die erste Gleichung und löse sie auf."

$x + 7 = 12$

$x = 12 - 7$

$x - 5$

„Super", freut sich Bauer Abraham, „jetzt wissen wir, dass alle Tiere im Stall sind.

Es sind 7 Hühner und 5 Schafe."

Aufgabe:

Setze die Informationen von Bauer Abraham in das untenstehende Schema ein! Fülle auch die Lücken aus. Du kannst die Begriffe im Kasten verwenden – Achtung: Es passt nicht jeder Begriff!

Lösungsschritt	Beispiel
Stelle zwei Gleichungen auf und bilde ein Gleichungssystem. Achte darauf, dass x unter ______________ und y unter ______________ steht.	(1) $x + y = 12$ (2) $4x + 2y = 34$
______________ die Gleichungen so, dass entweder die Faktoren vor dem x oder y gleich sind. Achte darauf, die Gleichung zu multiplizieren.	(1) $x + y = 12$ $/ \cdot 4$ (2) $4x + 2y = 34$
Jetzt wird die 2. Gleichung von der 1. Gleichung ______________ .	(1) $4x + 4y = 48$ (2) $4x + 2y = 34$
So erhältst du eine Gleichung mit nur ______________ Variablen. Diese kannst du durch ______________ x oder y auflösen.	$2y = 14$ $/ \div 2$ $y = 7$
Anschließend musst du das Ergebnis in eine der beiden oberen Gleichungen einsetzen und so umformen, dass du das Ergebnis für die zweite ______________ erhältst.	$x + 7 = 12$ $/ -7$ $x = 5$
Nun hast du das lineare Gleichungssystem ______________ .	$x = 5$ $y = 7$

10.8 Wochenplan ❶

Die SuS bearbeiten Übungsaufgaben (eventuell auch die Hausaufgaben) über die Woche verteilt in vorgegebenen Zeitfenstern im Unterricht und/oder daheim. Im Unterricht liegen eventuell Lernhilfen oder Lösungen aus. Auch neue Sachverhalte könnten erarbeitet werden, was jedoch schwieriger umzusetzen ist (Lernhilfen, Kontrollblätter, Lösungen, Passung an die Lerngruppe).

Die Methode eignet sich für:

- Erarbeitungen
- Übungen
- Systematisieren und Sichern
- Diagnose
- GU/inklusiver Unterricht: Diese Methode wird im integrativen Unterricht mit extrem heterogenen Gruppen ebenso wie andere offenere Lernformen (Lerntheke usw.) an Bedeutung gewinnen. Der Vorteil liegt im Wechsel der Lehrerrolle, da LuL mehr Zeit für Individualgespräche und Beobachtungen erhalten.

Fehler, Hinweise, didaktische Bemerkungen:

- Ein Wochenplan ist schnell konzipiert und an das verwendete Lehrwerk angepasst. Hier sollten Synergieeffekte genutzt werden, indem der Wochenplan das Buch möglichst häufig nutzt und auf entsprechende Aufgaben verweist.
- Die Auswahl der Aufgaben kann niveaudifferent erfolgen, sodass es möglich wäre, bestimmten Schülergruppen ausgewählte Aufgaben zuzuweisen oder ihnen teilweise die Wahl auf den gekennzeichneten Niveaustufen lässt.
- Wichtig ist das inhaltlich und chronologisch vorausdenkende Planen der LuL in Wocheneinheiten.
- Es hilft den SuS, wenn auf dem Plan deutlich wird, welche Aufgaben ab welchem Tag gelöst werden könnten.

10.9 Gestufte Hilfen ❶

Die SuS erhalten zu ihren Aufgaben gestufte Hilfen (von Ansätzen, zusätzlichen Skizzen, Tipps bis hin zur „Fast-Lösung"), die sie in bestimmter Reihenfolge bekommen oder sich holen.

APP-Möglichkeit
z. B. QR-Code-Generator, qr-lernhilfen.de

Die Methode eignet sich für:

- Erarbeitungen
- Übungen
- Diagnose (Beobachtungsbögen, Wer braucht welche Hilfe?)
- differenzierende Momente (kombinierbar mit allen Sozialformen, zum Beispiel können einzelnen Gruppentischen unterschiedliche Hilfen und Darstellungsformen angeboten werden)
- GU/inklusiver Unterricht

Fehler, Hinweise, didaktische Bemerkungen:

- LuL müssen darauf achten, die Hilfen nicht zu früh freizugeben oder auszulegen, also bei einer Erarbeitung erst nach dem eigenen Denken und Austausch der SuS – ein häufig beobachtbares Problem in Unterrichtsprüfungen, das den SuS die „Chance" auf Fehler nimmt. Im Alltag sind schnell ein, zwei Ansätze und Tipps auf die Fensterbank gelegt, die LuL sogar während einer Einzelarbeit notieren können. Für SuS im GU-/inklusiven Unterricht bzw. für differenzierende Formen sollten diese natürlich genauer durchdacht sein.
- Die Aufgaben müssen hinreichend komplex und kognitiv ansprechend sein.

BEISPIEL: GESTUFTE HILFEN – GEOMETRIE KLASSE 8, HAUS DER VIERECKE

Die SuS sollen im Rahmen einer Doppelstunde mithilfe eines verschiebbaren Klicksystems 8 verschiedene Vierecke (Quadrat, Rechteck, Raute, Parallelogramm, Drachen, symmetrisches und unsymmetrisches Trapez, Viereck) finden, benennen, skizzieren und anschließend auf ihre Eigenschaften untersuchen.		
Hilfe 1: Zeigt eine Auswahl von Vierecken, die vermutlich nicht gefunden werden (Raute, Trapez, Drachen usw.).	**Hilfe 2:** Eine Skizze mit farblich eingezeichneten Diagonalen, Winkeln und Fragezeichen usw.	**Hilfe 3:** Konkrete Fragen nach Eigenschaften: Seitenlängen, Seitenlage, Winkel usw.

10.10 Steckbrief ❶

Die SuS erarbeiten und sammeln auf einer Art Steckbrief, einem Arbeitsblatt oder im Heft mathematische Eigenschaften (zum Beispiel einer Funktion, eines Körpers oder einer Figur), um den konkreten Begriff auszuschärfen oder sich einer Definition anzunähern. Die fertigen Steckbriefe können anschließend im Plenum oder in den Gruppen diskutiert werden.

Die Methode eignet sich für:

- Erarbeitungen
- Übungen
- Systematisieren und Sichern
- Begriffslernen: Ausschärfung eines mathematischen Begriffes
- Argumentieren/Kommunizieren
- Präsentationen und Diskussionen
- Diagnose (Steckbrief könnte zur Diagnose ohne Bewertung eingesammelt werden)
- differenzierende Momente (unterschiedlich gestaltete Steckbriefe könnten ausgegeben werden)
- GU/inklusiver Unterricht (bedingt, mit vielen Vorgaben)

Fehler, Hinweise, didaktische Bemerkungen:

- Die Herstellung eines Steckbriefes macht SuS in der Regel Spaß und wird teilweise von ihnen auch kreativ in der Gestaltung erweitert.
- Den LuL muss zuvor klar sein, dass die Offenheit bzw. die Vorgaben des Steckbriefes an die Lerngruppe angepasst sein muss. Bei zu großer Offenheit, ungünstigen Hilfen oder einem zu komplexen Untersuchungsgegenstand kann die Methode scheitern und die Füllung der SuS sehr mager ausfallen.
- Der Steckbrief kann gut zur Herausarbeitung von Eigenschaften und mathematischen Begriffen eingesetzt werden. Ein gu-

tes Einsatzbeispiel ist das Haus der Vierecke (siehe Kasten; vgl. das Beispiel zu den gestuften Hilfen). Die gefundenen Eigenschaften der Vierecke können nun mit der Steckbrief-Methode gesammelt und strukturiert werden.

BEISPIEL: STECKBRIEF HAUS DER VIERECKE

Steckbrief	Name unseres Vierecks: ______________
Skizze:	
Eigenschaften	
Symmetrie:	
Diagonalen:	
Seiten:	
Winkel:	

10.11 Lernplakat ❶

Die SuS erarbeiten einen neuen Sachverhalt oder eine komplexe Übungsaufgabe und stellen ihre Ergebnisse auf einem Plakat dar. Es wird anschließend präsentiert und kann als Gedächtnisstütze im Raum verbleiben.

Die Methode eignet sich für:

- Erarbeitungen
- Übungen
- Systematisieren und Sicherung
- Kommunikation
- Begriffslernen: Ausschärfung eines mathematischen Begriffes
- Präsentationen
- Diagnose (Plakat könnte zur Diagnose ohne Bewertung eingesammelt werden)
- differenzierende Momente (unterschiedliche Inhalte und Aufgaben können dargestellt werden)
- GU/inklusiver Unterricht (bedingt, mit vielen konkreten Vorgaben)

HINWEIS
Ein typischer Planungsfehler besteht darin, dass ein Großteil der Lernzeit lediglich für die Erstellung der Plakate verwendet wird und für den eigentlichen Lernprozess zu wenig Zeit bleibt. Gleichzeitig geht häufig die Schülerbeteiligung stark herunter.

Fehler, Hinweise, didaktische Bemerkungen:

- Bei einem Lernplakat muss vor allem bedacht werden, dass SuS zur Erstellung sehr viel Zeit benötigen, sodass in der Regel 45 Minuten nicht ausreichen, vor allem zusammen mit den zu erarbeitenden Inhalten oder Übungen.

APP-Möglichkeit
z. B. Padlet

- Soll das Plakat nicht einfach ein Raumschmuck, ein „Erinnerungsplakat“ oder eine riesige Formelsammlung darstellen, ist unter anderem Folgendes zu beachten:
  - Die Aufgaben müssen hinreichend große, dem Lernplakat angemessene Ergebnismengen oder Rechenwege (Interpretation, Text, Bilder) bieten. Dieses sind in der Regel Aufgaben, die die SuS kognitiv fordern und von ihnen nicht schnell zu lösen sind, zum Beispiel offene Aufgaben (vgl. Kapitel 12.2).
  - Tipp für zeitlich enge Prüfungsstunden: Gestalten Sie das Plakat vor, etwa mit Platz für eine Skizze, Linien für Text, Unterüberschriften. So wird Zeit gespart und die Übersichtlichkeit gesteuert!

10.12 Museumsgang ❸

Die SuS erarbeiten in Phase 1 Aufgaben in gruppenheterogener Arbeit und visualisieren ihre Ergebnisse auf Lernplakaten. In Phase 2 werden die Gruppen neu gemischt, sodass von jeder Aufgabe und Gruppe mindestens ein Mitglied vertreten ist.

Nun stehen die gemischten Gruppen jeweils vor einem Plakat, das vom entsprechenden Gruppenmitglied präsentiert wird. Nach einem Lehrersignal folgt der „Gang“ zum nächsten Plakat.

Wichtig: Diese Methode erfordert von den SuS ein hohes Maß an Eigenaktivität und intrinsischer Motivation, um den eigenen Lernprozess aktiv zu gestalten. Bedarf die Lerngruppe zum Beispiel noch eines sehr hohen Grades an Pflege von sozialer, nicht mathematikimmanenter Kommunikation, ist diese Methode definitiv noch nicht zu empfehlen. Zuerst sollten Einzel- und Gruppenarbeit geübt werden.

Die Methode eignet sich für:

- Erarbeitungen (aber schwierig umsetzbar)
- Übungen
- Kommunikation
- Diagnose (zum Beispiel Gruppendiagnosebögen oder Einzelbeobachtungen)
- differenzierende Momente: Die Methode drängt ein heterogenes Arbeiten mit niveaudifferenten Aufgaben durch ihre Struktur auf. Denkbar wäre auch, ähnliche Aufgaben in verschiedenen Darstellungsformen (Graph, Term, Tabelle, Texte usw.) zu integrieren.

Fehler, Hinweise, didaktische Bemerkungen:

- Die Methode erfordert von LuL eine gute Organisation und ist so schwer umzusetzen wie ein Gruppenpuzzle. Es muss eine Reihe von Aspekten bedacht werden:

- Welche SuS bilden eine Gruppe in Phase 1? (eventuell niveaudifferente Gruppen bilden)
- Wie realisiert man eine Zwischensicherung, damit nicht nur Falsches in Phase 2 präsentiert wird? (eventuell gestufte Hilfen, Teillösungen)
- Was tun die SuS, die in Phase 2 gerade nicht präsentieren? (eventuell Beobachtungsbögen, Notizen in Tabellen eintragen, Fragen vorgeben)

• Die Aufgaben der Phase 1 müssen ungefähr alle gleichlang von den SuS zu bearbeiten sein!
• In 45 Minuten ist die Methode noch weniger praktikabel als ein Gruppenpuzzle. Empfehlung: mindestens 60 Minuten.
• Die Aufgaben müssen, wie beim Gruppenpuzzle und der Gruppenarbeit, hinreichend komplex und kognitiv fordernd sein und die Gelegenheit zur Kommunikation über Mathematik bieten.

HINWEIS
Der am häufigsten in Prüfungen beobachtete Fehler bei Museumsgang und Gruppenpuzzle besteht im Unterschätzen der Komplexität. So benötigen SuS häufig nur für die Methode allein zu viel Zeit, sodass effektive Lernzeit und Lernerfolg verlorengehen.

10.13 Stimmt! – Stimmt nicht! ❷

Die SuS bearbeiten in Einzelarbeit eine Tabelle mit Aussagen (Eigenschaften) oder Aufgaben die sie unter „Stimmt!“ oder „Stimmt nicht!“ einordnen und, wenn es zur Aufgabe passt, ihre Entscheidung begründen. Anschließend wird mit dem Nachbarn oder in der Gruppe diskutiert. Auch ein Tausch und eine Partnerkorrektur ist als Alternative denkbar. Einzelnes kann anschließend im Plenum diskutiert werden.

APP-Möglichkeit
z. B. H5p.org (Drag & Drop)

Die Methode eignet sich für:

• Übungen
• Systematisieren und Sichern
• Argumentieren/Kommunizieren
• Begriffslernen: Begriffe bilden und sichern.
• Diagnose (Blätter könnten zur Diagnose ohne Bewertung eingesammelt werden)
• differenzierende Momente: Es können niveaudifferente Partner- oder Gruppenblätter ausgegeben werden.
• GU/inklusiver Unterricht (nur bedingt ohne Begründung mit differenziertem Material, eher reproduktiv angelegt)

Fehler, Hinweise, didaktische Bemerkungen:

• Fordern LuL eine kurze Begründung ein, so müssen die Aufgaben diese erfordern und nicht einfach mit „Stimmt!“ oder „Stimmt nicht!“ zu beantworten sein. (Fragen nach einer Definition, die reine Reproduktion erfordern, sind somit zumindest für Begründungen ungeeignet.)

- Nach der Partner- oder Gruppenphase muss sichergestellt sein, dass gemeinsam oder selbstgesteuert kontrolliert wird und keine falschen Kreuze gemacht und Begründungen gelernt werden.

BEISPIEL: STIMMT! – STIMMT NICHT!

Aussage	Stimmt!	Stimmt nicht!	Begründung Abgleich mit dem Partner
Ein Quader ist ein Würfel.	☐	☐	____________
Ein Würfel ist ein Quader.	☐	☐	____________
Verdoppelt man bei einem Würfel die Kantenlänge, vervierfacht sich das Volumen.	☐	☐	____________
Ein Kegel ist kein Prisma.	☐	☐	____________
Zersägt man einen Quader diagonal, entstehen immer 2 Prismen.	☐	☐	____________

FRAGEN ZUM WEITERDENKEN FÜR DIE SEMINARARBEIT ODER DAS HEIMSTUDIUM

- Nehmen Sie Stellung: Lernen an Stationen – eine Methode ohne Leistungsdruck und Bewertung!
- Wie verhindern Sie beim Lernen an Stationen, dass die SuS lediglich die Stationen bearbeiten, zu denen sie motiviert sind, da die Lehrperson den Unterricht „offen“ geplant hat!?
- Klären Sie für sich, worin bei einem Gruppenpuzzle die organisatorischen Schwierigkeiten bestehen und welche Anforderungen zudem an die Aufgaben resultieren.
- Eine Methode muss zum Inhalt, der Lehrperson und Lerngruppe passen. Machen Sie sich dies an einem konkreten Beispiel klar!
- Wollen Sie effektiv mit einem Stationenlernen üben und differenzieren, sollten die Kompetenzdefizite der SuS zu den entsprechenden Aufgaben „finden“. Wie können Sie das realisieren?

11 Didaktische Prinzipien und Grundsätze

Die Frage danach, was guter Unterricht ist und was diesen ausmacht, lässt sich nicht trivial in ein, zwei Sätzen beantworten (vgl. Kapitel 15), da das von vielen Kriterien abhängig ist.

In der Welt der Mathematikdidaktik existiert jedoch eine Vielzahl von didaktischen Prinzipien und Grundsätzen, die allgemein anerkannt sind und die elementare Basis eines guten Mathematikunterrichts darstellen. Sie basieren auf langjähriger Unterrichtspraxis, den darin gemachten Erfahrungen und Erkenntnissen aus der Lerntheorie und ergänzen oder überlagern sich häufig in ihren Kernaussagen. Sie bieten dem hilfesuchenden Lehramtsanfänger keine konkreten Handlungsanweisungen für das Umsetzen von einzelnen mathematischen Inhalten im Unterrichtsprozess, jedoch bilden sie an vielen Stellen grundlegende Handlungsempfehlungen und vermitteln eine Art „Lehrereinstellung" – sie dienen der Ausschärfung der Lehrerpersönlichkeit und helfen so indirekt bei der Planung und Umsetzung von Unterricht. Somit beeinflussen didaktische Prinzipien maßgeblich das Wie des Unterrichts (vgl. Kapitel 1).

Erwähnen Sie im Entwurf, an welchen Prinzipien Sie sich orientieren. Das Verb „orientieren" impliziert bereits die Möglichkeit der intelligenten Abweichung des Planenden!

Die Leistung der LuL besteht darin, diese allgemein anerkannten Grundprinzipien individuell und intelligent an ihre Lerngruppen mit ihren speziellen Lernvoraussetzungen und konkreten Lernzielen anzupassen. Hieraus resultiert die Erkenntnis, dass Prinzipien nicht wie eine strenge Vorschrift verstanden werden dürfen, sondern dass LuL sie intelligent modifizieren und davon abweichen dürfen oder das sogar begründet tun müssen.

Ebenso relevant für die Planung sind diese „Grundwerte" für die Auswertung und Reflexion von Unterricht (vgl. Kapitel 15), da sie mit den Auswertungskriterien korrelieren bzw. sich die Kriterien daraus ableiten lassen.

HINWEIS
Download-Material: Übung zu den didaktischen Prinzipien

Dieses Kapitel gibt einen kurzen Überblick über bekannte, grundlegende mathematikdidaktische Prinzipien und integriert an ausgewählten Stellen konkrete Beispiele. Keinesfalls soll ein Anspruch auf Vollständigkeit erhoben werden. Eine Unterscheidung in eher methodische oder eher didaktische Prinzipien erscheint hier nicht zielführend und unterbleibt daher.

Der Wechsel der Darstellungsformen

Das kontinuierliche Wechseln von Darstellungsformen unterstützt den Lernprozess und fördert das Verstehen im erheblichen Maße.

Gleichzeitig regt es die Sprachförderung an (siehe Kapitel 14), da der Wechsel die SuS unter anderem dazu zwingt, verschiedene Formulierungen niederzuschreiben und zu verbalisieren (vgl. Leisen 2004).

Ein klassisches Beispiel aus der Realität: Der Lehrer verbalisiert am Ende der Stunde die Erklärung der Bruchaddition, was in der Regel von einem Teil der Lerngruppe nicht verstanden wird. Lässt er die Tafel hinter sich ungenutzt, vergibt er fahrlässig triviale Lernchancen. Hier ist der Darstellungsformwechsel in die bildliche Ebene (Kuchenteile) und symbolisch ebene (konkrete Bruchschreibweise) praktisch eine didaktische Pflicht!

Darstellungsformwechsel bieten sich für alle Unterrichtsphasen (und Medien) an. Beispiele für Darstellungsformen sind: Graphen, Terme, Texte, Tabellen, Bilder, Grafiken, Diagramme, Filme, Mind-Maps, Bildsequenzen, Sprechblasen, Lückentexte.

Das EIS-Prinzip

Das EIS-Prinzip (enaktiv – ikonisch – symbolisch) geht zurück auf J. Bruner (1970), zielt auf die Entwicklung des Denkens und Verstehens ab und lehnt an das Phasenmodell von Piaget an (vgl. Zech 2002, S. 116).

Im Unterricht sollen demnach mathematische Handlungen stets konkret und formal-abstrakt vorgenommen werden, um Denkstrukturen aufzubauen. Hierbei ist es nicht notwendig, den SuS immer zuerst einen enaktiven (handelnden) Zugang zu ermöglichen, obwohl sich dies im Unterricht (im inklusiven Unterricht im besonderen Maße) häufig anbietet. Die Entwicklung der Denkstrukturen soll sich vielmehr im wechselseitigen Prozess, also dem Wechseln zwischen den drei Ebenen, vollziehen.

Nach Bruner sind folgende drei Darstellungsebenen zu unterscheiden:

- enaktiv (handelnd)
- ikonisch (bildlich)
- symbolisch (Sprache und Zeichen)

Das Spiralprinzip

Das Spiralprinzip (vgl. Bruner 1970) kann als übergeordneter Leitfaden für Unterrichtseinheiten, Lehrpläne aber auch für Einzelstunden gelten. Wie bei einer Spirale sollten gleiche mathematische Inhalte in den Folgeeinheiten und Folgeschuljahren immer wieder in anderen Kontexten oder Darstellungsformen integriert werden. Dieses Vorgehen soll den Lernprozess vernetzen und ein beweglicheres Denkern ermöglichen.

ZWEI BEISPIELE: ENAKTIVE, IKONISCHE UND SYMBOLISCHE ZUGÄNGE

Einführung der Bruchschreibweise

- **Enaktiver Zugang:** Die SuS zerteilen reale Objekte (z. B. ein DIN-A4-Blatt) in gleich große Stücke und benennen diese.
- **Ikonischer Zugang:** Die SuS färben Flächenteile oder markieren Abschnitte auf dem Zahlenstrahl.
- **Symbolischer Zugang:** Die SuS notieren die Bruchschreibweise zu vorgegebenen bildlichen Darstellungen.

Winkelsumme im Dreieck

- **Enaktiver Zugang:** SuS zerreißen ein Dreieck und legen die Teilstücke zu einem Halbkreis zusammen.
- **Ikonische Unterstützung** der Erkenntnis auf Tafel oder Arbeitsblatt:

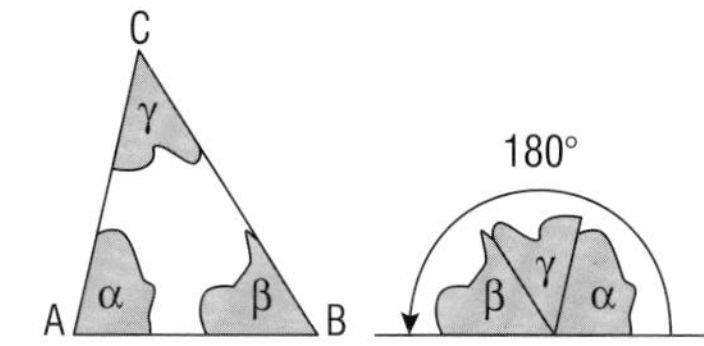

- **Symbolischer Zugang:** $\alpha + \beta + \gamma = 180°$.
- In jedem Dreieck beträgt die Summe der Innenwinkel 180°.

Am Beispiel der Bruchrechnung bedeutet dies zum Beispiel, dass nach Einführung der Bruchrechnung auch in den darauf folgenden Einheiten, die nichts oder nur bedingt etwas mit der Bruchrechnung gemeinsam haben, Brüche innerhalb der verschiedensten Aufgaben integriert werden könnten. Dies muss natürlich im Lichte der Lerngruppe didaktisch angemessen feinfühlig umgesetzt werden. Führt man zum Beispiel die Addition und Subtraktion rationaler Zahlen ein, wäre eine Integration von Bruchzahlen an dieser Stelle in vielen Lerngruppen kontraproduktiv und stellte eine Schwierigkeit dar, die didaktisch reduziert werden sollte (vgl. Kapitel 3).

Dieses Prinzip ist ebenso auf die prozessbezogenen Kompetenzen übertragbar. So findet sich zum Beispiel die Kompetenz des Problemlösens auf verschiedenen Niveaustufen in sämtlichen Jahrgängen wieder. Behutsam eingeführt durch die Strategie des systematischen Probierens kommen hinterher weitere Strategien (wie Vorwärts-Rückwärtsarbeiten) für die SuS hinzu.

Prinzip der minimalen Hilfe

Will man es den SuS ermöglichen, möglichst viel selbstgesteuert zu lernen, stehen LuL stets vor dem „Planungsspagat" zwischen völliger Offenheit und den damit verbundenen Risiken und der umfassenden Leitung der Lernwege, was das individuelle Denken und das kreative Handeln im Mathematikunterricht einschränken würde. Der richtige Weg liegt irgendwo dazwischen, individuell angepasst an die konkrete Lerngruppe.

Es gilt also behutsam gerade nur so viele Hilfen zu geben, dass die Lernenden die erwünschten Schwierigkeiten, die das Denken anregen, im Idealfall gerade eben noch bewältigen.

Das Prinzip der minimalen Hilfe bezieht sich auf Aufgabenstellungen jeglicher Art, Mediengestaltung (Arbeitsblattgestaltung), Unterrichtsgespräche und die Hilfen selbst (vgl. Kapitel 10.9 zu gestuften Hilfen).

Das dialogische Prinzip

Das von Gallin und Ruf (1994, 1998) geprägte dialogische Prinzip hebt die Relevanz der Kommunikation der Lernenden untereinander für den Lernprozess besonders hervor. Hierbei müssen von den LuL Gelegenheiten im Unterrichtsprozess über Methodenauswahl (z. B. Lerntagebuch, Schreibkonferenzen, Placemats, Begründung des Partners bewerten, vgl. Kapitel 10) und Sozialformen geschaffen werden, die den SuS die Möglichkeiten geben, sich in Sprache und Textform über ihr Denken auszutauschen. In der Gegenwart, in der besonders die Sprachförderung auch in das Interesse der Mathematikdidaktik rückt, gewinnt dieses Prinzip sicherlich wieder an Bedeutung.

Gleichzeitig ermöglicht der Einsatz von sprachfördernden Methoden (vgl. Kapitel 14) auch stets einen diagnostischen Zugang für die LuL (vgl. Kapitel 7).

Prinzip des aktiven Lernens

Das auf E. Ch. Wittmann (1981) zurückgehende Prinzip hebt die allgemein anerkannte Sichtweise der Kognitionspsychologie in den Vordergrund und betont, dass jegliches Lernen wirkungslos bleibt, wenn der Lernende sich nicht aktiv mit dem Lerngegenstand auseinandersetzt. Wissen und Fähigkeiten, die über reine Reproduktion hinausgehen, können demnach nicht einfach über die Sinne aufgenommen werden, sondern können nur durch aktive Konstruktion des Lernenden erworben werden. Unterricht ist also so zu gestalten, dass den SuS möglichst in allen Phasen ein Maximum an Selbsttätigkeit (von der interessanten Problemsituation oder Kontextbezug bis hin zum selbstformulierten Ergebnis) gewährleistet wird.

Prinzip des entdeckenden Lernens

Diese „Philosophie", die sich mit dem Prinzip des aktiven Lernens in Teilen überlagert, berücksichtigt ebenso die Sichtweise der Kognitionspsychologie, und stellt die Entdeckung oder Nachentdeckung des neuen Wissens in den Vordergrund. Sie geht unter anderem auf H. Winter (1991) zurück.

Aus der Forderung, den SuS möglichst viele, aktiv gemachte Nachentdeckungen zu ermöglichen, resultieren bestimmte Anforderungen an den Unterricht:

- das Prinzip der minimalen Hilfe (oder gestufte Lernhilfen);
- Aufgaben, die SuS fordern und zum Erkunden herausfordern;
- Fehler werden als Lerngegenstand gemeinsam analysiert;
- Lösungswege werden gemeinsam thematisiert;
- entdeckender Unterricht ist eher offen, lässt also verschiedene Lösungsansätze und -wege zu.

Hiermit einher geht die Leistung der LuL, Methoden und Materialien (Arbeitsblätter, Hilfen usw.) so auszuwählen, dass ihren Lerngruppen mit ihren konkreten Rahmenbedingungen eine Entdeckung auf ihrem Niveau ermöglicht wird.

BEISPIEL: ENTDECKENDES LERNEN

Flächeninhalt des Trapezes

Vorwissen: Flächeninhaltsberechnung von Rechtecken, Parallelogrammen und Dreiecken, Figureneigenschaften

Aufgabenstellung: Herr Meier möchte die trapezförmige Front seines Gartenhauses streichen. 1 Liter Farbe reicht für 1,5 m^2. Wie er eine solche Trapezfläche berechnet, hat er jedoch vergessen. Wie viel Farbe benötigt er?

Die SuS erhalten diverse Papiertrapeze und Scheren und werden motiviert, Ansätze zu notieren, Hilfslinien einzuzeichnen und eventuell Formelansätze zu notieren.

Hinweis: Ohne Hilfen (Arbeitsblatt, individuelle Hilfestellungen, gestufte Lernhilfen, Ansätzen von Skizzen oder Hilfslinien, Rückführung auf Bekanntes wie Zerteilung oder Verdopplung) ist ein korrektes Ergebnis, je nach Schulform, eher unwahrscheinlich. Berücksichtigt man das, bieten die zu erwartenden Ergebnisse (Dreieckszerlegungen, Zerlegung in Rechteck und Dreieck, Verdopplung und Rückführung auf die bekannte Parallelogrammfläche) eine Vielzahl an Ansatzpunkten für ein fruchtbares Unterrichtsgespräch.

PADUA-Prinzip

Das PADUA-Prinzip (Problemstellung aufbauen, durcharbeiten, üben, anwenden) geht auf Hans Aebli (2003) zurück und beschreibt theoretisch den vollständigen Lernprozess, eher bezogen auf eine ganze Unterrichtseinheit.

Dies könnte wie folgt aussehen (mit Vorschlägen zur Aufgabenstellung *Flächeninhalt des Trapezes* im Kasten):

- Problemorientierter Aufbau: Die SuS formulieren die Frage der Stunde, zum Beispiel: „Wie groß ist die Hausfläche? Wie lautet die Formel zur Flächeninhaltsberechnung eines Trapezes?“

- Durcharbeitung: In dieser Phase soll der Wissensaufbau systematisch vertieft und im Gedankennetz der SuS verankert werden. Ein mathematischer Inhalt beispielsweise soll in zwei Denkrichtungen behandelt und durchdacht werden: Hier wäre dies vom Bild (Trapez) zum Term oder auch andersherum vom Term zum Bild denkbar. An der Tafel könnten demnach diverse Terme von der Lehrkraft notiert werden, die dann von den SuS den einzelnen „Zerschneidungen“ und der Verdopplung zugeordnet werden könnten. Auch falsche oder sinnlose Lösungen könnten integriert werden.
- Üben: In dieser Phase erfolgt das klassische, automatiserte Üben zur Festigung.
- Anwendung: Bekannte Sachverhalte werden auf ähnliche oder neue Aufgabensituationen übertragen (Transfer).

Exemplarischer Mathematikunterricht

Exemplarischer Mathematikunterricht, der auf M. Wagenschein (1965) zurückzuführen ist, kann fast als philosophisches Prinzip bezeichnet werden. Er zeichnet sich dadurch aus, dass er „Mut zur Lücke“ bekennt und das Lernen am Elementaren und Repräsentativen, das einen bestimmten mathematischen Lerninhalt bestimmt, ausrichtet.

Im exemplarischen Lehrgang beginnen LuL nicht beim Einfachen und schreiten behutsam zum Komplexeren. Sie stellen die SuS vor motivierende, kindgemäße Probleme, die es zu lösen gilt, bremsen hier ab, anstatt dem Hasten durch die Stofffülle Vorrang zu geben, und gehen in die Tiefe. Dieser Lehrgang hat ebenfalls einen entdeckenden Charakter. An ausgewählten fachlichen Erkenntnissen sollen übertragbare Einsichten gewonnen werden. Exemplarischer Unterricht geht einher mit folgenden, vereinfacht beschriebenen Elementen:

- Sokratisches Element: Im sokratischen Gespräch und in sokratischen Aufgabenstellung und Texten geben die LuL nichts vor. Sie regen eigenes Denken an und geben Hinweise und Hilfen und stellen Fragen, die die SuS durch ihr eigenes Vorwissen der Lösung ein Stück näher bringen.
- Genetisches Element: Im Idealfall werden Problemstellungen und Gegenstände von den LuL in den Unterricht gebracht, die die SuS dazu motivieren, für sie interessante Fragen zu formulieren.

Beispiel: Aus dem häufig beobachtbaren Nichtverstehen des elementaren Funktionsgedankens bis in Jahrgangsstufen der Oberstufe hinein würde aus dem exemplarischen Prinzip die Notwendigkeit folgen, im Elementaren - der Einführung der ersten Funktion - etwas mehr Zeit zu verwenden und etwas mehr in die Tiefe zu gehen, anstatt möglichst schnell viele Funktionsarten zu behandeln.

FRAGEN ZUM WEITERDENKEN FÜR DIE SEMINARARBEIT ODER DAS HEIMSTUDIUM

- Überlegen Sie sich zu einem mathematischen Inhalt Ihrer Wahl möglichst viele Darstellungsformen und, falls möglich, einen enaktiven Zugang.
- Überlegen Sie sich Argumente für einen kurzen Lehrervortrag, die zum Beispiel nicht mit dem Grundgedanken des aktiven Lernens im Einklang stehen würden.
- Finden Sie konkrete Beispiele aus verschiedenen Jahrgangsstufen für die spiralcurriculare Integration der Kompetenz des Begründens.
- Verdeutlichen Sie sich das PADUA-Prinzip am Beispiel der Einheit „lineare Gleichungssysteme".
- Wählen Sie einen für Sie interessanten mathematischen Gegenstand und versuchen Sie diesen didaktisch so zu modellieren (zum Beispiel durch ein geeignetes Arbeitsblatt), dass Ihren SuS ein möglichst (nach-)entdeckender Zugang entsprechend der angegebenen Kriterien ermöglicht wird.
- Planen Sie für Ihre nächste Stunde sokratische Elemente. Überlegen Sie sich hierfür Impulse oder sonstige Hilfen für Ihr Unterrichtsgespräch, die die SuS motivieren, ihr Vorwissen zu aktivieren und ihnen nicht einfach Teillösungen offenlegen.

12 Aufgaben im Mathematikunterricht

Die tägliche Auswahl der Aufgaben durch die Mathematik-LuL ist sicherlich einer der wichtigsten Faktoren für einen gelingenden Mathematikunterricht. Daher sollte auch im Alltag stets zumindest kurz über die ausgewählten Aufgaben und deren Qualität nachgedacht werden. Auf Prüfungsniveau (vgl. Kapitel 15) muss die Wahl natürlich auf einer ausführlichen Analyse (der Aufgabenanalyse) beruhen.

An dieser Stelle sei nochmals auf die grundlegende Chronologie im Planungsprozess verwiesen, die in Kapitel 1 vorgestellt wurde. Niemals, und vor allem nicht mit Blick auf eine Prüfungsstunde, sollte eine Aufgabe (oder Methode), die „vermeintlich schön" und mit Blick auf den ersehnten Prüfungserfolg vielversprechend erscheint, der Ausgangspunkt für die Planungsüberlegungen sein: Inhalt geht vor Methode.

Beachtet der Planende diese Reihenfolge nicht, so gerät er im weiteren Planungsverlauf häufig in Gefahr, die Stunde „scheinbar" passend um seine Aufgabe (oder Methode) herum zu „bauen", was häufig eine Verschlechterung der Passung der einzelnen Qualitätsmerkmale von Unterricht nach sich zieht (roter Faden der Planung).

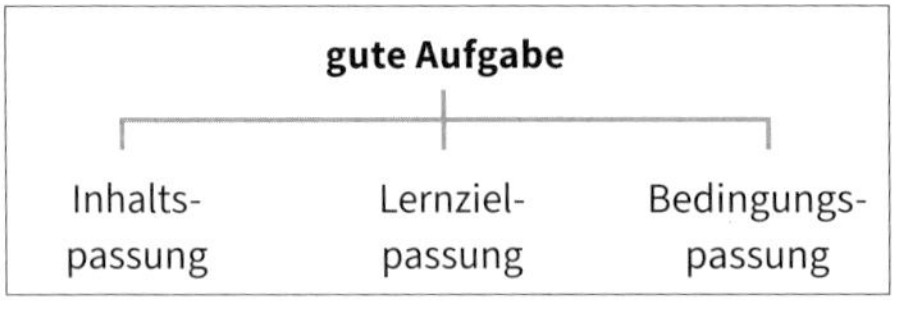

Wann ist eine Aufgabe eine gute Aufgabe? Im gründlichen Planungsgang kommt der Planende von der Auseinandersetzung mit den Fachinhalten und der Bedingungsanalyse (u.a. die Lernausgangslage der SuS) zu seinen konkreten Lernzielen der nächsten Stunde (siehe Kapitel 1).

Erst dann, wenn die konkreten Ziele und die Bedingungen der Lerngruppe geklärt sind, darf man annehmen, dass die Aufgabe für den fiktiven Durchschnittsschüler der Lerngruppe eine interessante Herausforderung darstellt. Erst im Anschluss daran sollte man sich mit dem Wie des Unterrichts (Aufgaben, Methoden und Sozialformen) befassen.

Eine Aufgabe, die in einer Lerngruppe zu den schönsten Unterrichtsergebnissen geführt hat, kann somit in der Parallelgruppe den Grund für ein Scheitern des Prozesses darstellen.

Definition einer guten Aufgabe: Eine Aufgabe ist nur dann als gut zu bezeichnen, wenn sie zu den mathematischen Inhalten, den

Lernzielen und den Bedingungen in der konkreten Lerngruppe passt und ihre didaktissche Funktion (Erarbeiten, Vertiefen usw.) erfüllt.

Begründen Sie im Entwurf, warum Ihre Aufgabe „gut" im Sinne der Definition ist und erläutern Sie auch die Funktion der Aufgabe.

12.1 Funktionen von Aufgaben

Aufgaben lassen sich nur schwer nach Arten unterteilen, etwa nach Kompetenzbereichen, da es, gerade mit Blick auf die neuere Aufgabenkultur immer mehr Aufgabenformate gibt, die verschiedene Anspruchsebenen und Funktionen berücksichtigen und auch mehr als eine inhalts- oder prozessbezogene Kompetenz (argumentieren, problemlösen usw.) tangieren. So wird eine reine Modellierungs- oder Problemlöseaufgabe nur recht schwer zu finden sein, und auch eine Diagnoseaufgabe ist stets auch mindestens einem anderen Bereich (zum Beispiel den Begründungsaufgaben) zuzuordnen. Eine Klassifizierung scheint demnach an dieser Stelle nicht zielführend.

Oft lassen sich Aufgaben aber eher 1 bis 2 Funktionen zuordnen, nach denen sie benannt werden können und deren Kenntnis für die LuL von Bedeutung sein sollte. Die Funktion einer Aufgabe kann darin liegen, bestimmte Ziele zu fördern oder zu motivieren:

- erarbeiten, entdecken (von etwas Neuem)
- problemlösen
- modellieren
- argumentieren, begründen
- zum Schreiben motivieren
- üben, automatisieren (zum Beispiel von Verfahren, auch klassische Rechenpäckchen)
- vertiefen, durcharbeiten (zum Beispiel zum Darstellungsformwechsel bewegen)
- vernetzen, transferieren
- einen Überblick verschaffen
- Wege umkehren
- vergleichen
- differenzieren (offene Aufgaben wie Blütenaufgaben)
- diagnostizieren (vgl. Kapitel 7)
- eigene Lösungsstrategien einfordern (offene Aufgaben)
- Fehlvorstellungen aufdecken

Diese Liste zeigt bereits, dass es eine Aufgabe der LuL sein muss, die Aufgabenauswahl in ihren Einheiten zu variieren, um verschiedene Funktionen abzudecken.

In den letzten Jahren ließ sich eine Veränderung im Bereich der Aufgabenkultur beobachten. Sie ging einher mit dem Wandel weg von der Inputorientierung (der Orientierung an den reinen Fachinhalten) hin zur Output- und der damit verbundenen Kompetenzorientierung.

Aufgaben, die prozessbezogene Kompetenzen fördern, haben ihre aus der jüngeren Geschichte der Schulmathematik resultierende nicht mehr wegzudenkende Stellung in den Schulbüchern erhalten. Um sich den Wandel der Aufgabenkultur zu verdeutlichen, reicht es, ein Schulbuch, das vor 2004 veröffentlicht wurde, mit einem aktuellen zu vergleichen. Jedoch liegt es im Geschick der LuL zu erkennen, bei welchen Funktionen, in welchem Kompetenzbereich das Schulbuch zu wenig „Beton für das Fundament seiner SuS" anbietet und sie somit nachlegen müssen, um Vielseitigkeit zu sichern und ein umfassendes, nachhaltigeres Lernen zu ermöglichen.

Im Folgenden werden Aufgabentypen dahingehend voneinander abgegrenzt, ob sie eher das Problemlösen oder eher das Modellieren fördern, da diese beiden Begriffe häufig gerade von Berufsanfängern nicht richtig benutzt werden.

Problemlöseaufgaben

Problemlöseaufgaben benötigen keinen außermathematischen Kontext und nicht jede Aufgabe, die von SuS subjektiv als schwer empfunden wird, ist deswegen gleich als Problemlöseaufgabe zu bezeichnen. Hierfür bedarf es heuristischer Strategien, wie das Vorwärts- oder Rückwärtsarbeiten, das systematische Probieren, das Finden von Beispielen, Unterscheidungen, Spezialfällen oder von Analogien oder das Rückführen auf bereits bekanntes Wissen.

Ein Beispiel für systematisches Probieren ist die klassische „Bauernfrage" (vgl. Kapitel 10.7): „Ein Bauer besitzt 10 Tiere: Hühner und Schafe mit insgesamt 24 Füßen – wie viele Hühner und Schafe besitzt er?" Wird diese bereits vorzeitig in Klasse 5 gestellt, müssen die SuS die Strategie des systematischen Probierens nutzen, da sie noch nicht mit Gleichungen umgehen können.

Modellierungsaufgaben

Modellierungsaufgaben hingegen benötigen einen außermathematischen Kontext, der von den SuS in die Welt der Mathematik übersetzt und dann gelöst wird. In diesem Modellierungsprozess folgt konsequenterweise noch die Überprüfung des verwendeten Modells und der Lösung auf ihre „Brauchbarkeit" in der Realität.

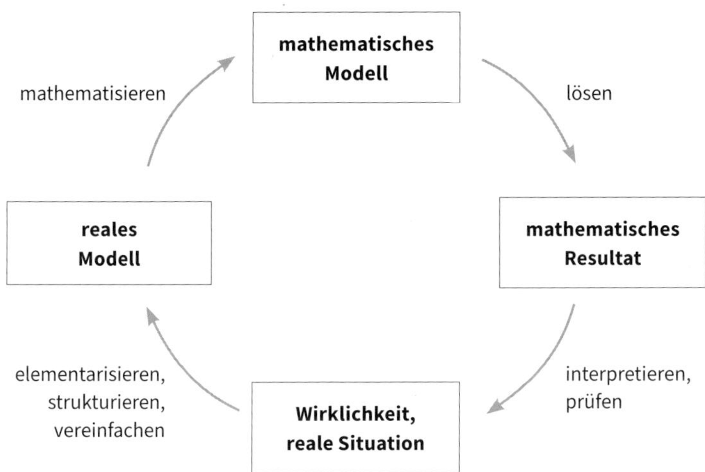

Der Modellierungskreislauf

BEISPIEL: MODELLIERUNGSAUFGABE (HÖHERES ANFORDERUNGSNIVEAU)

Herr Talarico fährt im Jahr mit seinem PKW beruflich und privat Tausende von Kilometern. Die Anschaffung eines neuen Fahrzeuges wird für ihn bald notwendig sein, da sein altes bereits eine Laufleistung von 300.000 km erreicht hat. Was das Modell betrifft, hat Herr Talarico seine Entscheidung bereits getroffen. Jedoch ist noch kein Entschluss gefallen, welche Treibstoffart (Motorart) gewählt werden soll. Autogas (LPG) verbrennt sauberer als Diesel oder Benzin und schädigt die Umwelt nicht in so hohem Maße durch Rußpartikel. Jedoch benötigen Gasautos heute noch herkömmliches Benzin zum Starten und schalten erst nach kurzer Zeit auf Gas um. Zusätzlich zur Gasanlage muss ein zweiter Tank im Kofferraum verbaut werden.
Folgende **Kaufpreise** liegen Herrn Talarico vor:
Kaufpreis Wagen mit Dieselmotor): 22.775 €
KaufpreisWagen mit Benzinmotor): 20.280 €
Umrüstung auf Autogas (nur für Benzinmotoren möglich): ab ca. 1.600 €
Die Verbrauchsdaten:
Der Verbrauch des Dieselmotors laut Hersteller beträgt 4 l Diesel auf 100 km.
Der Durchschnittsverbrauch des Benzinmotors wird vom Hersteller mit 5,3 l auf 100 km angegeben.
Im Gasbetrieb steigt der Durchschnittsverbrauch um ca. 35 % im Vergleich zum Benzinbetrieb an.
Zusätzlich kommen umgerechnet ca. 0,35 l auf 100 km an Benzin zum Starten hinzu.
Laufende Kosten (ohne Inspektionen):
Jährliche Steuer des Benzin-PKW: 98 € (identisch zum Benzin-Gas-PKW)
Jährlicher Gasfilterwechsel: 100 €
Jährliche Steuer des Dieselmotors: 148 €

Hilf Herrn Talarico bei der Kaufentscheidung! Ermittle die aktuellen Treibstoffpreise im Internet!

12.2 Offene Aufgaben

Im Interesse eines Unterrichts, der immer mehr danach verlangt, differenzierend angelegt zu sein, prozessbezogene Kompetenzen zu fördern und möglichst häufig verschiedene, auch kreative Lösungswege zu ermöglichen, gewinnt die Gattungsart der offenen Aufgaben zu Recht wieder an Bedeutung. Zudem fördern offene Aufgaben die Schüleraktivität, die Vernetzung von einzelnen Themenbereichen sowie die zwischen Mathematik und Realität (vgl. Blum/Wiegand 2000). Kombiniert man diese mit kooperativen Lernformen, ist auch darin zudem ein Mittel zur Steigerung der Kommunikation im Unterricht zu sehen.

Was bezeichnet man als offene Aufgabe?

Betrachten wir Aufgaben als aus jeweils drei Komponenten bestehend, so besitzen diese stets eine Art Anfangszustand, der über einen bestimmten Weg in einen Endzustand, bzw. zu einer Ergebnismenge führt (vgl. Blum/Wiegand 2000). Ist eine der drei Komponenten nicht klar definiert, so spricht man von einer offenen Aufgabe.

Offene Aufgaben zeichnen sich häufig auch dadurch aus, dass das benötigte Vorwissen nachgeschlagen werden muss, da es aus älteren Einheiten stammt. Damit wird spiralcurriculares, nachhaltiges Lernen gefördert.

Aufgabenkomponente	Möglichkeiten zur Öffnung
Anfangszustand	Daten fehlen, Größen fehlen, Fragestellungen fehlen u. a.
Weg	die Art der Mathematisierung ist nicht vorgegeben
Endzustand/Ergebnismenge	Ergebniswerte, Funktionen, Terme, Beschreibungen u. a.

Möglichkeiten zur Gestaltung offener Aufgaben

Beispiele für offene Aufgaben

- Ein Beispiel für einen offenen Anfangszustand: „Beschreibe eine Situation, die zu folgender Gleichung passt: $f(x) = 10x - 50$."
- Ein Beispiel für einen offenen Weg: „Ein Schüler wurde von seiner Lehrerin zum Kreideholen ins Sekretariat geschickt. Mit einem ganzen Paket beginnt er den Rückweg. Doch wo war eigentlich die Klasse? An jeder Tür, an der er falsch klopfte,

musste er dem unterrichtendem Lehrer die Hälfte seiner Kreide geben und den Schülern noch 3 Stücke als Wurfgeschosse hinterlassen. Nach 4 falschen Türen gelangt er mit nur noch 1 Stück wieder in seine Klasse. Mit wie vielen Stücken brach er ursprünglich auf?“

- Auch viele der klassischen Fermiaufgaben, bei denen die SuS viele Annahmen machen müssen, um mathematisieren zu können, gehören zu den offenen Aufgaben: „Wie viele Tischtennisbälle passen in einen Kofferraum?“ (Hier ist sowohl der Anfangszustand, als auch die Ergebnismenge nicht präzise definierbar.)
- Hier ist sowohl in Teilen der Weg und der Endzustand unklar: „Herr Carsten möchte einen neuen Carport bauen. Dazu hat er bereits folgende Informationen zusammengetragen: Ab 28 m^3 Rauminhalt benötigt man eine Genehmigung der Stadt. Das Auto ist 4,6 m lang, 2 m breit und 1,8 m hoch. Das Dach sollte 15 cm Schnee aushalten können. 1 dm^3 Schnee wiegt ca. 70 g. Formuliere 2 mathematisch interessante Fragen und beantwortet diese.“

Offene Aufgaben selbst konzipieren

Offene Aufgaben lassen sich jederzeit, auch schon in den unteren Jahrgängen integrieren und können von LuL relativ einfach konzipiert werden. Möglichkeiten dazu sind dem Kasten *Öffnung von Aufgaben* zu entnehmen.

HINWEIS
Download-Material: Übung zur Öffnung von Aufgaben

BEISPIEL: ÖFFNUNG VON AUFGABEN

Aufgabenstellungen können recht einfach von LuL offen konzipiert oder geöffnet werden. Die nachfolgenden Beispiele zur Öffnung beziehen sich alle auf folgende (geschlossene) Aufgabenstellung:

Berechne den Flächeninhalt der nebenstehenden Figur! (Maßeinheit: Meter)

• Weglassen von Informationen und Fragestellungen	*Denkt euch interessante Fragestellungen aus.* Die SuS formulieren dann häufig Fragen zum Umfang und Flächeninhalt, integrieren aber auch Kostenprobleme und Textaufgaben, falls das zuvor geübt wurde. Denkbar ist auch der Impuls: „Jan möchte sein Zimmer renovieren …“
• Hinzufügen von Informationen	Zusätzliche Informationen könnten sich in einem Baumarktprospekt finden, der im Unterricht ausgeteilt wird.

• Variation der Ausgangssituation	Denkbare Kontexte: neuer Teppich, Fußleisten, Fußbodenheizung bis hin zur kompletten Zimmerrenovierung
• Aufgaben vorzeitig stellen (also bevor die SuS die eigentlichen Lösungsstrategien behandelt haben)	Im obigen Beispiel kann man SuS die Gesamtfläche in geeignete Teilflächen zerlegen lassen, ohne dass diese Strategie zuvor thematisiert worden ist.
• Aufforderung, mehrere Lösungswege zu finden	SuS auffordern, mehrere Zerlegungen zu finden oder eine andere Strategie zur Lösung zu nutzen.
• Aufforderung zur Begründung	*Begründe, warum ausgewählte (und dargestellte) Terme geeignet sind, um den Flächeninhalt oder Umfang zu berechnen.*
• Zielumkehr (ein Ergebnis wird vorgegeben, die SuS suchen Wege bzw. Aufgaben dazu)	*Für die Renovierung hat Dennis 1000 € ausgegeben. Welche Fußleisten, Teppichböden und Dekorationsartikel* (aus dem den SuS dargebotenen Prospekt) *könnte er kombiniert haben?*

12.3 Ein Beispiel und Hinweise für den Unterricht mit offenen Aufgaben

Der Unterricht, insbesondere Stunden, die komplett von offenen Aufgaben getragen werden, wird durch offene Aufgaben definitiv komplexer und für die LuL schwieriger zu planen und durchzuführen, denn es gilt die Besonderheiten, die ein Arbeiten mit solchen Aufgaben mit sich bringt, zu beachten. Es ergeben sich didaktisch besonders interessante Momente im Unterrichtseinstieg, in der Erarbeitung sowie der Sicherungsphase. Im Folgenden wird ein „stundenfüllendes“ Beispiel gezeigt, das in 45 Minuten erprobt wurde, und es werden Tipps für die Realisierung solcher Stunden gegeben.

Ein Vorgehen, wie es unten skizziert wird, erfordert von der Lehrperson ein Höchstmaß an Aufmerksamkeit und eine ausgeprägte Moderationsfähigkeit, die Fähigkeit, die verschiedenen Schülerfragen, -wege und -lösungen schnell zu verorten und zu durchschauen. Daher wird die hier vorgestellte, differenziert angelegte Vorgehensweise als komplex eingestuft.

Das Aufgabenbeispiel „Hunderennbahn“

Wir planen eine Windhund-Rennbahn. Mathematisches Thema: Kreisberechnung, Klasse 8/9 (Zeit: 45 – 60 Minuten).

Es handelt sich um eine für SuS eher anspruchsvolle Aufgabe. Schülerschwierigkeiten bestehen (neben den innermathematischen) u. a. im Modellieren und im Bereich der Textlesekompetenz. Daher sind eher 60 Minuten einzuplanen. Die Aufgabe besitzt einen teiloffenen Anfangszustand, offenen Weg und eine teiloffene Ergebnismenge.

BEISPIEL: GROBER ABLAUF DER STUNDE

Phase	Vorgehen	Sozialform, Medien
Einstieg	Der Klasse wird ein Kurzfilm (ca. 20 Sek.) über ein Hunderennen gezeigt und der Impuls gegeben, dass eine solche Bahn in unserer Stadt gebaut werden soll.	UG
Formulierung und Sammlung interessanter Fragestellungen	Die SuS erhalten den Informationstext, lesen diesen in EA und formulieren anschließend in GA zwei mögliche Fragestellungen. Diese werden anschließend vom L. an der Tafel gesammelt *Alternative:* Die Fragen werden nicht an der Tafel gesammelt. Die SuS erhalten Hilfestellungen zur Formulierung am Tisch und bearbeiten daraufhin ihre Fragen. *[Dieses extrem offene Vorgehen wäre für Prüfungsstunden jedoch zu überdenken.]*	EA/GA/UG Arbeitsblatt und Prospekt
Aufgabenzuweisung und Erarbeitung	Der L. weist den SuS niveaudifferente Aufgaben zu, die selbständig in GA gelöst werden. Die SuS erhalten vorstrukturierte Folien, um Zeit zu sparen. Alternativ kann bei Zeitmangel das Schülerprodukt fotografiert und angezeigt werden.	GA Arbeitsblatt Prospekt Folien PC mit Internetzugang Lernhilfen
Präsentation und Diskussion	Einzelne Gruppen (eine schwache und eine starke) präsentieren ihren Weg. Die SuS werden über Leitfragen zur Diskussion angeregt. Zum Beispiel: • Ist die Darstellung nachvollziehbar und der Weg korrekt? • Sind die gemachten Annahmen realistisch und nachvollziehbar? • Ist das Ergebnis realistisch oder muss etwas geändert werden?	UG Folien

HINWEIS
Alternative: Der Lehrer weist die Aufgaben nicht zu und sammelt sie nicht zuvor an der Tafel.
Gefahr: SuS könnten sich zu schwierigen, niveaulosen oder unlösbaren Aufgaben zuwenden.

AUFGABE: HUNDERENNBAHN (HÖHERES ANSPRUCHSNIVEAU)

In Deutschland erfreut sich der Hundesport wachsender Beliebtheit. Hunde verschiedener Windhundrassen werden bei Rennen eingesetzt. Alle Rassen haben ein gemeinsames Merkmal: Sie sind sogenannte „Sighthounds". Das bedeutet, dass diese Rassen ein Objekt – in der Natur das Jagdwild, bei einem Rennen natürlich eine Jagdattrappe – mit den Augen verfolgen. Die Fluchtbewegungen der Attrappe sind der Auslöser für die Hunde, dieses Objekt zu verfolgen. Die Attrappe wird mithilfe einer beweglichen Krananlage über die Bahn gezogen. Der Greyhound (eine Windhundrasse) kann dabei Spitzengeschwindigkeiten von bis zu 80 km/h erreichen.

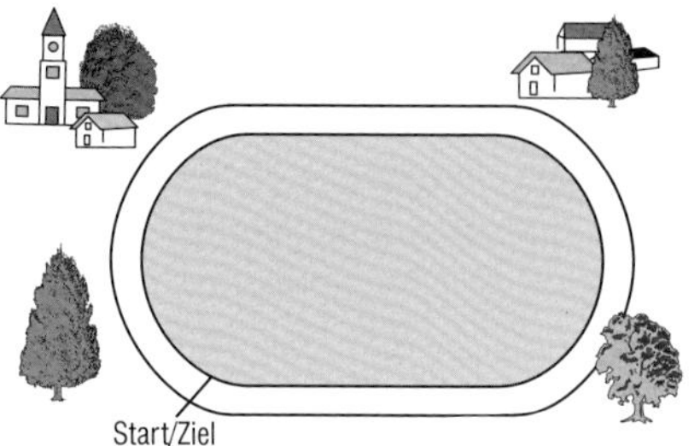

Foto: © pripir – Fotolia.com

Das Geläuf der Rennbahn muss einwandfrei, ohne Unebenheiten beschaffen sein, damit sich die Hunde bei dem Rennen nicht verletzen. Es kann aus einer gleichmäßigen Grasnarbe, aus Sand oder aus einer Kombination von beidem bestehen. Bei einer Runde legen die Hunde eine Strecke von 480 m zurück. Der Kurvenradius der Rennbahn muss mindestens 42 m betragen. Das Geläuf muss auf den Geraden mindestens 6 m, in den Kurven mindestens 8 m breit sein.

Arbeitsaufträge:

Notiert mögliche Fragestellungen, die für Planung und Bau der Bahn wichtig sind.
(Es dürfen auch kreative Fragen gestellt werden, die mit Rennen zu tun haben.)
Löst die eurer Gruppe zugewiesene Frage. Nutz die Hilfen! (Hilfekarten, Formelsammlung, Lehrer-PC, Materialprospekt)
Bereitet eine Präsentation vor. Achtet auf unsere besprochenen Kriterien.

Materialprospekt:

Windschutz-Bäume

Höhe:	Kosten:
120 cm	12,00 €
150 cm	15,00 €

Abstand zwischen den Bäumen: 1,50 m

Rollrasen Spiel und Sport

1 Rolle/1 m²

5,95 € pro Rolle

Begrenzungszaun

Breite: 2 m,
Höhe: 0,75 m
bis 9 Stück: 3,50 €/Element
ab 10 Stück: 2,98 €/Element

Windhund-Rennbahn-Attrappe

Kran-Modell 2009: 149,00 € inkl.
Kran-Modell 2013: 189,00 € 2 Stoffhasen

Kosten für die Schiene: 4,90 €/m
Preise inkl. Lief.

Spezialsand für Windhund-Rennbahnen

(1 m³ ist ausreichend für 4 m² Fläche)
11,90 €/m³ inkl. Lieferung

Hinweise für den Unterricht

Beginnt die Stunde mit einer offenen Anfangssituation, die die SuS ermutigt, Fragen zu formulieren, sollte Folgendes beachtet werden:

- SuS kommen nicht von selbst darauf, Fragen zu formulieren, das muss geübt werden.
- Der reale/mathematische Gegenstand muss auch ein interessanter, Fragen aufwerfender Gegenstand in der Alltagswelt meiner SuS sein.
- Mit welchen Fragen rechne ich? Die Fragen können eventuell schon im Vorfeld nach Niveaustufen geordnet werden. Mögliche Fragen für die Beispielaufgabe „Hunderennbahn“:
  - Wie lange brauchen die Hunde für eine Strecke?
  - Wie viel Zaun wird benötigt?
  - Wie teuer wird der Sand/der Rasenbelag?
  - Kreative Frage: Wie viele Runden läuft ein Hund in seinem Leben?
- Fragen sammeln (auf Tafel oder Board) und anschließend eventuell weniger „sinnvolle“ streichen und andere eventuell auf später verschieben.
- Trauen Sie sich ein differenziertes Vorgehen zu (eventuell immer 2 Gruppen mit identischen Fragen versehen), ordnen Sie nun die Fragen nach Niveau den einzelnen Tischen zu. Ein Arbeiten mit maximal 4 Fragestellungen hat sich als praktikabel erwiesen.

Der Grad der Öffnung zwingt die LuL in der Erarbeitungsphase dazu, den SuS mehr zuzutrauen. Gleichzeitig sollte das Ergebnis der Stunde, der Lernzuwachs, und der effektive Umgang mit Mathematik nicht dem Zufall überlassen werden. Es empfiehlt sich, gestufte Lernhilfen, Bücher oder Prospekte auszulegen oder einen Internetzugang für die Erarbeitungsphase zu ermöglichen.

Stunden mit offenen Aufgabenstellungen motivieren SuS in der Regel auf besondere Weise. Viele SuS möchten ihre Ergebnisse präsentieren und ihre Wege diskutieren. Dem gegenüber steht die Erkenntnis, dass nicht alle im engen Zeitraster präsentieren können und dies auch nicht immer so sein muss.

LuL sind gut beraten, in der Sicherungsphase eine Frage aus dem eher einfachen Bereich und einer Frage aus dem schwierigeren Bereich diskutieren zu lassen. Als nützliche Hilfestellung sind Leitfragen (vgl. die Übersicht *Ablauf der Stunde*) zu nennen, die den SuS den Zugang zur Diskussion und dadurch die Teilnahme ermöglichen. Nicht präsentierte Ergebnisse sollten in anderer Art (Folgestunde, schriftlicher Lehrerkommentar usw.) eine Würdigung erfahren.

Blütenaufgaben als besondere Form der offenen Aufgaben

Was sind Blütenaufgaben? Die Bezeichnung „Blüte“ geht auf Schupp (2003) zurück und ist als Gegenkonzept zum eng leitenden Trichterschema zu sehen, nach dem in alle SuS (als eher passive Lernempfänger) möglichst viel und vor allem der gleiche Lernstoff „hineinzupressen“ ist. Blütenaufgaben zeichnen sich durch mehrere voneinander unabhängige Teilaufgaben aus, die sich alle auf die gleiche Grundthematik beziehen, jedoch ein unterschiedliches Schwierigkeitsniveau besitzen und unterschiedliche Kompetenzen tangieren.

In der Literatur finden sich verschiedene Modifikationen: In der hier vorgestellten Variante (Bielefelder Blütenaufgaben) existieren 4 Teilaufgaben, bei denen von den SuS jeweils andere Lösungsstrategien verlangt werden:

- eine leichte Teilaufgabe zum Vorwärtsarbeiten
- eine Teilaufgabe zum Rückwärtsarbeiten
- eine eher offene Teilaufgabe
- eine komplexere Aufgabe, die verschiedene Strategien zur Lösung benötigt

Blütenaufgaben bieten ein relativ einfaches Mittel, im Unterricht über die Aufgaben zu differenzieren (vgl. Kapitel 8) und individuell zu fördern. Da die Aufgaben nur mit einem Symbol, nicht mit einer Schwierigkeitseinstufung, gekennzeichnet sind, wählen die SuS nach subjektiven Wahlkriterien. Die Erfahrungen belegen, dass die große Mehrheit der SuS diesen Aufgabentyp, und insbesondere die Wahl der Reihenfolge, als positiv einschätzt (Pallack/vom Hofe/Salle 2013).

Zudem bieten sie eine Möglichkeit, den in Kapitel 8 (Differenzierung) angesprochenen „philosophischen Gedanken“ zu verfolgen, nach dem alle SuS, auch die Förderschüler im integrativen Unterricht, auf ihre Art am gleichen Oberthema arbeiten. Da sich diese Aufgabenart relativ einfach selbst konzipieren lässt und sie auch für die verschiedensten Themenbereichen geeignet sind, liegt es im didaktischen Fingerspitzengefühl der Lehrkraft, wie weit sie die Anspruchsniveaus auseinandergehen lässt.

Im Beispiel *Ferienhaus* besteht für das Einstiegsniveau (Herz-Symbol) die „kleine“ Schwierigkeit, der Darstellungsform Text die richtigen Informationen zu entnehmen. Für die Aufgabe des Rückwärtsrechnens (Sonnen-Symbol) kommt die Entnahme von Informationen aus der Darstellungsform Tabelle hinzu, während die anderen Teilaufgaben noch zusätzliche Kompetenzen benötigen.

BEISPIEL: „FERIENHAUS" (KLASSE 5, GRUNDRECHENARTEN)

Die Marmans möchten mit ihren beiden Kindern und Hund Bello für die Sommerferien ein Ferienhaus am Meer mieten. Ein Jahr lang haben die Eltern jeden Monat 200 € in die Urlaubskasse gelegt. Von den beiden Omis kommen jeweils 100 € für die Urlaubskasse hinzu. Mit dem angesparten Geld muss auch das Benzin für die Reise bezahlt werden. Hierfür plant die Familie mit Kosten von 300 €.

Ferienhäuser am Wasser – Spaß für die ganze Familie

Angebot 1: **Haus „Friedensfindung"**	*1 Woche*	*2 Wochen*	*3 Wochen*
Vorsaison	500 €	950 €	1400 €
Hauptsaison	800 €	1500 €	2250 €
Angebot 2: **Ferienhaus „Familienglück"**	*1 Woche*	*2 Wochen*	*3 Wochen*
Vorsaison	720 €	1400 €	2080 €
Hauptsaison	900 €	1700 €	2600 €

Herr Marman würde gern in der Hauptsaison 2 Wochen im Haus „Friedensfindung" verbringen und geht davon aus, dass dafür noch zusätzlich 300 € vom Sparbuch notwendig sind. Finde mögliche Kostenpunkte und stelle diese in einem Diagramm dar.

Lege eine Tabelle mit allen möglichen Kosten an, die mit dem Urlaub verbunden sein können (sinnvolle Preise annehmen). Entscheide dich dann für ein Angebot.

Berechne, wie viel Geld der Familie für die Ferien insgesamt zur Verfügung steht. Achte auf eine saubere Ausführung.

Frau Marman kommt mit Kosten für Haus und Benzin zu dem Ergebnis, dass ihnen noch 600 € für die Urlaubskasse vor Ort bleiben. Für welches Angebot hat sie sich entschieden?

FRAGEN ZUM WEITERDENKEN FÜR DIE SEMINARARBEIT ODER DAS HEIMSTUDIUM

- Notieren Sie sich einen „Fahrplan" für ein Vorgehen mit offenen Aufgaben, den Sie später gemeinsam mit Ihren SuS erarbeiten und als Lernplakat im Raum aushängen könnten.
- Wählen Sie eine offene Aufgabe aus, die eine ganze Stunde „tragen" kann, und notieren Sie Schwierigkeiten, die bei ihrem Einsatz auftreten könnten.
- Konzipieren Sie für eine Einheit Ihrer Wahl eine Blütenaufgabe nach den genannten Kriterien. Notieren Sie, worin bei den einzelnen Teilaufgaben jeweils die Schwierigkeiten für die SuS liegen sollen.

13 Begriffslernen im Mathematikunterricht

Ihr Entwurf sollte gegen Ende der Ausbildung mindestens innerhalb der Reihenplanung oder der didaktischen Begründungen erkennen lassen, inwiefern Sie Grundlagen des Begriffslernens berücksichtigen, falls Ihre Stunde dies tangiert.

Das Lernen von Begriffen ist eines der zentralen mathematikdidaktischen Themen, um die es innerhalb der Ausbildung zum Mathematiklehrer kein Herum gibt und geben darf. Alle LuL sind gut beraten, wenn sie die Grundzüge des Themas kennen und diese innerhalb der Unterrichts- und Reihenplanung entsprechend didaktisch berücksichtigen (vgl. Kapitel 3 zum schriftlichen Entwurf).

Was ist ein Begriff im Sinne der Mathematikdidaktik?
Innermathematisch kommt dem Ausdruck „Begriff" eine modifizierte Bedeutung zu:

> Von einem „Begriff" sprechen wir dann, wenn damit nicht nur ein einzelnes Objekt oder ein Gegenstand, sondern eine Gesamtheit oder Kategorie gemeint ist, zu der der Gegenstand gehört. (Weigand 2012, S. 4)

Beispiele im Sinne dieser Definition sind demnach: *Quadrat*, *Rechteck* (geometrische Begriffe), *Funktion*, *Zuordnung* (Oberbegriffe), *quadratische Funktion*, *lineare Zuordnung* (Unterbegriffe).

Im Unterricht werden die SuS nahezu in jeder Stunde mit einer Vielzahl von mathematischen Begriffen konfrontiert, mit denen sie umgehen müssen. Diese müssen den SuS innerhalb ihres Fachwort- und Bildungssprachenwortschatzes „bekannt" sein (unterste Ebene im Begriffslernprozess), um den aktiven Leseprozess überhaupt erst zu ermöglichen und den Denkprozess, der zum Lösen einer bestimmten Aufgabe angestoßen werden muss, nicht schon dadurch aufzuhalten (vgl. Kapitel 14 zur Sprache).

Können SuS einen Fachbegriff oder eine Definition korrekt wiedergeben, so sagt dies für die LuL jedoch nur relativ wenig darüber aus, ob der Begriff auch wirklich verstanden worden ist. Das reine Kennen oder Wiedergeben darf die LuL somit nicht zufriedenstellen!

HINWEIS
Als Lehrer muss Ihnen bewusst sein, was ein mathematischer Begriff ist. Erst dann wird klar, dass die (häufige) Nichtbeachtung im Unterricht zu vielen Wissenslücken bei SuS führt!

13.1 Wann ist ein Begriff von den SuS wirklich verstanden?

Orientiert an Vollrath (2012) und Weigand (2012) muss Folgendes den Begriffsbildungsprozess begleiten: Die SuS müssen

- die Bezeichnung des Begriffs kennen und einen Überblick über die Gesamtheit aller dazugehörigen Objekte erhalten (Begriffsumfang);
- Beispiele und Gegenbeispiele angeben oder identifizieren und die Wahl begründen können;
- Eigenschaften kennen und vor allem Kenntnisse, Vorstellungen und Fähigkeiten im Umgang mit Merkmalen oder Eigenschaften anwenden oder entwickeln können (beim Argumentieren, Problemlösen, Modellieren usw.), also damit in diversen Kontexten „arbeiten" können;
- ein Begriffsnetz ausbilden, also Beziehungen des Begriffs zu anderen aufzeigen können.

HINWEIS
Aus diesen Punkten lassen sich auch didaktische Ansprüche an eine gute Reihenplanung ableiten! (Ein Abgleich mit den Angeboten des Lehrwerks ist notwendig!)

Am Beispiel der Einheit zum exponentiellen Wachstum werden nachfolgend die Indikatoren aufgefächert, die in der Einheit für die verschiedenen Bereiche des Begriffslernens berücksichtigt werden müssen (zur Unterscheidung von Indikatoren und Kompetenzen vgl. Kapitel 7.2):

- *Beispiele benennen:* Die SuS können Beispiele für ein exponentielles Wachstum nennen, zum Beispiel Bakterien, Algen, Zinseszinsen.
- *Gegenbeispiele benennen:* Die SuS können konkrete Gegenbeispiele nennen: Pro Woche wird der Neubau 2 m höher; monatlich wächst das Sparguthaben um 50 €.
- *Beispiele und Gegenbeispiele identifizieren und die Wahl begründen können:* Die SuS identifizieren Beispiele und Gegenbeispiele in verschiedenen Darstellungsformen (Funktionsterm, Tabelle, Graph, Text) und begründen mit Hilfe von Wachstumsrate, Steigungsverhalten, Funktionsterm u. a.
- *Eigenschaften kennen und anwenden (damit „arbeiten"):* Die SuS nutzen die Eigenschaften der Exponentialfunkton zum Lösen diverser Aufgabenstellungen (Problemlösen). Sie stellen beispielsweise Funktionsterme auf, berechnen Wachstumsraten und interpretieren ihre Ergebnisse im Aufgabenkontext.
- *Begriffsnetz ausbilden, abgrenzen, Verständnis- und Sprachbeziehungen zu anderen Begriffen herstellen:* Die SuS grenzen Wachstumsarten (lineares, quadratisches, exponentielles) voneinander ab, bewerten Sachverhalte (zum Beispiel Modellierungsaufgaben im Bereich der Zinsrechnung) usw.
- *In ihren Ausführungen die korrekte Fachsprache und zusammenhängenden Begriffe nutzen:* Graph, Funktion, Nullstelle, Steigung, Funktionsgleichung, Wertetabelle usw.

Das Erarbeiten und Vertiefen von Begriffen kann auf verschiedenen Ebenen erfolgen:

- *enaktive Ebene:* Die SuS vollführen mathematische Handlungen mit den konkreten Objekten (zum Beispiel falten, konstruieren, Körper und Modelle ordnen, was die Erstbegegnung und Vorerfahrung mit dem Begriff ermöglicht).
- *ikonische Ebene:* Die SuS arbeiten mit bildhaften Darstellungen (zum Beispiel entsprechende Bilder von Quadraten, Parallelogrammen und Rechtecken ordnen und gruppieren oder bestimmte Eigenschaften anhand von Bildern auffinden).
- *sprachliche Ebene:* Beschreibungen und Erklärungen von Merkmalen, Eigenschaften, Gemeinsamkeiten und Unterschieden. Hierzu zählt auch reflektierendes Lernen: Inwieweit ist die von mir (meinem Partner) formulierte Erklärung/Definition passend zu dem vor uns liegenden Objekt?

Der für die Sekundarstufe zentrale Ansatzpunkt für die Verinnerlichung eines Begriffs ist vermutlich die Erarbeitung, Festigung und Verknüpfung im Begriffsnetz (Beziehung zu verwandten Unter- und Oberbegriffen) mithilfe von Beispielen, Gegenbeispielen und sprachlichen Erläuterungen (vgl. Zech 2002, S. 261 f.). Schon Kleinkinder lernen nach diesem Prinzip. So wird zum Beispiel der einmal gelernte „Hund" schnell vom Kind auf die Katze übertragen und auch diese als Hund benannt (gleiche Eigenschaft: 4 Beine). Erst später, nach genauerer Kenntnis der Eigenschaften eines Hundes, wird die Katze von diesem begrifflich unterschieden.

APP-Möglichkeit
z. B. H5p.org

Im Unterricht obliegt es den LuL, geeignete Aufgabenformate und Methoden zu integrieren, die die SuS motivieren, Eigenschaften abzuleiten, zu formulieren, gegenüberzustellen und sie somit zum ausgeschärften Begriff hinzuführen.

Somit ist ein wesentlicher Teil im Lernprozess von Begriffen mit Sprache verbunden. Aus den Überlegungen wird Folgendes deutlich:

- Der Prozess des Begriffslernens kann nicht innerhalb einer Stunde abgeschlossen sein, sondern zieht sich in der Regel über einen längeren Zeitraum (eine Einheit oder ganze Schuljahre); der Begriff muss häufig, angepasst an das Denkvermögen bzw. den Entwicklungsstand der SuS, eingegrenzt und später erweitert werden. So ist zum Beispiel der Achsensymmetriebegriff in der Grundschule noch stark mit der Handlung mit dem konkreten Objekt verbunden (eine Figur ist achsensymmetrisch, wenn diese eine Faltlinie besitzt) und wird in Klasse 5 erweitert (für alle Punkte der Figur gilt: die Verbindungsstrecke zwischen einem Punkt und dessen Bildpunkt steht senkrecht auf der Symmetrieachse; Punkt und Bildpunkt haben von der Spiegelachse den gleichen Abstand).

- Begriffslernen hängt untrennbar mit Sprache und den damit zusammenhängenden Kompetenzen (Argumentieren, Begründen, Beschreiben usw.) zusammen.
- Methoden, die die Begriffsbildung fördern, stellen zu großen Teilen auch Methoden zur Sprachförderung im Fach dar (vgl. Kapitel 14).
- Scharf abgegrenzte Begriffe, die verinnerlich wurden, werden benötigt, um sich neue Begriffe zu erschließen. Sie sind Voraussetzung für logische Schlussfolgerungen und das (irgendwann anstehende) Formulieren von Definitionen und das Führen von Beweisen.

13.2 Methoden zur Begriffsbildung

Kapitel 10 und 14 dieses Buches stellen zahlreiche Methoden für den Mathematikunterricht vor, von denen sich einige speziell für die Begriffsbildung anbieten (siehe Hinweis-Kasten). Nachfolgend soll noch eine weitere geeignete Methode vorgestellt werden.

HINWEIS
Geeignete Methoden zur Begriffsbildung aus Kapitel 14:
- Erklärungen/Begründungen schreiben
- Der Mathebucheintrag
- Wortwolke
- Textpuzzle
- Mathetabu
- Zuordnungsaufgaben
- Lückentext

Geeignete Methoden aus Kapitel 10:
- Erarbeitungstabelle
- Steckbrief
- Stimmt! – Stimmt nicht!

Das Frayer-Modell

Das Frayer-Modell geht zurück auf Dorothy Frayer[1] und wurde erdacht, um neue Begriffe zu festigen und ein Begriffsnetz auszuschärfen. Die SuS notieren Beispiele, Gegenbeispiele und Eigenschaften zum angegebenen Begriff und schärfen so ihre Begriffsvorstellung.

Eignet sich für:
- Sammlung von Beispielen und Gegenbeispielen
- Einzelarbeit, Partnerarbeit
- Sicherungen am Ende einer Einheit
- Brainstorming am Anfang einer Einheit, Wiederholungen
- Diagnosemittel für LuL

Alternativ kann das Frayer-Modell den SuS in einer zum Teil ausgefüllten Variante gegeben werden, wobei die SuS zum Beispiel Begriff oder fehlende Beispiele und Eigenschaften ausfüllen müssen.

In dieser Form eignet es sich auch als Einstieg oder Wiederholung in einer Übungsstunde. Wird digital gestützt gearbeitet, können die SuS das Modell am Pad zeichnen, ausfüllen und in einer Pair-Phase kollaborativ bearbeiten.

APP-Möglichkeit
z. B. ZohoWriter; SyncSpace

1 Vgl. https://wvde.state.wv.us/strategybank/FrayerModel.html (Zugriff: 05.08.2016).

BEISPIEL: FRAYER-MODELL

Meine Definition
[alternativ: Meine Erklärung]

Alle Funktionen der Form $f(x) = ax^2 + bx + c$ ($a, b, c \in \mathbb{R}, a \neq 0$) bezeichnet man als quadratische Funktionen.

Eigenschaften/Beschreibung:

- Der Graph ist eine Parabel.
- Die Steigung des Graphen ist keine Konstante.
- Die Funktion kann eine, zwei oder keine Nullstellen haben.
- $f(x) = x^2$ wird als Normalparabel bezeichnet.

quadratische Funktionen

Beispiele:
$f(x) = (x - 2)^2$
$f(x) = (x + 2)^2 + 3$
$f(x) = 2x^2 + 3x + 4$
Beispiele für quadratische Funktionen und deren Graphen kennen wir von Brücken, Tunneln, Kirchen, Snowboardsprüngen und geworfenen Gegenständen.

Gegenbeispiele:

- alle Funktionen, die nicht quadratisch sind, also nicht 2 als höchsten Exponenten besitzen
- z. B. lineare Funktionen der Form $f(x) = mx + b$

FRAGEN ZUM WEITERDENKEN FÜR DIE SEMINARARBEIT ODER DAS HEIMSTUDIUM

- Machen Sie sich die mathematischen Begriffe bewusst, die in der aktuell vor Ihnen liegenden Einheit enthalten sind, indem Sie sie herausschreiben. Wählen Sie anschließend geeignete Methoden, um Ihren SuS die Vertiefung und den variablen Umgang damit zu ermöglichen.
- Notieren Sie 2 Beispiele für Ober- und dazugehörige Unterbegriffe. Finden Sie je 3 Beispiele für Begriffe, die kurzfristig, etwa innerhalb einer Einheit, durchdrungen und von SuS gelernt werden können, und für solche, die sehr langfristig (über mehrere Jahre) erlernt und erweitert werden müssen.
- Notieren Sie die relevanten (notwendigen) Eigenschaften zum Begriff *Quadrat* und weitere unwichtige Eigenschaften und Größen. Zeichnen Sie nun Beispiele, die sich in unwichtigen Eigenschaften und Größen unterscheiden, und Gegenbeispiele, die relevante Eigenschaften nicht erfüllen.
- Lesen Sie sich nochmals die Aspekte des Begriffsbildungsprozesses durch und formulieren Sie Konsequenzen (analog zum Beispiel der Einheit zum exponentiellen Wachstum) für die Unterrichtseinheit zu proportionalen und antiproportionalen Zuordnungen.

14 Sprache im Mathematikunterricht – warum?

„Die Grenzen meiner Sprache bedeuten die Grenzen meiner Welt." Ludwig Wittgensteins nahezu 100 Jahre alter Aphorismus verdeutlicht auch in der aktuellen Diskussion rund um das Thema Sprache im Fachunterricht eines pointiert: Sprache, sei sie gesprochen oder geschrieben, stellt als linguistisches System den Kontakt zwischen Bewusstsein und der äußeren Welt her. Das Lernen von Mathematik und sprachliches Lernen sind miteinander eng verbunden und nicht zu trennen! Das Lernen von Mathematik vollzieht sich in großen Teilen im Gespräch. Somit ist die Sprache im Unterricht nicht nur das relevanteste Transportmittel von Informationen, sondern eben auch als Konstruktionsmittel von Wissen zu begreifen (vgl. Leisen 2006; Kuzewitz 2015).

Fehlt entsprechende sprachliche Kompetenz, stößt man an eine Grenze zum Wissenserwerb, die Materie wird nicht durchdrungen und neue Lerninhalte nicht erfasst. Eine unzulängliche Beherrschung der Unterrichtssprache stellt für viele SuS eine solche sogenannte Grenze zum Wissenserwerb dar. Wer eine Aufgabe oder einen kurzen Text nicht lesen kann, oder nur den mechanischen Leseprozess beherrscht, jedoch nicht sinnentnehmend liest und Informationen nicht über einzelne Sätze hinweg verknüpfen kann, der scheitert häufig bereits bei den ersten Startbemühungen, kann nicht mathematisieren und beginnt, wenn überhaupt, häufig schon mit verringerter Motivation.

Es ist offensichtlich, dass die Entwicklung einer Sprachkompetenz im Fach sich nicht lediglich auf die Förderung der Kommunikation beschränken darf. Der Lernprozess muss vielmehr stets mit Blick auf diverse Kompetenzbereiche (hören, sprechen, lesen, schreiben) betrachtet werden.

Unter anderem seit PISA 2000 wissen wir, dass die Lesekompetenz der deutschen SuS eine nicht wünschenswerte Ausprägung zeigt (vgl. Baumert u. a. 2001). Seitdem findet sich Sprachförderung verpflichtend in diversen Schulgesetzen und Lehrplänen.

Die etwa seit 2004 bestehende Kompetenzorientierung des Mathematikunterrichts (vgl. MfSJK NRW 2004 a und b) führte unter anderem zur verstärkten Ausschärfung des Blickes auf die Kompetenzbereiche des Argumentierens und Kommunizierens und die damit einhergehende niveauvolle Kompetenz des Begründens. Die seitdem zwingende unterrichtliche Auseinandersetzung mit die-

ÜBERSICHT: ENTWICKLUNG VON PISA 2000 BIS ZUM SPRACHSENSIBLEN UNTERRICHT

- Externe Evaluation (PISA 2000 u. a.)
- Förderung der Lesekompetenz und Sprachförderung, Empfehlungen der KMK, Schulgesetz und Lehrpläne
- Kompetenzintegration in den Lehrplänen (ca. 2004)
- neue Aufgabenkultur (vermehrt auch Argumentieren und Begründen)
- Ergebnisse der Unterrichtsforschung: vermehrt sprachliche Probleme auch bei Abschlussprüfungen (2013)
- Forderung: Förderung von möglichst vielen, unterschiedlichen Sprachanlässen im Fachunterricht

sen Bereichen führte zu einem damals wünschenswerten Wechsel der Aufgabenkultur, um die LuL und SuS vermehrt auf die Integration und Förderung von Sprache im Unterricht zu lenken.

Die Probleme der SuS liegen jedoch längst nicht mehr nur im Bereich der ohnehin niveauvollen Kompetenzen des Argumentierens oder der Formulierung von Begründungen. Das Hauptproblem besteht auch nicht darin, mit längeren Sachtexten zu arbeiten, die allerdings in unseren Mathematikbüchern im Allgemeinen kaum zu finden sind. Bereits im viel Kleineren, zum Beispiel auf der Wortebene, dem einfachen Verstehen von Fachbegriffen, haben einige unserer SuS Probleme.

Hinzu kommt, dass die Sprache unserer SuS (Alltagssprache mit Besonderheiten der Jugendsprache) nicht die Sprache der LuL (Bildungssprache und eine andere Form der Alltagssprache) darstellt. Dennoch müssen und sollen LuL die SuS in Kompetenzen der Fachsprache mit deren Besonderheiten und Schwierigkeiten fördern (vgl. Meyer/Prediger 2012).

Gründe für schlechte Schülerleistungen im Sprachbereich lediglich in der Migrationsgeschichte vieler SuS zu suchen, ist mittlerweile veraltet, der direkte Zusammenhang ist widerlegt (vgl. Ralle 2015). Denn eben nicht nur diejenigen,

ÜBERSICHT: SPRACHREGISTER – ALLTAGSSPRACHE, BILDUNGSSPRACHE, FACHSPRACHE

Alltagssprache und Jugendsprache:
- einfache Satzgefüge
- neue Wortschöpfungen und Entlehnungen
- teilweise unvollständige Sätze
- grammakalische Fehler
- teilweise ohne Artikel

Bildungssprache:
- komplexe Satzgefüge
- Vielzahl an Begriffen (die außerhalb des Unterrichts von SuS nicht genutzt werden)
- besondere Verbkonstrukte
- Nominalisierungen
- Komposita
- komplexe Attribute
- Passivkonstruktionen
- Konjunktivkonstruktionen

Fachsprache:
- alle Elemente der Bildungssprache
- Verben in ungewohnter Verwendung
- Symbolsprache
- Bildsprache
- hohe Informationsdichte

die Deutsch als Zweitsprache sprechen, sondern auch Muttersprachler bringen ein unzureichendes Sprachregister mit in die Schule und scheitern an den sprachlichen Anforderungen der Unterrichtsfächer (Gogolin 2009). Ausschlaggebend für ihre sprachliche Sozialisation ist der sozio-ökonomische Kontext, in dem sie aufwachsen. Vermehrt ist dieser durch den Mangel an literalen Erfahrungen im rezeptiven als auch produktiven Umgang gekennzeichnet.

Berücksichtigen Sie (als Fortgeschrittener) sprachsensibles Handeln im Entwurf, z. B. mit Bezug auf Arbeitsblätter und Lernhilfen.

Hinzu kommt, dass diese Probleme nicht innerhalb der unteren Klassen abgebaut werden, sondern sich bis in die oberen Jahrgangsstufen hineintragen und auch bei Abschlussprüfungen zu einem nicht unerheblichen Teil zu schlechten Ergebnissen führen (vgl. Gürsoy u. a. 2013).

14.1 Wo liegen Probleme? Sprachliche Hürden auf Wort-, Satz- und Textebene

HINWEIS
Download-Material: Weitere Beispiele für sprachliche Hürden

Auch wenn eine mathematische Kompetenz vorhanden ist, stellen gerade konzeptuelle sprachliche Besonderheiten der Sprache des Mathematikunterrichts eine Verstehenshürde dar (vgl. Prediger 2012). Eigene Fachbegriffe, feststehende Satzkonstruktionen sowie Textsorten (Definitionen, Merksätze, Textaufgaben) charakterisieren die spezifische Sprechweise. Sie dienen mit ihrer optimierten Bedeutung und ihrem Maximum an Genauigkeit dem jeweiligen Kommunikationszweck. Meist ist dieser jedoch abstrakt und von einer konkreten Sprechsituation losgelöst. Aufgrund der Dekontextualisierung ist es für den Lerner schwierig, die eigentliche Aufgabe zu erkennen, da er zunächst die Komplexität der Formulierung bewältigen muss.

BEISPIEL: SPRACHLICHE HÜRDEN

„Für Lebensmittel, Bücher und Zeitungen gilt ein *ermäßigter* Steuersatz von 7 %." „Ein Kapital ergibt zu 8 % *verzinst* 160 € Zinsen."	attributives Adjektiv, Partizip II, ersetzt einen Teilsatz, ermöglicht Informationsverdichtung
„Wie viel *wird benötigt*?"	Vorgangspassiv, losgelöst von Person, generalisierend
„Der Kehrwert des Bruches *wird gebildet*."	Vorgangspassiv, losgelöst von Person, impliziter Auftrag
„*Man* addiert …"	Indefinitpronomen, unpersönlich und abstrakt
„Für die Grundkonstruktion braucht man zwei Seiten und den *eingeschlossenen* Winkel."	attributives Adjektiv im Dativ, Adjektivierung aus Verb spezifisches Merkmal des Winkels

„Um wie viel Prozent *ließe sich* dieser Anteil senken?“	reflexive Konjunktivform des Verbs nur eine indirekte Möglichkeit ist dargestellt
„Die drei Dreieckshöhen *schneiden sich* in einem Schnittpunkt H.“	Reflexivverb, Fachbegriff, vom Alltagsbegriff abweichend, Personalisierung unbelebter, abstrakter Subjekte
„*Miss* den Abstand!“	Imperativform des Verbs, häufig unbekannt; Grundform des Verbs muss zum Operationalisieren gefunden werden
„Die Temperatur *ist* um das Vielfache *gesunken.*“	komplexe Zeitform, Indikativ Perfekt, drückt eine abgeschlossene Handlung aus der Vergangenheit in Bezug auf die Gegenwart aus
„Beschreibt Bedingungen, wann die Tabelle eindeutig *ausfüllbar* ist.“	attributives Adjektiv, Adjektivierung aus Verb + Suffix *„bar“*, impliziert eine Bedingung, Aufforderung zum Ausfüllen muss erkannt werden
„Wie wurde hier *faktorisiert?*“	Fachbegriff im Indikativ Präteritum Passiv, Kenntnis ist Voraussetzung, kann ohne Subjekt verwendet werden und somit abstrakt und unpersönlich
„Die *Viereckshöhen* werden ...“	Mehrfachkompositum zur Spezifizierung, Artikel richtet sich nach dem Endwort
„Das Fünfeck hat einen *Umfang* ...“	gebundene Verwendung eines Präpositionalattributes, feststehende Verwendung, Bezug muss erkannt werden
„Das Schaubild zeigt, wie sich die Wasserkosten *bei steigendem Verbrauch* entwickeln.“	komplexe Präpositionalphrase mit attributiven Adjektiv, implizite Information
„*Berechnet man* aus dem Flächeninhalt eines Quadrats die Länge der Grundseite, *so* sagt man dazu auch ‚Quadratwurzel‘.“	Kausalzusammenhang zwischen Vorgehen und Bezeichnung muss erkannt werden
„Was muss beim *Eingeben* beachtet werden?“	substantiviertes Verb, erhöhter Abstraktionsgrad, Unpersönlichkeit
„Ein Straßentunnel, *der in Form eines Halbkreises gebaut ist*, ist 7 m breit.“	Relativsatz zur Spezifizierung, komplexes Satzgefüge, erhöhte Informationsdichte
„Das Quadrat soll *maßstäblich* vergrößert werden, sodass ...!“	Adjektiv, Adjektivierung aus Nomen, Maßstabberechnung muss erkannt werden
„Auf welchen *Abzug* passt das Bild vollständig?“, „Addiere die *Augenzahl!*“, „Das *Einzugsgebiet* ...“, „Berechne die Fläche der *Giebelwand!*“	(bildungssprachliche) Alltagsbegriffe. Kenntnis ist vorausgesetzt, aber die Begriffe häufig nicht geläufig.

(Aufgabentextteile aus Böer u. a. 2011

14.2 Sprachförderung konkret – wie gehe ich es an?

Aus dem Vorangehenden wird klar, dass sich jeder Lehrer mit Sprachförderung beschäftigen muss, was nicht aus dem institutionellen Zwang (Lehrpläne und Schulgesetze, vgl. APO – S1, NRW, § 6/6) resultieren sollte, sondern schon aus dem eigentlichen Interesse und der Notwendigkeit heraus, den mathematischen Lernprozess und die Entwicklung der SuS im Lichte der Sprachförderung zu optimieren.

LuL müssen, um Sprache zu fördern, ihre SuS möglichst oft auf unterschiedlichen Wegen in ein vielfältiges „Sprachbad" setzen (vgl. Leisen 2013, Bd. 1, S. 76). Die Lernumgebung, Aufgaben, Methoden und die Lehrperson mit ihrer Sprache bilden dabei den Rahmen des Sprachbads. Ein reichhaltiges Sprachbad sollte den SuS eine Vielzahl von Sprachreizen (hören, sprechen, lesen, schreiben) ermöglichen.

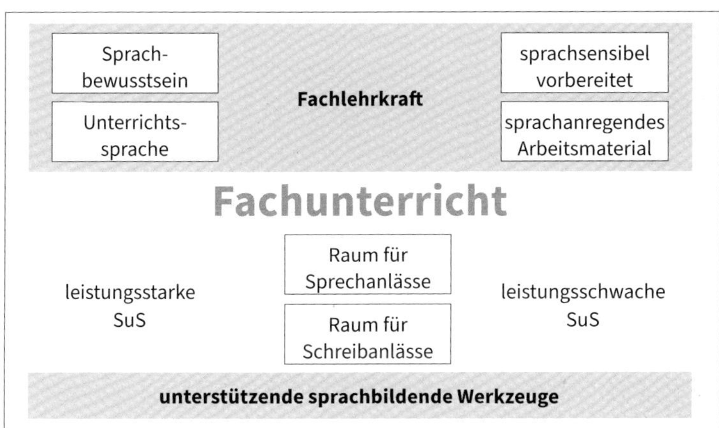

Sprachbildung im Fachunterricht

Einige Grundsätze zur Sprachförderung und für den Aufbau eines Förderkonzeptes an der eigenen Schule:

- Fachlehrer müssen nicht zu „Fachgrammatiklehrern" werden, das heißt, im Zentrum der Planungen sollte nach wie vor stets die fachdidaktische Überlegung stehen. Diese sollten jedoch mit Blick auf die Sprachförderung entwickelt werden.
- Es geht darum, LuL für sprachlich besondere Situationen zu sensibilisieren. Sie müssen sich darüber bewusst werden, dass sie im Schulalltag als Sprachvorbild fungieren und somit eine besondere Rolle bei der sprachlichen Entwicklung der Heranwachsenden übernehmen. Daraus folgernd bedeutet dies,

auch ein Fachlehrer sollte über ein sprachlich möglichst reichhaltiges Sprachrepertoire verfügen. Im besten Fall verfügt er über eine exzellente Fach- und Bildungssprache, die er jederzeit schülergerecht dosieren kann. Er vermeidet sprachliche Überforderungen, indem er an der sprachlichen Ausgangslage der SuS ansetzt und diese sukzessive mit reichhaltigem sprachlichen Input nährt. Dabei setzt er geschickt verschiedene Sprachreize und gibt mit zur Verfügung stehenden Sprachwerkzeugen Hilfestellung, um die Heranwachsenden zu befähigen, sich selbst bestmöglich auszudrücken.

- Das Beherrschen einer fehlerfreien Grammatik ist dabei die Grundvoraussetzung. Salopper umgangssprachlicher Sprachgebrauch oder das Anwenden von Jugendsprache können zwar an der einen oder anderen Stelle didaktisch fruchtbar eingesetzt werden, sollten jedoch die Ausnahme darstellen.
- Sprachförderung ist für alle da (schwache und starke SuS) und kann auf verschiedenen Niveaustufen erfolgen. Daraus resultiert, dass sich von der Hauptschule bis zum Gymnasium nicht die Notwendigkeit, sondern lediglich die Aufgabenstellung oder Methode ändert (vgl. Kapitel 8).
- Sprachförderung geht mit der dezentralen Rolle des Lehrers einher. Auch hierin liegt ein Grund, den Unterricht schüleraktivierender zu gestalten. Daraus darf jedoch nicht resultieren, dass der Lehrer sich aus seiner Rolle als „Sprachvorbild" zurückzieht!
- Der gute Lehrervortrag (vgl. Kapitel 9) steht nicht im Widerspruch zur modernen Sprachförderung, da er einen positiven Höranlass liefert, der von hoher Bedeutung für das Sprachenlernen ist.
- In jeder Einheit sollte Sprache gefördert werden (eventuell 1 bis 2 Stunden zusätzlich mit entsprechender Methode).
- Alternative Mathestunden ausdenken: Lesestunden, Schreibstunden (vgl. Kapitel 10 und Methoden zur Sprachförderung).
- An Sprachförderung müssen sich alle Schulfächer aktiv beteiligen (Schulprogramm, Fachgruppenabsprachen usw.).
- Grundsätze festlegen (Fachschaft, schulinterne Lehrpläne).

HINWEIS
Ebenso wie bei der sonstigen Differenzierung werden starke SuS bei der Sprachförderung (nach oben hin) häufig vergessen.

14.3 Unterstützende sprachbildende Methoden und Werkzeuge

So wie man eine Fremdsprache am besten im alltäglichen Leben des Landes, in dem sie im Kontext gesprochen wird, erlernt, so verhält es sich auch mit dem Aneignen eines Sprachrepertoires, das den Lernenden befähigt, mit den Anforderungen der Unterrichtssprache zurechtzukommen.

Der Fachlehrer schafft mithilfe von Methoden und Aufgaben vielfältige Gelegenheiten, kontextgebundene literale Erfahrungen zu machen und hilft dabei, sich über den Unterschied zwischen Umgangs- und Bildungs- als Fachsprache bewusst zu werden. In der Unterrichtsplanung sind Phasen, in denen die Möglichkeit zum produktiven Sprechen und Schreiben gegeben ist, zu berücksichtigen.

Sprachbildende Werkzeuge unterstützen die SuS bei ihren „ersten Schritten" und können sukzessiv abgebaut oder verstärkt werden. Unterstützende Sprachwerkzeuge (vgl. Kuzewitz 2015) können sein:

- Formulierungshilfen und -gerüste, bestehend aus fachimmanenten, feststehenden Satzbausteinen
- Fachbegriff-Glossare, die während einer Unterrichtseinheit parallel erstellt und genutzt werden
- Sprachplakate, die mathematische Inhalte visualisieren

Schreibanlässe

Schreiben wirkt sich als Wahrnehmungs- und Denkhilfe positiv auf den Lernerfolg aus. Schreiben gilt als wissensgenerierend, es verhilft, Ideen zu sammeln und zu ordnen und somit eigene Gedanken zu entfalten und neue Inhalte zu eigenen greifbaren Konstrukten zu machen (vgl. Thürmann 2006). Ob ein Inhalt richtig und anwendbar verstanden wurde, zeigt sich u. a. in der kontextorientieren schriftlichen Produktion. Hier bietet sich zum Beispiel die Arbeit mit einem Lerntagebuch an (vgl. Gallin/Ruf 1998 a/b; vgl. Kapitel 10).

HINWEIS
Die Ordnung entsprechend des kognitiven Niveaus kann hier nur als grob angesehen werden, da es im Einzelnen vom konkreten Beispiel abhängig ist.

Aus der skizzierten Ist-Situation folgt, dass Aufgaben und Methoden (Sprachreize) vielfältig und differenziert einzusetzen sind. Mithilfe der folgenden Liste können diese in ihrem kognitiven Niveau für SuS grob eingeschätzt werden. Die Sprachreize werden nachfolgend grob nach abnehmender Schwierigkeitsstufe geordnet:

- Begründungen, Beurteilungen, Erklärungen angemessen und fachsprachlich richtig formulieren;
- Argumente angemessen formulieren: Texte korrigieren, zum Beispiel Texte an Rechnungen anpassen (und umgekehrt), eigene Beispiele sachbezogen formulieren;
- Zusammenhänge mithilfe der Fachsprache wiedergeben, fachliche Konventionen, zum Beispiel Beschreibungen im Präsens, Passivkonstruktionen einhalten;

- Zuordnungen bilden (zum Beispiel Rechnungen zu Texten und umgekehrt), sachbezogenen und fachsprachlichen Wortschatz aufbauen; einfache Aussagen formulieren, Sachverhalte mit korrekten Fachbegriffen beschreiben;
- gezieltes Lesen in längeren Texten/Sachtexten;
- Informationen aus verschiedenen Darstellungsformen (kürzere Texte, Diagramme usw.) entnehmen, Sachverhalte wiedergeben/benennen.

Die nachfolgend aufgeführten Methoden und Aufgabenideen beruhen teilweise in ihrer Grundidee auf den von Leisen (2013) oder Witzmann (2015) vorgeschlagenen, werden alle anhand eigener Unterrichtsbeispiele verdeutlicht und wurden teilweise modifiziert. Besonderer Wert bei der Auswahl der Methoden für dieses Unterkapitel wurde darauf gelegt, dass sie sich auf möglichst viele mathematische Inhalte ohne große Modifikation übertragen lassen.

In Teilen finden sich auch eigene Methoden (etwa das suchende Lesen oder der Mathebucheintrag), die sich im Unterricht bewährt haben. Zudem sind Hinweise auf weitere alternative Gestaltungen mit Blick auf mögliche Differenzierungsmöglichkeiten enthalten.

14.3.1 Erweiterte Wortliste

Die SuS notieren begleitend und kontextgebunden während der Einheit die aufkommenden Fachbegriffe und alle anderen, sich aus den Aufgabenkontexten ergebenden Begriffe. Somit stehen in einer sinnvoll angelegten Wortliste mathematische Fachbegriffe und Begriffe der Bildungssprache, die den SuS häufig ebenso nicht bekannt sind.
Die Methode eignet sich für:

- Wortschatzarbeit
- Fachsprache üben
- einen Sachverhalt erläutern/in eigenen Worten verschriftlichen
- Diagnosemittel
- Hausaufgabe
- Jahrgänge 5–11

Hinweise, Fehler, didaktische Bemerkungen:

- Das Anlegen sollte stets kontextgebunden sein und sich aus dem Unterrichtsprozess ergeben. Geschieht dies nicht, ist es für die SuS lediglich ein automatisiertes Ausfüllen und bleibt recht wirkungslos.
- Die Einträge können auch teilweise als Dauerhausaufgabe erfolgen und ähnlich wie ein Lerntagebuch geführt werden.

BEISPIEL: ERWEITERTE WORTLISTE ZUM SATZ DES PYTHAGORAS

Fachbegriffe (Nomen mit Artikeln)	**zugehöriges Verb (im Zusammenhang genutztes Verb)**	**Meine Erklärung, Skizze, Abkürzung, sinnvoller Satz, Beispiel/Gegenbeispiel**
(die) Kathete (die) Hypotenuse	messen, berechnen zeichnen	Im rechtwinkligen Dreieck heißen die Seiten, die den rechten Winkel umgeben, Katheten. Die andere Seite, die dem rechten Winkel gegenüberliegt, heißt Hypotenuse. C Hypotenuse Kathete A Kathete B
(das) Kathetenquadrat/ (das) Quadrat	quadrieren, zeichnen, berechnen	Sinnvoller Satz: *Zeichne das Quadrat über der Hypothenuse.*
(das) Tripel	ein Tripel bilden	
(das) Hypotenusenquadrat		
(das) rechtwinklige Dreieck	ein r. D. zeichnen	
(das) pythagoreische Tripel		
(die) Dreieckshöhe	bestimmen, berechnen, zeichnen	*Berechne die Dreieckshöhe und bestimme anschließend den Flächeninhalt.*
(die) Pyramidenhöhe		
(die) Mantelfläche		
(die) Körperhöhe		
(die) Seitenkante		
(die) Seitenfläche		
(die) Oberfläche		
(der) Flächeninhalt		
Sonstige Begriffe/Ausdrücke:		
(der) Verschnitt (der) Firstbalken (der) Dachfirst (der) Dachgiebel (das) Satteldach (die) Litfaßsäule		Verschnitt ist der „Abfall", z. B. der nichtgenutzte Rest, wenn ein Tischler aus einer rechtwinkligen Platte einen Kreis aussägt. An die Säulen wurden früher Plakate angeklebt. So etwas habe ich hier aber noch nie gesehen.

(die) Türzarge		Darunter versteht man den Rahmen (oft aus Holz), der die Tür umgibt und sie in der Wand festhält. Die Tür ist über die Scharniere mit der Zarge verbunden.
(die) Isolation	isolieren: ich isoliere, man isoliert, Isoliere die Variable a in der Gleichung!	Eine Variable zu isolieren bedeutet, dass sie alleine, getrennt von anderen, auf einer Seite der Gleichung stehen soll. Z. B: $c^2 = a^2 + b^2$ durch $-b^2$ wird nun a isoliert: $a^2 = c^2 - b^2$
pythagoreisch		Drei Zahlen können ein pythagoreisches Tripel darstellen, wenn sie den Satz des P. erfüllen. Z. B: 3,4 und 5, da $3^2 + 4^2 = 5^2$ gilt.

14.3.2 Erklärungen/Begründungen schreiben

APP-Möglichkeit
z. B. Quizlet.com
H5p.org (Dialog-Kasten)

Vgl. hierzu auch den Lerntagebucheintrag in Kapitel 7.3.2. Die SuS schreiben eine Erläuterung zu einem mathematischen Sachverhalt (Regel, Satz, Aufgabenart) in eigenen Worten. Hier kann auch von LuL dazu aufgefordert werden, Beispiele und Gegenbeispiele zu notieren. Im kooperativen Unterricht kann mit dem Partner getauscht werden und ein Austausch erfolgen.

Alternative: „Wie sagst du es ...?“ (Beschreibe mit eigenen Worten), zum Beispiel: *Basis, Wurzel, Kathete.*

Die Methode eignet sich für:

- Wortschatzarbeit
- Fachsprache üben
- einen Sachverhalt erläutern, in eigenen Worten verschriftlichen
- Diagnosemittel
- Hausaufgabe
- Begriffslernen
- Differenzierung
- ab Klasse 5 einsetzbar

Hinweise, Fehler, didaktische Bemerkungen:

- Dieses Mittel ist jederzeit einsetzbar und bietet einen sehr einfach zu integrierenden Sprachanlass. Wie alle Methoden darf auch diese in der Häufigkeit nicht überstrapaziert werden. Als Portfolio (oder Lerntagebuch) ist es vor allem durch die aktive Auseinandersetzung mit dem Inhalt wesentlich höherwertiger als das häufig benutze Regelheft, das, bleibt es bei passiven Einträgen (durch bloßes Abschreiben), für den Lernerfolg und das sprachliche Lernen ineffektiv sein muss.

BEISPIEL: ERKLÄRUNGEN/BEGRÜNDUNGEN SCHREIBEN – SCHÜLERBEISPIEL AUS KLASSE 6

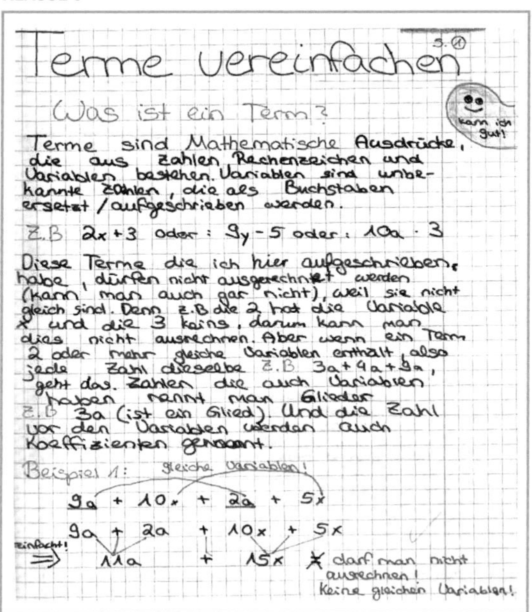

- Den LuL muss klar sein: Erklären „im Kleinen“ geht fast täglich. Beispiele für den „täglichen Gebrauch“:
  - Begründe in eigenen Worten, ob 0,5 = 5 % richtig ist.
  - Beschreibe die Begriffe in deinen Worten, nutze die Hilfe in den Klammern: proportionale Zuordnung (das Doppelte/ Dreifache, zwei Größen).

APP-Möglichkeit
z. B. Goodnotes
OneNote
tumblr.com

14.3.3 Mathebucheintrag

Die SuS schreiben einen kleinen Selbstlerntext, so, wie sie sich einen Lerntext in ihrem Mathebuch wünschen würden.

Die Methode eignet sich für:

- Wortschatzarbeit
- Fachsprache üben
- einen Sachverhalt erläutern, in eigenen Worten verschriftlichen
- einen Sachtext produzieren
- Diagnosemittel
- Hausaufgabe
- Begriffslernen
- Differenzierung nach oben
- ab Klasse 5 einsetzbar

Hinweise, Fehler, didaktische Bemerkungen:

- Diese Methode ist als sehr niveauvoll einzustufen, da es den SuS in der Regel sehr schwerfällt, etwas zu erklären. Hinzu kommt die Schwierigkeit, dies möglichst kurz und anschaulich zu tun. Dennoch bietet es, gelegentlich eingesetzt, eine Abwechslung, die kreativ gestaltet werden darf. In der Folgestunde kann etwa mit dem Partner getauscht, ergänzt, verbessert oder im Plenum diskutiert werden.
- Alternative: Für leistungsschwächere SuS wird eine Struktur (Bilder, Satzanfänge, Leitfragen, Wortwolke) zur Orientierung vorgegeben.

BEISPIELE: MATHEBUCHEINTRAG ZUM THEMA ZINSESZINSEN

Aufgabenstellung

Formuliere über das heute Gelernte einen kurzen Mathematikbucheintrag.
Dieser sollte einem fehlenden Schüler das selbständige Lernen ermöglichen.
Du darfst zum Beispiel:

- kurz und knapp, jedoch in ganzen Sätzen formulieren
- Bilder zeichnen, ein eigenes Beispiel nennen/lösen
- einen Merksatz in eigenen Worten (auch Schülersprache) notieren
- ein Gegenbeispiel/einen Fehler notieren
- kreativ und bunt arbeiten

Schülerbeispiel aus Klasse 8

Lesen und Verstehen

Zinseszinsen:

Wird Kapital für mehr als ein Jahr verzinst, so werden in der Regel am Jahresende die Zinsen berechnet und auf das bisherige Kapital addiert. Im Folgejahr steigt die Summe somit und wird ebenfalls wieder verzinst, wobei durch das höhere Kapital mehr Zinsen anfallen. Und schon sind wir beim Zinseszins angelangt.

Schülerbeispiel aus Klasse 8. Der hier enthaltene Schülerfehler (n als natürliche Zahl) kann didaktisch fruchtbar in Folgestunden (z. B. als Einstieg) genutzt werden. Bedarf aber in jedem Falle einer Rückmeldung durch LuL.

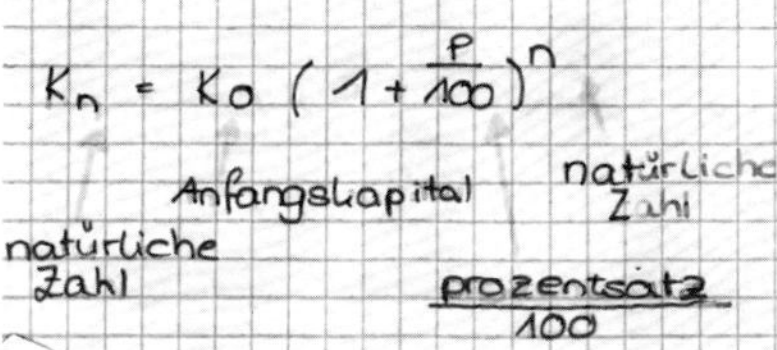

Schülerbeispiel aus Klasse 8

Finde den Fehler und begründe.

Startkapital : 1.000 €

Prozentsatz : 3,7 %

Jahr	Kapital	Zinsen	Kapital + Zinsen
1	1.000 €	37 €	1.037 €
2	1.037 €	37 €	1.074 €
3	1.074 €	37 €	1.111 €

Schülerbeispiel aus Klasse 8

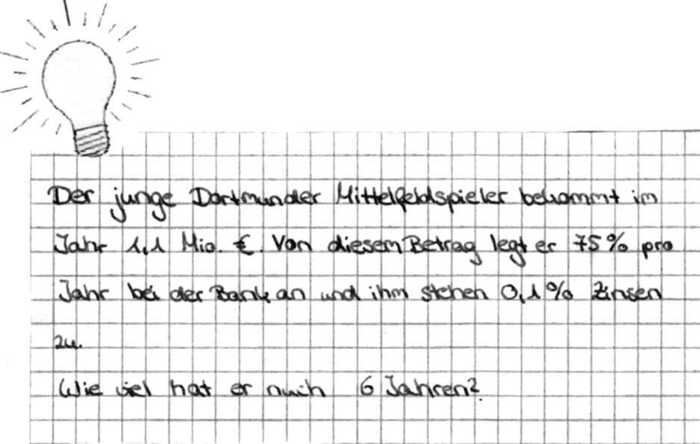

Der junge Dortmunder Mittelfeldspieler bekommt im Jahr 1,1 Mio. €. Von diesem Betrag legt er 75 % pro Jahr bei der Bank an und ihm stehen 0,1 % Zinsen zu.

Wie viel hat er nach 6 Jahren?

14.3.4 Wortwolke

Die SuS erhalten eine ungeordnete Sammlung von Fachbegriffen oder Satzteilen, die sie bei der Merksatz- oder Texterstellung unterstützen. Je nach Schwierigkeitsniveau lassen sich auch falsche Begriffe integrieren und die Anzahl der enthaltenen Teile erweitern.
Die Methode eignet sich für:

- Wortschatzarbeit
- Fachsprache üben
- Begründungen schreiben
- Begriffsbildung (die SuS schreiben mithilfe der Wortwolke einzelne Sätze über Eigenschaften oder einen Kurztext oder eine Definition eines Begriffes)

- einen Sachverhalt erläutern, in eigenen Worten verschriftlichen
- Stundensicherungen
- Stundeneinstiege
- einen Merksatz/Sachtext produzieren
- Diagnosemittel
- Hausaufgabe
- gestufte Hilfen
- ab Klasse 5 einsetzbar

Hinweise, Fehler, didaktische Bemerkungen:

APP-Möglichkeit
z. B. LearningApps
H5p.org

Die Methode lässt sich jederzeit einfach und ohne großen Planungsaufwand integrieren. Ein Wortfeld ist schnell von LuL an der Tafel oder auf einer Folie skizziert. Das oft in Sicherungsphasen auftretende Problem, SuS an der Formulierung von Merksätzen und Ähnlichem zu beteiligen, wird damit deutlich verringert.
Alternativen:

- SuS erstellen mithilfe der Wortwolke einen kleinen Lückentext (niveauvollere Aufgabenstellung).
- Der Stundeneinstieg geschieht über eine Wortwolke, mit deren Hilfe die SuS Aussagen formulieren oder eine Wiederholung verbalisieren.

BEISPIEL: WORTWOLKE

Lineares und exponentielles Wachstum
Du hast dir mithilfe der Tabelle und der Graphen die Unterschiede zwischen den Wachstumsarten erarbeitet. Nutze nun die Wortwolke, um zwei Aussagen (Merksätze) dazu zu formulieren.

14.3.5 Tandembogen

Die SuS erhalten einen Tandembogen mit Aufgaben der aktuellen oder einer vorangegangenen Einheit und formulieren (im Wechsel) zur angegebenen Aufgabe einen entsprechenden Satz, der die dargestellte mathematische Operation beschreibt, der Partner kontrolliert und verbessert.

Die Methode eignet sich für:

- Wortschatzarbeit
- Üben der Fachsprache, Begriffslernen
- Konstruktionsbeschreibungen
- Verbalisierungen, Nachvollziehen von längeren Umformungen (Lösen von LGS, quadratische Ergänzungen usw.)
- einen Sachverhalt in eigenen Worten formulieren
- Übungen am Ende einer Einheit
- ab Klasse 5 einsetzbar

Hinweise, Fehler, didaktische Bemerkungen:

- Die Methode lässt sich eher gegen Mitte oder Ende der Einheit recht einfach und ohne großen Planungsaufwand integrieren. Sie eignet sich aufgrund ihrer Struktur zum Üben und Vertiefen.
- Alternative: Tandembögen lassen sich gegen Ende der Einheit auch teilweise von den SuS selbst erstellen (eventuell Begriffe oder Aufgaben als Hilfestellung geben).

BEISPIEL: TANDEMBOGEN BEISPIEL AUS KLASSE 5

Partner A	Partner B
1. 10 · 5 (Produkt)	**1.** 10 · 5 = 50 (Lösung: Ich bilde/ermittle/berechne das Produkt aus den Zahlen 10 und 5.)
2. 93 ÷ 3 = 31 (Lösung: Ich bilde/ermittle/berechne) den Quotienten aus den Zahlen 93 und 3.)	**2.** 93 ÷ 3 (Quotient)
3. 48 + 13 (Summand, Summe)	**3.** 48 + 13 = 61 (Lösung: Ich bilde/ermittle/berechne die Summe aus den Summanden 48 und 13.)
4. 35 + (24 − 12) = 47 (Lösung: Ich bilde/ermittle/berechne die Summe aus der Zahl 35 und aus der Differenz der Zahlen 24 und 12.)	**4.** 35 + (24 − 12) (Zahl, Summe, Differenz)
5. 8 · (6 + 3) (Produkt, Summe, Zahl)	**5.** 8 · (6 + 3) = 72 (Lösung: Ich bilde/ermittle/berechne das Produkt der Zahl 8 und der Summe aus den Zahlen 6 und 3.)
6. (24 + 4) ÷ (22 − 12) = 2,8 (Lösung: Ich bilde/ermittle/berechne den Quotienten aus der Summe der Zahlen 24 und 4 sowie der Differenz aus 22 und 12.)	**6.** (24 + 4) ÷ (22 − 12) (Quotient, Summe sowie Differenz)

14.3.6 Suchendes Lesen ❷

APP-Möglichkeit
z. B. H5p.org

Die SuS erhalten einen Aufgabentext und eine konkrete Fragestellung. Vor der eigentlichen Mathematisierung besteht die Schwierigkeit darin, für die Fragestellung sinnvolle von nicht sinnvollen, nicht zielführenden Informationen zu trennen, den Text also nach passenden Informationen abzusuchen. Die Methode lässt sich je nach Textlänge, der Menge der nicht zielführenden Informationen, der Frage- und Aufgabenstellung sehr niveaudifferent einsetzen.

Die Methode eignet sich für:

- gezieltes Lesen üben, Leseverständnis fördern
- Abbau der bei SuS sehr beliebten „Fehler-Strategie": „Mit den gegebenen Werten muss ich rechnen!" (siehe untenstehende Bemerkung)
- Vorgehen bei Textaufgaben einüben
- Wortschatzarbeit
- Fachsprache üben
- Übungsstunden
- Diagnosemittel
- Hausaufgaben
- einsetzbar in Grundschule und Sekundarstufe I

Hinweise, Fehler, didaktische Bemerkungen:

- Die Methode lässt sich jederzeit integrieren und verlangt von LuL lediglich etwas kreatives Schreiben, da vorhandene Lehrbuchaufgaben als „Textfundament" dienen können. Zu beachten ist, dass für schwache Lerngruppen bereits sehr wenige, nicht zielführende Informationen eine große zusätzliche Schwierigkeit im Textleseverstehen darstellen. Dieses muss also sehr behutsam gesteigert werden.
- SuS neigen dazu, häufig nach dem Prinzip „Mit den gegebenen Werten muss ich rechnen!" einfach mit den gegebenen Werten die zuletzt behandelten Operationen durchzuführen (vgl. hierzu auch Krägeloh/Prediger 2015), ohne inhaltlich zu denken – was durch die gelegentliche Integration der Methode verringert wird.

Die Methode erfordert von LuL etwas kreative Schreibkompetenz, mit der sie einen kleinen, motivierenden Text um die ursprüngliche Aufgabe schreiben oder weitere, für die Rechnung überflüssige Informationen vermitteln. Hier ist behutsam zu formulieren, um die SuS nicht zu überfordern. Gleichzeitig steckt hier zum Beispiel die Möglichkeit, verschiedene Texte (und damit verbunden Niveaustufen) um eine identische Kernaufgabe zu formulieren und somit zu differenzieren. Eventuell können auch weitere Aufgaben integriert werden, die mit den anderen Textstellen zu beantworten sind.

BEISPIEL: SUCHENDES LESEN – BEISPIEL KLASSE 5 (EINFÜHRUNG TEXTAUFGABEN)

Die folgende Aufgabe ist ein im Sprachbereich eher anspruchsvolles Beispiel, bei dem die Mathematisierung für die Lerngruppe hingegen bewusst einfach gehalten wurde. Die eigentliche Aufgabe ist hier zur Verdeutlichung kursiv gedruckt.

Herr Henningsen fährt täglich etwa 8 km mit dem Rad zur Schule. Dafür benötigt er ca. 25 Minuten. Das Bürogebäude hat 8 Stockwerke und eine Höhe von ca. 25 m.
Um in sein Büro zu kommen, muss er täglich den Aufzug nehmen. *Jeden Tag wartet er insgesamt 1 Minute auf den alten Aufzug. Herr Henningsen arbeitet an 220 Tagen im Jahr. Bei den 2 täglichen Fahrten bekommt er stets ein flaues Gefühl im Bauch. Das Ruckeln und das schlechte Licht bekommen ihm einfach nicht. Der langsame, alte Aufzug quält ihn dabei immer für ganze 2 Minuten.* Während der Fahrt denkt Herr Henningsen daher oft an seine Familie, um sich abzulenken. Gelegentlich liest er aber auch das Metallschild des Herstellers: „Dieser Aufzug hat eine Tragfähigkeit von 1200 kg oder 15 Personen.“
Wie viel Lebenszeit verbringt Herr Henningsen pro Jahr im und vor dem Aufzug?

Einzelarbeit: Lies den Text erst einmal durch. Unterstreiche nun die für die Frage wichtigen Textteile. Fülle die Tabelle aus und berechne.
Partnerarbeit: Vergleiche deine Lösung mit deinem Partner/deiner Partnerin.

Frage: ____________________

Hierzu passende Informationen: (Zahlenwert und Bedeutung)	Meine Rechnung:
____________________	____________________
____________________	____________________

Mein Antwortsatz: ____________________

Überlege dir noch mindestens eine weitere Frage, die du mithilfe des Textes bearbeiten kannst.
Meine Frage: ____________________

Hierzu passende Informationen: (Zahlenwert und Bedeutung)	Meine Rechnung:
____________________	____________________
____________________	____________________

Mein Antwortsatz: ____________________

Textpuzzle

Die SuS erhalten zu einer vorgegebenen Aufgabe mehrere Sätze oder Satzteile, die zu einem sinnvoll aufgebauten Text oder in eine entsprechende Reihenfolge gebracht werden müssen.
Die Methode eignet sich für:

- Wortschatzarbeit
- Fachsprache üben

HINWEIS
Download-Material: Zusatzbeispiel zum suchenden Lesen

- Begriffsbildung (Begründungen, Definitionen, Eigenschaften von Begriffen) versprachlichen
- Leseverständnis fördern
- Verfahrensbeschreibungen
- Konstruktionsbeschreibungen
- Hausaufgaben
- einen Sachverhalt erläutern, in eigenen Worten verschriftlichen
- Stundensicherungen
- Übungsstunden
- einen Merksatz/Sachtext produzieren
- Hausaufgabe
- gestufte Hilfen
- ab Klasse 5 einsetzbar

BEISPIEL: TEXTPUZZLE ZUR QUADRATISCHEN ERGÄNZUNG

Die Scheitelpunktform erzeugen:
Du kennst bereits die Scheitelpunktform, $f(x) = (x+d)^2 + e$ der quadratischen Funktion.
Du weißt, wie man den Scheitelpunkt daraus abliest und das entsprechende Schaubild zeichnet.
Auch Funktionen der Form $f(x) = x^2 + px + q$ kann man in die Scheitelpunktform umformen.

Einzelarbeit:

1 Schau dir genau an, was bei den einzelnen Umformungsschritten gemacht wurde.
2 Ordne nun die Satzzeile den Schritten 1 bis 4 zu.

$f(x) = x^2 + 6x + 7$

1 $f(x) + \left(\frac{6}{2}\right)^2 = x^2 + 6x + \left(\frac{6}{2}\right)^2 + 7$

2 $f(x) + \left(\frac{6}{2}\right)^2 = (x+3)^2 + 7$

3 $f(x) = (x+3)^2 - 2$

4 $S(-3/-2)$

f(x) wird isoliert.

Der Teilterm wird als Binom notiert.

Der Scheitelpunkt wird abgelesen und notiert.

Die quadratische Ergänzung wird addiert.

3 Partnerarbeit: Vergleicht eure Ergebnisse und löst danach gemeinsam Aufgabe 4.
4 Ordnet die Sätze in einer sinnvollen Reihenfolge und notiert sie im Heft:

____ Dadurch haben wir die Scheitelpunktform erzeugt und können nun den Scheitelpunkt (Vorzeichen beachten) notieren.
____ Nicht alle Funktionsschreibweisen lassen den Scheitelpunkt sofort erkennen.
____ Zuerst wird auf beiden Seiten der Gleichung die quadratische Ergänzung addiert.
____ Wir können aber mithilfe der quadratischen Ergänzung eine Scheitelpunktform erzeugen.
____ Dann wird durch Umformen ein Binom erzeugt. (Achtung: Das Quadrat nicht vergessen!)
____ Anschließend wird f(x) „isoliert".

Hinweise, Fehler, didaktische Bemerkungen:

- Die Methode eignet sich besonders, um in Übungsphasen oder Sicherungsphasen (bei Begründungsaufgaben, Beschreibungsformulierungen zum mathematischen Vorgehen oder Konstruktionsbeschreibungen) zu differenzieren.
- Die Methode eignet sich auch bei der Einführung von Inhalten, die nur sehr schwer von SuS selbständig erarbeitet werden können, praktisch als „Weg zum Schülerrezept" (siehe das Beispiel zur quadratischen Ergänzung).
- Während wenige Leistungsträger frei oder mit wenig Hilfe vorgehen, können schwächere SuS so überhaupt erst am Prozess beteiligt werden. Der Lernerfolg ist nicht zu verkennen, da allein durch das mehrmalige Lesen, Ordnen und Abschreiben Sprache aktiv von den SuS genutzt wird. Was LuL im hier gezeigten Beispiel scheinbar trivial erscheint, ist es für die SuS keineswegs!

APP-Möglichkeit
z. B. LearningApps
H5p.org

14.3.8 Mathetabu

Bekannte Variante: Die SuS erhalten wie bei dem bekannten Gesellschaftsspiel *Tabu* Karten mit einem Oberbegriff und mehreren Tabu-Wörtern. Nun muss der Oberbegriff erklärt werden, ohne dass die Tabu-Wörter verwendet werden (vgl. Wagner/Wörn 2011).

Im eigenen Unterricht erwies sich folgende Alternative für sehr sprachschwache SuS als sinnvoll: Die SuS bekommen schon einen Punkt, wenn sie mit den Begriffen einen mathematisch sinnvollen Satz formulieren oder mit den verbotenen Begriffen einen Satz formulieren, der den Oberbegriff beschreibt.
Mögliche Sozialformen: PA, GA oder Klassenverband.
Die Methode eignet sich für:

- Wortschatzarbeit (gegen Ende der Einheit)
- Fachsprache üben
- Erklärungen in eigenen Worten wiedergeben
- Begriffsbildung:
- einen Begriff erläutern/in eigenen Worten formulieren, Eigenschaften bei der Kartenherstellung wiederholen
- Schlussphasen von Einzelstunden
- Hausaufgabe (erstelle eine oder mehrere Karten)
- ab Klasse 5 einsetzbar

Hinweise, Fehler, didaktische Bemerkungen:
Die Methode erfordert von LuL ein wenig Vorbereitungszeit, bereitet den SuS jedoch Freude und kann SuS auf verschiedenem Niveau

APP-Möglichkeit
z. B. H5p.org
LearningApps

ansprechen. Die ursprüngliche Variante muss als sprachlich anspruchsvoll bezeichnet werden.
Alternativen:
- Ebenso wie das Selbsterstellen durch SuS, ist die Möglichkeit des Spiels für schwache SuS gegeben, indem sie „lediglich" Sätze oder sinnvolle Aussagen formulieren müssen. Die Verben dürfen dann nicht vergessen werden!
- Das Selbsterstellen ist eine sehr anspruchsvolle Schüleraufgabe und für die LuL gleichzeitig ein interessantes Diagnoseinstrument.

BEISPIELKARTEN: MATHETABU

proportionale Zuordnung	Hyperbel
Gerade Zusammenhang gehören Menge Preis verdoppeln	Punkte umgekehrt proportional liegen Tieranzahl Futterdauer Kurve

14.3.9 Zuordnungsaufgaben

Hierbei erhalten die SuS Listen mit Sätzen, Satzteilen, Begriffen oder mathematischen Ausdrücken, die sie der entsprechenden mathematischen Schreibweise zuordnen müssen.
Die Methode eignet sich für:
- Fachsprache üben
- Wortschatzarbeit
- Bearbeitung als Hausaufgabe
- Begriffsbildung: verschiedene Darstellungsformen eines Begriffes (soweit existent) werden zugeordnet (Graph, Term, Text, Tabelle usw.).
- ab Klasse 5 einsetzbar

Hinweise, Fehler, didaktische Bemerkungen:
- Die Methode erfordert von LuL ein wenig Vorbereitungszeit, da in diesem Bereich auf wenig Material zurückgegriffen werden kann. Sinnvoll ist auch hier die Kombination mit einer Wortliste. Das Zuordnen ist eine Aufgabenart, die eher für sprachlich schwache SuS geeignet ist, hier aber eine wichtige Grundlagenarbeit darstellt.
- Alternative für stärkere SuS: Die SuS überlegen sich zu vorgegebenen Begriffen eine Aufgabe.

BEISPIELE: ZUORDNUNGSAUFGABEN

Finde die zusammengehörigen Aufgaben und Texte. Verbinde!

$960 = 840 + 120$	Andreas isst jeden Tag 4 Kekse. Wie lange reicht sein Vorrat von 120 Keksen?
$840 - 480 = 360$	
$960 = 840 + 120$	Jonathan hat in den letzten 4 Monaten jeweils 120 € gespart. Wann kann er sich sein Fahrrad für 840 € kaufen?
$120 \div 4 = 30$	
	Die Summe von 120 und 840 ergibt 960.

Verbinde die Begriffe und die dazugehörigen mathematischen Ausdrücke!

eine Gleichung quadratisch ergänzen	$(x-1)(x+2) = x^2 + x - 2$
radizieren	$x^2 + 4x + 4 = (x+2)^2$
ein Binom bilden	$x^2 + 8x + \_\_ = 33 + \_\_$
faktorisieren	$b^4 - 29b + 100 = 0$
eine Lösungsmenge notieren	$w^2 - 29w + 100 = 0$
substituieren	$x^2 + 3x =$
ausmultiplizieren	$x(3+x) =$
	$= \{-1; 4\}$
	$\sqrt{6x}$

14.3.10 Lückentext

Die SuS erhalten einen Sachtext, in den vorgegebene Begriffe gezielt eingesetzt werden müssen. Der oft als verstaubt angesehene Klassiker erfährt zu Recht eine Wiederbelebung: Galten Lückentexte fälschlicherweise als zu trivial und nicht das aktive Lernen unterstützend, so muss dies heute anders gesehen werden. Allein das Lesen und Zuordnen von Begriffen ist ein aktiver Lernprozess und demnach ein probates Mittel der Sprachförderung (siehe auch Kapitel 6). Zusätzlich müssen die SuS noch die richtigen Formen, zum Beispiel die der Adjektive, einsetzen, was über das Triviale hinausgeht.

Die Methode eignet sich für:

- Übung von Fachbegriffen am Ende einer Einheit
- Wortschatzarbeit

BEISPIEL: LÜCKENTEXT (HÖHERES ANSPRUCHSNIVEAU)

Funktionsarten und Wachstumsprozesse

Fülle den Lückentext mithilfe der nebenstehenden Begriffe aus. Achte besonders auf die korrekte Endung der Adjektive. Einzelne Begriffe können doppelt vorkommen.

- quadratische
- (das) Wachstum
- (die) Funktion
- (die) Exponentialfunktion
- (die) Abnahme
- linear
- exponentiell
- (die) Zeit
- $d < 0$
- alt
- (die) Wachstumsrate
- (der) Wachstumsfaktor
- $= 1 + \frac{p}{100}$
- (die) Multiplikation
- subtrahieren
- (der) Prozentsatz
- gleich
- (der) Betrag
- neu
- $d > 0$

Wir haben nun schon verschiedene ________________ kennengelernt.
Dazu gehören die ________________ Funktionen (Bild Nr. ____),
die ____________________ (Bild Nr. ____) und die ________________
Funktionen (Bild Nr. ___)
In vielen unserer Beispiele aus Natur, Technik oder der Wirtschaft veränderten sich die ________________ vieler Größen mit der ________________.
Nimmt der Wert einer Größe zu, nennen wir diesen Vorgang _________.
Verringert sich der Wert, sprechen wir von ________________.
Das _____________oder die ___________ berechnen wir, indem wir die _____ Größe von der ______ Größe ______________.
(d = neue Größe – alte Größe). Wachstum liegt vor, wenn gilt: $d > 0$.
Von Abnahme sprechen wir, wenn gilt: ______.
Nimmt eine bestimmte Größe in einem Zeitraum zum Beispiel um 8 % zu, sprechen wir von einer __________________ von 8 %.
Wie du weißt, erhalten wir dann auch durch eine _________________ den neuen Wert.
Hierzu muss der alte Wert mit q = 1,08 multipliziert werden.
Der Faktor q = __________ wird _________________ genannt.
Beim __________ Wachstum nimmt der Wert einer Größe in gleichen Abschnitten immer um den ________ __________ zu. Anders verhält sich dieses beim ______________ Wachstum. Hier vergrößert sich der Wert dann immer um den gleichen _________________.
Ein __________ Wachstum liegt zum Beispiel vor, wenn Maurer ein Hochhaus pro Woche um zwei Meter Höhe erweitern. Ein ____________ Wachstum liegt zum Beispiel vor, wenn ein Einkommen jedes Jahr um 2 % wächst.

Bild: 1

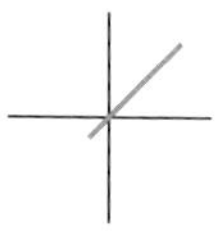

Bild: 2

Bild: 3

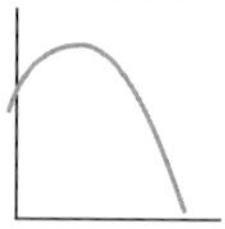

- Sicherungsphasen
- Förderung von aktivem Lesen
- Merksatzformulierungen, die schwächeren SuS so überhaupt erst möglich werden
- Verbesserung des Leseverständnisses
- korrekte Verwendung der Fachsprache
- Bearbeitung als Hausaufgabe
- Differenzierung (verschiedene Lücken, Anzahl usw.)
- Begriffsbildung: Lückentext über Beispiele, Gegenbeispiele, Darstellungsformen, verwandte Begriffe und Eigenschaften eines Begriffs
- schon in der Grundschule einsetzbar

Hinweise, Fehler, didaktische Bemerkungen:

- Der Lückentext kann gut regelmäßig am Ende einer Einheit oder Teileinheit stehen. Legt man zuvor eine Wortliste an, lässt sich mit deren Hilfe schnell ein Lückentext formulieren.
- Zur Erstellung: Ein Lückentext sollte die relevanten Schlüsselbegriffe der Einheit beinhalten. Zudem sollten den SuS die entsprechenden Artikel dargeboten werden und Adjektive bewusst in unterschiedlicher Form von SuS eingesetzt werden müssen (etwa flektierten Formen: *linear, lineares, linearen*).
- Alternative: Zur Differenzierung kann die Formulierung eines kleinen Lückentextes auch als Aufgabe für gute SuS eingesetzt werden, die die Schlüsselbegriffe zuvor erhalten oder die im Verlauf der Einheit geführte Wortliste nutzen (freies Schreiben üben, siehe auch Kapitel 7.3.2 *Lerntagebuch* und Kapitel 14.3.3 *Mathebucheintrag*).

APP-Möglichkeit
z. B. LearningApps
H5p.org

FRAGEN ZUM WEITERDENKEN FÜR DIE SEMINARARBEIT ODER DAS HEIMSTUDIUM

- Legen Sie zu einem Kapitel Ihrer Wahl eine Wortliste an, um sich für die „Wortvielfalt" zu sensibilisieren. Finden Sie auch Verben, die Probleme bereiten könnten!
- Erstellen Sie mithilfe der Wortliste einen Lückentext auf 2 Niveaustufen.
- Nehmen Sie mit Blick auf die für dieses Kapitel in Ihrem Schulbuch vorgesehenen Aufgaben eine Aufgabe heraus und notieren Sie sprachliche Probleme (siehe Kapitel 14.1), die sich Ihrer Meinung nach daraus ergeben können. Überlegen Sie sich Hilfestellungen oder eine andere Formulierung.
- Überlegen Sie sich für Ihre nächste Stunde eine konkrete Möglichkeit, den Sprachgebrauch im Fachunterricht zu fördern, und skizzieren Sie diese. Verorten Sie diese auch im Niveau mithilfe der Übersicht über Sprachanreize aus Kapitel 14.3.

15. Digitale Momente im Mathematikunterricht

15.1 Mathematikunterricht im medialen Wandel

Der Mathematikunterricht befindet sich seit jeher in einem didaktisch fruchtbaren Entwicklungsprozess. Im Zuge der Digitalisierung wird dieser Prozess nun massiv beschleunigt. Während SuS bereits seit längerem diverse Lernapps in einem recht großen Umfang nutzen, um auch Unterrichtsinhalte nachzuarbeiten und sich z. B. auf Klausuren oder Referate vorzubereiten, müssen sich die Lehrerschaft und der Unterricht dieser Entwicklung weiter anpassen.

Zu den vielfältigen Kompetenzen, die ein Lehrer/eine Lehrerin innehaben muss, zählt verstärkt die eigene, möglichst vielfältige Medienkompetenz sowie die mediendidaktische Kompetenz, also die Fähigkeit, den Medieneinsatz mit Blick auf die konkrete Lerngruppe und die konkreten Lernziele im Lernprozess abzustimmen. Auf diese veränderten Anforderungen an die Lehrperson reagieren die Bundesländer auf der Grundlage der KMK Beschlüsse zur digitalen Bildung (vgl. KMK) mit deutlichen Veränderungen in der Lehrerausbildung. In diversen neuen Ausbildungsplänen für Lehrämter und Schulcurricula wird der Einsatz neuer Medien zwingend vorgeschrieben und Kompetenzen für Lernende und Lehrende formuliert (vgl. Medienkompetenzrahmen NRW).

Die Coronapandemie hat indirekt einen großen Teil zur weiteren Beschleunigung im Entwicklungsprozess beigesteuert, indem in ihrer Folge der Grad der technischen Schulaustattungen massiv erhöht und Unterricht zu großen Anteilen in Distanzformaten erprobt wurde. Bereits im Jahr 2020 besitzt eine große Mehrheit der Schulen (78%) eine digitale Lernplattform und gestaltet die Kommunikation mit ihren SuS über diese; der Grad, mit dem Apps von LuL im Unterricht eingesetzt werden, hat sich signifikant erhöht (vgl. Deutsches Schulportal).

Der klassische Unterricht hat sich durch diesen medialen Ruck nun bereits nachweisbar verändert. Der weiter steigende Anteil der Digitalisierung beeinflusst folgende Bereiche im Lernprozess:

- Kommunikation (im Sinne eines dialogischen Lernens verändert sich die Kommunikationskultur; sie erfolgt häufiger in digitaler Form und ist zielgerichteter auf die Lernprodukte bezogen),

- Aufgabenausteilung / -einsammlung,
- Überblick über die Lerngruppenleistung (vereinfacht u. teilautomatisiert),
- Aufgabenart (vielfältigere Darstellungsformen),
- Diagnosegenauigkeit (bedingt durch vereinfachte digitale Abgaben, Steigerung des Grades der Langzeitprozessdiagnose durch eine digitale Erfassung über die gesamte Schullaufbahn),
- Differenzierungsgrad und Vielfalt (in Abhängigkeit von der genaueren Diagnosefähigkeit und der gesteigerten Möglichkeit, verschiedene Aufgabenformate und Darstellungsformen zielgerichtet auszuteilen sowie die Einfachheit, die Wiederholungsrate und das individuelle Lerntempo anzupassen),
- Lehrer- und Schülerrolle (die Lehrkraft wird in gesteigerten Anteilen zum Lernbegleiter, gleichzeitig erfahren SuS eine deutlich gesteigerte Selbstverantwortung für ihren Lernprozess).

Die gesteigerte Verknüpfung von synchronem und asynchronem Lernen (blended learning / hybrides Lernen) bietet somit vielfältige Chancen, aber auch eine Verpflichtung zur Unterrichtsentwicklung. Es gilt, die Vorteile von synchronem und asynchronem Lernen bzw. dem Onlinelernen und dem Präsenzlernen optimal miteinander zu kombinieren und lernförderlich in ein ausgewogenes Verhältnis zu stellen.

Im Präsenzlernen erfährt die unverzichtbare soziale Interaktion und die für den Lernprozess notwendige positive Lehrer-Schüler-Beziehung eine Verstärkung. In Präsenzphasen kann mithilfe der Lehrkraft ganz gezielt vertieft, geübt, diskutiert und mit allen Sinnen gelernt werden. Zudem benötigt ein großer Anteil der SuS eine extrinsische Motivation und Verbindlichkeit durch die direkte Unterweisung und Anwesenheit der Lehrkraft für einen gelingenden Lernprozess.

E-Learning-Phasen erhöhen hingegen unbestreitbar wie o.a. den Grad der Diagnose und Differenzierung.

HINWEIS
Achten Sie im schriftlichen Entwurf darauf, den didaktischen Mehrwert des Medieneinsatzes zu konkretisieren und etwas zur Aufgabenpassung zu formulieren.

15.2 Berücksichtigung von Lernapps in der Unterrichtsplanung

Die Lehrperson sollte, wie im traditionellen Unterricht, bei jeder Methode bzw. bei jedem Medium, das eingesetzt wird, auch im Bereich des Einsatzes digitaler Medien überlegt handeln und den Einsatz neuer Medien nie blind und ohne didaktischen Mehrwert durchführen. Gerade Lehramtsanwärter und -anwärterinnen tappen in Prüfungen noch recht häufig in die „Medienfalle". Kann die Lehrkraft die Grundfrage des didaktischen Mehrwertes nicht positiv beantworten, vollzieht sich die Integration neuer Medien oft als relativ sinnfreie Effekthascherei oder undurchdachte Schaffung einer „schönen bunten Mathematikwelt", die für die Optimierung des Lernprozesses keinen Zugewinn darstellt.

Auch hier gilt der eingangs in diesem Buch erwähnte Planungsgrundsatz: Am Anfang stehen Überlegungen zu dem „Was" des Unterrichts, danach folgen erst Überlegungen zum „Wie". *Überlegungen zum mathematischen Stundeninhalt* und dem konkreten Lernzuwachs sollten im intelligenten Planungsprozess stets vor dem Medieneinsatz kommen! Dieser Grundgedanke muss natürlich bei Lernzielen, die es im ursprünglich vielleicht einmal analog gedachten Lernplan nicht gab, erweitert werden, da digitale Medien in Zukunft auch neue Inhalte bzw. Lernziele mit sich bringen werden.

Innerhalb der Planung müssen besonders beim App-Einsatz die Aufgabenstellungen intelligent an die digitalen Möglichkeiten angepasst und analysiert werden, damit die App den Lernprozess wirklich unterstützt (vgl. Aufgabenanalyse S.18).
Der/Die Planende sollte folgende Fragen beantworten können:

- Wie genau unterstützt der App-Einsatz meine konkreten Lernziele?
- Wie organisiere ich das Lernen mit der App von der Gruppensteuerung bis zum Arbeitsblatt?
- Welche Sicherungsform folgt und wie kann ich den Lernprozess kontrollieren?
- Beispiele für einen didaktische Mehrwert eines App-Einsatzes können sein:
- gesteigerte Motivation,
- gesteigerter Grad kognitiver Aktivierung,
- verschiedene Darstellungsformen (Graph, Term, Text, Tabelle, Funktion, Audiospur, Video) sind nebeneinander nutzbar und vergleichbar,
- optimierte Sichtbarkeit,

- Visualisierung dynamischer Prozesse,
- gesteigerter Grad an Differenzierung (z. B. nach Aufgabenart, Wiederholungsanzahl, Lerngeschwindigkeit, Darstellungsform, Sprachniveau),
- Zeitersparnis (mit Blick auf die heutigen Lernziele),
- individuelle Lernhilfen,
- zeitgemäße (und lesbare) Präsentation der Ergebnisse,
- zeiteffiziente Evaluation von Ergebnissen,
- operieren mit virtuellen Objekten,
- spielerisches und didaktisch sinnvolles Üben oder mathematisches Erkunden.

Ein geeignetes Modell, das als Hilfestellung im Planungsprozess und bei Überlegungen bzw. Begründungen zum Einsatz neuer Medien dienen kann, ist das SAMR-Modell nach *Puentedura* (vgl. Puentedura, Ruben R., 2006). Das Modell kann dem/der Lehrenden zudem dazu verhelfen, sich Klarheit über das Niveau seines/ihres Medieneinsatzes zu verschaffen. Dieses verschiebt sich von der untersten Ebene, bei der es um das reine Ersetzen von Arbeitsmitteln durch neue Technologien geht, bis hin zur Umgestaltung von Aufgaben, die zuvor so nicht realisierbar waren.

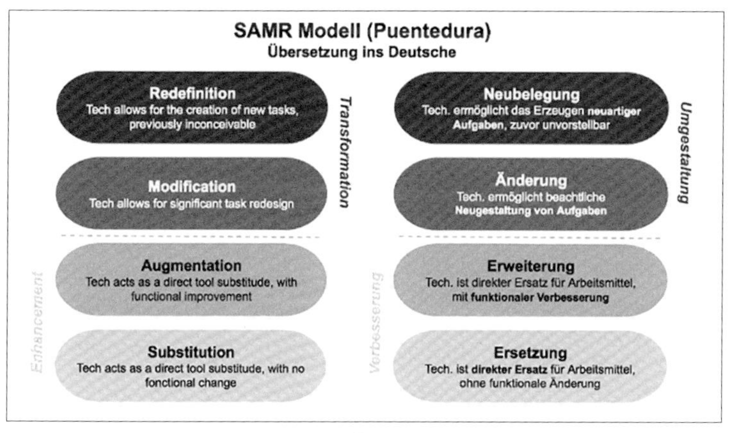

SAMR Modell nach Puentedura (deutsche Übersetzung nach Wilke, A.)

HINWEIS
Download-Material:
In einer digital unterstützten Reihe sind nicht per App lösbare Aufgaben eine „didaktische Verpflichtung“!

15.3 Eine Auswahl digitaler Möglichkeiten

Fast täglich kommen neue Lernapps auf den Markt, als Lehrperson hier einen Überblick zu behalten, ist daher unrealistisch und unnötig. Klassische Tabellenkalkulationen oder die gängigen Vertreter der dynamischen Geometriesoftware erlauben schon lange, diverse mathematische Inhalte medienunterstützt zu integrieren und sind mittlerweile seit Jahrzehnten in den Köpfen der einsatzfreudigeren Lehrenden. Im Folgenden orientiert sich die Auswahl der angesprochenen Apps weniger an den zu vermittelnden möglichen Inhalten, sondern eher an den mit ihnen verbundenen neueren Möglichkeiten, alternative Lernmomente zu generieren.

Wie bereits an anderer Stelle erwähnt, ist ein Unterricht, in dem alle SuS das Gleiche tun, bereits in der ersten Unterrichtsminute völlig unrealistisch, da schon der erste Impuls der Lehrkraft verschiedene Konsequenzen bzw. Denkstrukturen bei den Lernenden auslöst und an keiner Schulform eine wirklich homogene Lerngruppe existieren kann.

Demnach ist es auch im digital unterstützten Lernprozess völlig unrealistisch, dass eine ganze Lerngruppe mit dem identischen Medium oder der identischen Aufgabenstellung zum gleichen Ziel gelangt. Im Folgenden wird, diesem Gedanken folgend, auch immer ein Blick auf mögliche Differenzierungschancen geworfen.

Um den SuS die Erweiterung ihres mathematischen Denkens zu ermöglichen und diese nicht sogar durch blinden Medienaktionismus zu verringern, sollten im App-unterstützten Unterricht stets auch Aufgaben konstruiert werden, die nicht mit deren Hilfe lösbar sind. Die aktuelle Unterrichtsforschung belegt einen deutlich positiven Effekt auf den Lernerfolg, wenn digitale Medien ergänzend neben den traditionellen eingesetzt werden (Hillmayr, 2017). Korrekte mathematische Notation am Bildschirm nachzuvollziehen ist lernpsychologisch etwas völlig anderes, als diese händisch zu notieren.

Klassische Aufgabentypen, die die SuS ohne digitale Hilfe lösen müssen, sind Umkehraufgaben, die sich zu fast jedem Inhalt konstruieren lassen (z. B. Welche Rechtecke können den gegebenen Umfang haben?), Aufgaben, die eine Überführung in eine andere Darstellung fordern, jegliche Begründungsaufgaben sowie Aufforderungen zur Reflexion und Interpretation.

Youtube als Lernhelfer didaktisch sinnvoll nutzen

Die Videoplattform Youtube bietet eine schier unendliche Menge an mehr oder weniger didaktisch aufbereiteten Kurzfilmen zu nahezu sämtlichen Inhalten des Mathematikunterrichts an und ist aus dem selbstbestimmten Teil des Lernprozesses der SuS, vor allem im Bereich der Heimarbeit, aktuell nicht mehr wegzudenken. Die Lernenden schätzen hier die motivierenden Darstellungen, die beliebige Wiederholbarkeit und ständige Verfügbarkeit (vgl. Rat für Kulturelle Bildung, 2019). Dieser Umstand sollte von den Lehrkräften in angemessener Weise eine Berücksichtigung im Unterricht erfahren und didaktisch geschickt genutzt werden. Die Videos bieten sich z. B. für folgende Unterrichtsmomente an:

- motivierende Einstiege und Sicherungen,
- zeitsparende Wiederholungen,
- anschauliche Animationen, um z.B. bestimmte Prozesse und Algorithmen zu visualisieren.

Differenzierungsansätze: SuS analysieren in Einzel- oder Gruppenarbeit verschiedene, von der Lehrkraft ausgewählte Videos auf vorgegebene, evtl. gemeinsam im Prozess erarbeitete Kriterien, wie z. B. inhaltliche Klarheit, fachliche Richtigkeit, korrekte und verständliche Fach- oder Unterrichtssprache, sinnvolle und korrekte Notation. Anschließend wird das jeweilige Video im Plenum gezeigt und die Auswertung präsentiert und diskutiert. Eine Alternative kann bei entsprechender Ausstattung und geringer Gruppengröße hier auch ein digitaler Museumsgang sein, bei dem sich die SuS an einzelnen Gruppentischen die entsprechenden Videos und Auswertungen der anderen SuS auf den Pads anschauen.

Ebenso können schnellere SuS mithilfe der Videos andere, weiterführendere Themenbereiche erarbeiten oder langsamere nochmals nacharbeiten.

Flipped Classroom

Unter „Flipped Classroom“ oder „Inverted Classroom“ (umgedrehter Unterricht) wird ein in der USA etwas bekannteres Unterrichtskonzept verstanden, bei dem wichtige Inhalte in Form von kleinen Lernvideos in Heimarbeit von SuS nachbereitet oder sogar erarbeitet werden, um dann im Folgeunterricht gemeinsam besprochen und vertieft zu werden (vgl. Schmidt, S.). Die Lernenden können hierbei in eigener Geschwindigkeit/Wiederholrate und auf eigenem Niveau an dem zugewiesenen Video und den entsprechenden Aufgaben arbeiten. Ein solches Vorgehen bietet also einen hohen Grad an Differenzierung.

Diese Lernform erfreut sich im Netz steigender Beliebtheit, so dass Lehrende auf große Mengen von „Flipped Classroom"-Lernvideos (u. a. auch auf Youtube) zugreifen können, die von Kolleginnen und Kollegen hergestellt worden sind.

Ein Nachteil der F.C.-Methode besteht möglicherweise in der mangelnden Bereitschaft der Lernenden, Inhalte daheim nach- oder sogar zu erarbeiten. Der Lehrperson muss zudem bewusst sein, dass ein rein passives Empfangen von Lernvideos auf Schülerseite nur sehr begrenzt zum konstruktiven Aufbau von Verständnis beiträgt. Dazu gehören stets die passenden schüleraktivierenden Aufgabenformate!

Bei entsprechender Kontrolle bzw. Motivation lassen sich aber tatsächlich etwas höhere Werte als bei herkömmlicher Heimarbeit erreichen. Zudem kann es das Unterrichtsgespräch bzw. den Kurzvortrag der Lehrkraft in der Schule natürlich nicht ersetzen, da hierbei sofort didaktisch sinnvoll auf Probleme im Prozess reagiert und auf Fragen eingegangen werden kann.

Lern- und Erklärvideos selbst erstellen

Stellen Sie Kriterien auf (z.B. maximale Dauer, sinnvolle Themenentfaltung, mögliche Darstellungsformen und eine angemessene Fachsprache…), die anschließend reflektiert werden können.

Die SuS nutzen Pads oder ihre Smartphones, um Erklärungen in Form kleiner Lernvideos zu produzieren. Diese werden anschließend im Plenum gezeigt und besprochen. Hierbei ist häufig eine bei Schülerinnen und Schülern hohe intrinsische Motivation zu beobachten.

Die Methode bietet vielfältige Möglichkeiten der Binnendifferenzierung. Neben Differenzierung in der zugrunde liegenden Aufgabe liegt viel Potenzial im Bereich der Sprachförderung. Schülerinnen und Schüler können sich z. B. ihre Produkte beliebig oft anschauen und fachsprachliche Mängel bzw. optimierungsfähige Erklärungen in beliebiger Sozialform auffinden und verbessern. Die Seite mysimpleshow.com/de/ oder Apps wie VideoScribe ermöglichen dabei das Integrieren motivierender Cartoons und bieten zahlreiche Darstellungstools.

Eine beliebte Alternative zum Erstellen von animierten Kurzvideos, die die Integration diverser Darstellungsformen ermöglichen, bietet die App Explain Everything.

Einfache Alternative: Screencast

Die Lehrperson erstellt auf Ihrem Pad einen Screencast (ein Video des Geschehens, das auf dem Bildschirm abläuft). Hierbei kann z. B. bei IOS Geräten die Notizapp geöffnet werden und diverse Umformungen und Aufgabenformate von der Lehrperson per digitalem Eingabestift auf dem Bildschirm vorgerechnet und verbalisiert werden. Die Bildschirmaufnahmefunktion kann hierbei den Prozess als Video samt Tonspur aufzeichnen. Die entstehende Datei können sich SuS im Unterrichtsprozess mit Kopfhörern offline z. B. an einer „Hilfestation", einem Lehrergerät, dem Homeserver oder online über eine Cloud anschauen.

Eine andere Möglichkeit, im Prozess zu differenzieren besteht darin, einzelnen Schülergruppen über z. B. Googleclassroom, Moodle oder den Homeserver im Klassenraum Screencasts zur Verfügung zu stellen.

Screencast können auch von SuS im Unterricht oder in Heimarbeit erstellt werden und als sicherungsunterstützendes Element am Stundenende oder als aktivierender Unterrichtseinstieg dienen, was z.B. sonst teilweise zurückhaltenden SuS eine alternative Beteiligungsform bietet.

Lernvideos interaktiv gestalten

Um Schülerinnen und Schüler beim Konsumieren von Lernvideos zu aktivieren, hat es sich bewährt, sie mit entsprechenden Beobachtungs-, Schreib- oder Transferaufgaben zu versorgen, die den Lernprozess, der durch das Video angestoßen werden soll, organisieren und fokussieren. Die Bearbeitung neben dem synchron laufenden Lernvideo hat, ebenso wie die zeitlich danach angesiedelte Bearbeitung, für viele Schülerinnen und Schüler ihre Problemstellen.

Mit edpuzzle.com (Alternative: h5p.org) werden Videos interaktiv. Fragen und Aufgaben können in ein selbsterstelltes Lernvideo oder Youtube-Video geschrieben werden, das Video hält an und läuft erst nach korrekter Eingabe weiter. Zudem können Klassen angelegt werden, wodurch die Lehrkraft einen Überblick über die Schülertätigkeiten bekommt.

Als selbstdifferenzierende Alternative können SuS auf diesem Wege z. B. ihre eigenen Lernvideos mit Fragen und Aufgaben für die Mitschüler versehen und so ihre Referate beleben.

QR-Codes als Lernhilfe oder Differenzierungsmöglichkeit

Die Lehrperson erstellt QR-Codes, (engl.: Quick Response, „schnelle Reaktion"), die aus einer Matrix aus schwarzen und weißen Quadraten bestehen, (z. B. kostenlos über https://www.the-qrcode-generator.com/) und hinterlegt entsprechendes weiterführendes Material in einer Cloud oder dem Homeserver im Klassenraum (z. B. weitere Aufgaben, Lernhilfen, Tipps oder Videos). Ebenso können SuS dort hinterlegte Lösungen finden und dann je nach Arbeitsgeschwindigkeit selbstständig vergleichen.

Der QR-Code kann auch im Unterricht als Printmedium an die Tafel geheftet oder einfach angebeamt werden, so dass die SuS diesen per Smartphonekamera „auslesen" und auf das von der Lehrperson verlinkte Arbeitsblatt, eine Aufgabenstellung oder ein verlinktes Lernvideo zugreifen können. Hierzu benötigen Smartphones, die dies noch nicht integriert haben, noch eine kostenlose Leseapp (z.B. Snapchat). Die SuS können dann im Lernprozess nach individuellem Bedarf darauf zugreifen.

Auch die SuS selbst können QR-Codes erstellen, um z. B. erstellte Plakate oder sonstige Ergebnisse den Mitschülern zur Verfügung zu stellen oder mit weiteren Hintergrundinfos zu versehen.

Gruppenquiz oder alternative Zusammenfassung / Präsentation

Eine Möglichkeit, schüleraktivierende Quizze, Zusammenfassungen und Präsentationen zu integrieren, bietet z.B. Kahoot. Hierbei streben die SuS im Gruppenduell um den Klassensieg, indem Sie mithilfe ihrer Smartphones beliebig viele Fragen eines per Beamer dargestellten Quiz beantworten.

Als Differenzierungsalternative oder Referat der anderen Art, bietet es sich an, dass die SuS selbst in beliebiger Sozialform ein solches Quiz (Kahoot) erstellen und mit ihren Mitschülern durchführen. Neben der reinen Durchführung können die Mitschüler anhand zuvor festgelegter Kriterien (z. B. Richtigkeit, Fachsprache, eigene Leistung, Darstellungsformen) das Quiz inhaltlich reflektieren. Eine Alternative stellen z. B. die Anwendungen auf socrative.com oder quizlet.com dar.

Schüleraktivierende Wissensüberprüfung

Die App Plickers bietet hier eine interessante Alternative zum klassischen Printmedium. Hierbei erhält jeder Schüler/jede Schülerin von der Lehrperson eine Karte mit QR-Code ähnlicher Abbildung, beantwortet über den Beamer dargestellte Fragen und hält die ausgeteilten Karten in den Raum, die der Lehrkraft mithilfe ihres Smartphones gescannt und ausgewertet werden. Dabei erhält die Lehrkraft sehr schnell über die Auswertung einen Überblick über den Kenntnisstand ihrer Lerngruppe. Als Differenzierungsmöglichkeit können auch hierbei die Fragen und Antworten von den SUS in Gruppenarbeit formuliert und kriteriengeleitet reflektiert werden. Verschiedene Möglichkeiten, einfach strukturierte Tests zu entwerfen, bietet auch H5p.org.

Mit learningsnacks.de lassen sich einfache Abfragen, z. B. zu Fachbegriffen, im Chatdesign kreieren.

Digitale Schulhefte & Tafelbilder

HINWEIS
Prüfungshinweis: Im Prozess muss die Lehrperson evtl. auch in der Lage sein, in Präsentationen zu schreiben, um auf den aktuellen Lernprozess zu reagieren und Folien generieren zu können. Bei Nichtbeachtung können realer Prozess und vorbereitete Folien evtl. nicht harmonisieren.

Die Lehrperson kann einen Teil der häuslichen Vorbereitung oder genetischen Tafelbilder live im Unterricht auf dem PAD / Ultrabook schreiben und dieses per Beamer visualisieren, falls kein Smartboard zur Verfügung steht. So geht in Zukunft kein Tafelbild mehr verloren und in der Einheit kann jederzeit wieder darauf zurückgegriffen werden. Zusätzlich könnten auch diese Tafelbilder schnell wieder in Hilfedokumente eingebunden werden und den SuS in späteren Übungsstunden oder z. B. per Moodle, Padlet oder Googleclassroom zur Verfügung gestellt werden.

Für das Erstellen digitaler Tafelbilder bieten Keynote, Powerpoint, Whiteboard und Clasroomscreen viele Möglichkeiten.

Im digital geprägten Unterricht nutzen Lehrkräfte und SuS z. B. OneNote/GoodNotes als digitales Schulheft (alternatives Regelheft). In das „Endlosdokument" können beliebige Darstellungsformen und Dateiformate, z. B. selbsterstellte Videos, Audiosequenzen und Grafiken, integriert werden. Im Sinne eines dialogischen Lernens hat die Lehrkraft die Möglichkeit, die digitalen Schülerprodukte zu kommentieren. Mithilfe des Programms und der Cloudunterstützung ist es Schülergruppen möglich, wie auch mit Google Classroom oder Google Docs, auf ihren Pads kooperativ zu arbeiten.

Eine Ergänzung von OneNote stellt die Mathematikfunktion dar. Händisch eingegebene Gleichungen können dort per Knopfdruck konvertiert und vom System gelöst werden. Hierbei werden dem Nutzer die Lösungsschritte angezeigt; zudem kann die zeichnerische Lösung diverser Gleichungen und Gleichungssysteme visualisiert werden.

In die dort verfassten Dokumente können sehr einfach Bilder oder Audiosequenzen eingefügt werden, so dass die Lernenden hier wieder andere Lernzugänge nutzen können, um z. B. Zurückliegendes nochmals beliebig oft anzuhören oder in Tafelanschrieben zu blättern.

Die App Sketchometry ermöglicht es, händisch auf dem Pad erstellte geometrische Skizzen umzuwandeln, diese zu bewegen und zu modifizieren.

App unterstütze Selbstkontrolle Erarbeitung und Differenzierung

Apps, wie z.B. Photomath® oder CheggMathSolver® erleichtern die Selbstkontrolle im Mathematikunterricht und können so als Differenzierungsmöglichkeit dienen – besonders dann, wenn einzelne SuS oder Gruppen an unterschiedlichen Aufgaben im Unterricht arbeiten. Die Apps arbeiten mit einem Kamerascan der Ergebnisse. Hierbei werden von den Programmen noch zusätzlich Lösungsschritte und Hinweise gegeben.

Klassische Methoden, wie z. B. ein Lerntempoduett oder ein Gruppenpuzzle, können alternativ auch mit diesen Apps medial unterstützt werden, um z. B. sicherzustellen, dass die SuS nicht komplett mit fehlerhaften Aufgaben in die nächste Unterrichtsphase gehen. Alternativ kann auch eine Erarbeitung gestaltet werden. So können stärkere Schülerinnen und Schüler z. B. einen vorgegebenen mathematischen Ausdruck scannen, die angegebenen Umformungsschritte und Hinweise nachvollziehen und die Erkenntnisse auf weitere Aufgabenstellungen transferieren.

Ein breites Feld an Erarbeitungsmöglichkeiten bietet sich zudem im Bereich der funktionalen Zusammenhänge, bei denen z.B. Auswirkungen einzelner Parameter auf Funktionsgraphen mithilfe der Apps analysiert werden können. Hier empfiehlt sich auch der Klassiker GeoGebra, der gleichermaßen auf dem Smartphone läuft.

Eine weitere Möglichkeit zur Selbstkontrolle, Differenzierung oder Lernhilfenbereitstellung bietet die Funktion des Hyperlinks. In Aufgaben, die z. B. in PowerPoint- oder Word-Dateien bereitgestellt werden, können SuS durch das Anklicken des Hyperlinkslinks entsprechend zu weiteren Aufgaben, Hilfen, Darstellungsformen oder Lösungen geleitet werden.

Ein einfach strukturierter neuer „Differenzierungsklassiker", mit dem den SuS differenzierte Aufgaben und Hilfen angeboten werden, ist die Anwendung Padlet. Auch hier lassen sich diverse Dateiformate und Hyperlinks integrieren.

Fragensammlungen oder Quizze, die per APP automatisch korrigiert werden, lassen sich einfach mit H5p.org realisieren.

Differenzieren über homepagebasierte Tutorsysteme

Viele Möglichkeiten, Schülerinnen und Schüler digital zu motivieren und zu aktivieren, bieten Tutorsysteme wie z. B. Bettermarks®. Hierbei wählt die Lehrkraft die zur Verfügung gestellten Inhalte und Übungen in Form von „Büchern“ aus. Es können Zeiträume zur Bearbeitung und individuelle Aufgaben vergeben werden. Inhalte lassen sich sowohl mit Hilfe kleiner Texte erarbeiten als auch vielfältig üben. Die Lernenden erhalten jederzeit auf Wunsch Tipps und Rückmeldungen über die Eingaben und digitale Belohnungen, die bei jüngeren SuS oft einen regelrechten Sammeltrieb wecken. Die Lehrkraft hat jederzeit einen Überblick, wer bereits welchen Inhalt bearbeitet hat und wieviel richtig bearbeitet worden ist. Das System ist somit selbstdifferenzierend. Dies kann den „normalen“ Unterricht z. B. in einer Stunde pro Woche unterstützen. Die SuS müssen jedoch lernen, viele der Umformungen auf dem Bildschirm parallel händisch nachzuvollziehen.

Ohne integrierte Evaluationsmöglichkeit für die Lehrkraft, jedoch kostenlos, ist z. B. die Seite Aufgabenfuchs.de.

Brainstorming, Selbsteinschätzung und Reflexionsphasen gestalten

Eine sehr einfache Möglichkeit, Schülerinnen und Schüler zu ihrer Meinung oder Lösungsidee zu befragen und dies z. B. im Einstieg oder am Ende der Stunde, nachdem der Lernprozess evtl. die zuvor überwiegend vorherrschende Meinung verändert hat, zu visualisieren, bieten die Seiten Edkimo.com (Ergebnisse werden graphisch visualisiert) oder mentimeter.com. Dies stellt ein Vorgehen dar, das sich für hypothesenbildenden oder problemorientiert angelegten Unterricht oft anbietet. Hiermit lassen sich auch sehr übersichtlich Lernreflexionen bzw. Selbsteinschätzungen als Diagnosemittel am Ende oder Eingang von Unterrichtseinheiten gestalten.

Eine einfacher strukturierte Anwendung für ein Brainstorming mit netten Zusatzfunktionen ist oncoo.de oder answergarden.ch.

Kollaboratives Sammeln, Ergebnisse sichern und Präsentieren

Eine interessante Alternative der schüleraktivierenden kollaborativen Sammlung, Sicherung und Präsentation im Unterrichtsprozess besteht, bei Existenz einer schnellen Internetverbindung, in der Möglichkeit, die SuS zeitgleich an einem „digitalen Plakat“, einem digitalen Placemat oder Brainstorming arbeiten zu lassen.

HINWEIS
In diesem Bereich ist es unerlässlich, mit SuS über Datenschutz und Quellenangaben zu sprechen.

Dies lässt sich dann zeiteffizient und gut sichtbar im Plenum über Beamer präsentieren. Ebenso können Hausaufgaben gestellt werden, an denen die SuS in ihrer Gruppe zeitgleich oder zeitversetzt arbeiten können, um die Ergebnisse im Folgeunterricht zu präsentieren. Die Möglichkeit für diese Strukturierung bieten z. B. die Seiten GroupBoard.com, zohoWriter, padlet.com, sketchpad.app, SyncSpace (Ipadnutzer können auf dem gleichen virtuellen Whiteboard schreiben) oder EduPad.ch (Nutzer sehen in Echtzeit, wer welchen Text bearbeitet) an. Ebenso leicht lassen sich mit Google Classroom, Google Docs und Google Drive oder Sharepoint alle möglichen Formate teilen und von verschiedenen SuS bearbeiten. Oncoo.de bietet die Möglichkeit, ein Placemat zu erstellen.

Digitales Lerntagebuch, Lernen von Fachbegriffen und Merksätzen, Prozesse ordnen

Ein Mittel zur Sprachförderung und durch seine Anlage in sich selbstdifferenzierend ist das klassische Lerntagebuch, das die Schülerinnen und Schüler begleitend zur Einheit schreiben. Die digitale Alternative motiviert die Lernenden zudem durch die Möglichkeit der Einbindung verschiedener Formate wie Screenshots, Videos und Tonspuren, so dass ein digitales Hochglanzmagazin entstehen kann. Alternativ kann auch ein Web-Blog erarbeitet werden, bei dem die Einträge chronologisch geordnet sind. Dies lässt sich u.a. mit tumblr.com umsetzen.

Eine Möglichkeit, Karteikarten z. B. zu den Fachbegriffen einer Einheit anlegen zu lassen oder Regeln und Merksätze zu lernen bietet quizlet.com. Mit LearningAPPs.com können SuS mathematische Aussagen, Regeln und Fachbegriffe zuordnen und Multiple Choice-Fragen beantworten bzw. diese Aufgaben selbst erstellen.

H5p.org ermöglicht es, Merksätze oder Lückentexte zu komplettieren und eine automatisierte Rückmeldung zu erhalten. Zudem können Schülerinnen und Schüler Bilderreihenfolgen ordnen, auf denen z.B. Umformungsschritte oder ein Lösungsvorgehen enthalten ist.

Messen mit dem Smartphone – Nutzung integrierter Sensoren

Vielfältige Anwendungen bieten sich für die in Pads und Smartphones enthalten Sensoren bei geometrischen, trigonometrischen und funktionalen Zusammenhängen an. So können z. B. per Kamera Entfernungen und Winkel in der Umgebung gemessen werden. Es ist ohne großen Aufwand umsetzbar, Arbeitsblätter mit Fotos der Schülerumgebung inkl. Winkel und Strecken zu erstellen (z. B. mit Protractor oder My Measures + ArMeasure). Die Lernenden können Gebäudehöhen oder geographische Position inkl. Höhen bestimmen, Weg-Zeit- und Geschwindigkeit-Zeit-Diagramme erstellen und auswerten (z.B. mit Phyphox, Fitnessapps wie Runtastic oder Navici). Ein Pad/Smartphone kann als Wasserwaage dienen und das klassische Försterdreieck ersetzen (Protractor). Von SuS umlaufene Flächen können mit der App Hektar erfassbar gemacht werden.

Mathematik im Freien ermöglicht die App MathCitymap (vgl. Ludwig, M. u.a.). Hierbei werden Aufgaben, z.B. zu Volumina, Steigungen, Massenbestimmungen, Geschwindigkeitsberechnungen an frei wählbare Orte (Brunnen, Rolltreppen, Denkmäler u.a.) in der gewünschten Umgebung gekoppelt. Die SuS müssen den jeweiligen Ort erlaufen, da die entsprechenden Aufgaben nur mithilfe des Zielobjekts gelöst werden können. Am konkreten Brunnen, Haus, etc. müssen konkrete Messungen/Schätzungen durchgeführt werden, um diese in die Rechnungen zu integrieren. Die Lehrperson hat über die App eine Ortsübersicht der Lerngruppe sowie eine Kommunikationsmöglichkeit via Chat.

16 Guter Mathematikunterricht: Ansätze zur Reflexion und Bewertung

Unterricht auszuwerten, seine Stärken und noch optimierungsfähigen Punkte zu analysieren, ist vielleicht noch komplexer als seine Planung und Durchführung. Der Auswertungsprozess erfordert ein hohes Maß an Erfahrung, Auffassungsfähigkeit der verschiedensten Kriterien und ein vernetztes Denken innerhalb der sich gegenseitig bedingenden Eigenschaften von Unterricht.

Zu dieser Problematik gesellen sich die Definitionen des „guten Unterrichts“, über die, in welcher Art auch immer, eine weitgehende Einigkeit gefunden werden muss über die subjektive Wahrnehmung des Planenden und die des Beurteilenden. Bei vielen beobachtbaren Faktoren von Unterricht ist es erstaunlich, welche Unterschiede in der Wahrnehmung zwischen Unterrichtendem und Beobachter existieren. Dies beginnt schon bei scheinbar so einfach zu beobachtenden Kriterien wie der Schülerbeteiligung.

Des Weiteren sind an Übungsstunden andere Maßstäbe zu setzen als an Erarbeitungsstunden. Ebenso erfordern offenere Lernformen wie Stationenlernen einen anderen Analyseschwerpunkt als geschlossene Arbeitsformen. Hierbei müssen zusätzlich die der offeneren Lernform zugeschriebenen Qualitätskriterien (vgl. Kapitel 10.1) Beachtung finden.

So wird ein Gespräch über Unterrichtsqualität im Licht einer methodischen Großform (zum Beispiel dem Stationslernen) gezwungenermaßen eher seine Schwerpunkte im Bereich der Einstiegs- und der Sicherungsphase sowie der Lernaufgaben finden, da im Bereich der Lehrperson in einem so strukturiertem Unterricht oft wenig zu analysieren ist.

Weitere, den Reflexions- bzw. Bewertungsschwerpunkt stark beeinflussende Faktoren sind etwa die Schulform und der Grad der Heterogenität der Lerngruppe, in deren Kontext der Beurteiler das Aufgabenniveau in Bezug zur konkreten Lerngruppe und der Relevanz einer Differenzierung verorten muss. So kann eine vorzügliche Mathematikstunde in einer Hauptschul-Lerngruppe an einer höheren Schulform völlig anders bewertet werden, da Aufgabenniveau und Differenzierung nicht zur Lerngruppe passen.

Nicht zuletzt um den Grad der subjektiven Bewertung zu mindern, bestehen Prüfungsgremien stets aus mehreren „Unterrichtsbewertungsexperten“ (teilweise aus verschiedenen Schulformen), die die Gewichtung der verschiedensten Kriterien zu diskutieren haben.

Aus den angerissenen Problemen, die Unterrichtsbewertung und Reflexion durch ihre Natur mit sich bringen, ergibt sich, dass vorgefertigte „Bewertungsraster“ nur bedingt geeignet sind, da sie eine Objektivität, Validität und Reliabilität vortäuschen, die es in dieser Form nicht geben kann (vgl. Becker 2005, S. 139 f.). Dennoch ist es innerhalb der Ausbildung zum Lehrer wie für den Routinier unter den Lehrerkollegen unumgänglich, sich in diesem Bereich zu schulen um das eigene Handeln weiter zu professionalisieren.

Entsprechend verfolgt dieses Kapitel das Ziel, dem Anfänger erste Schritte zur eigenen Unterrichtsanalyse zu vermitteln und dem Routinier Optimierungshilfen zu geben. Nach Examensprüfungen ist die strukturierte Reflexion der eigenen Stunde teilweise eine Prüfungsleistung, mindestens jedoch eine weitere „Visitenkarte“.

16.1 Allgemeingültige und mathematikimmanente Kriterien guten Unterrichts

Ausgehend von den allgemeingültigen Kriterien guten Unterrichts von Meyer (2004, S. 15 ff.), die eine Teilmenge der Kriterien des guten Mathematikunterrichts darstellen, werden für den Mathematikunterricht im Folgenden besonders relevante Charakteristika identifiziert. Abschließend wird darauf aufbauend, trotz der oben erwähnten Problematik, ein Raster zur Hilfestellung dargestellt und Empfehlungen für den Aufbau einer Nachbesprechung in Prüfungssituationen angeboten.

Kriterien des guten Mathematikunterrichts

Kriterien des guten Unterrichts

Meyer (ebd.) nennt als Ergebnis seiner empirischen Unterrichtsforschung zehn Merkmale des guten Unterrichts:

- klare Strukturierung des Unterrichts
- hoher Anteil echter Lernzeit
- lernförderliches Klima
- inhaltliche Klarheit
- sinnstiftendes Kommunizieren
- Methodenvielfalt
- individuelles Fördern
- intelligentes Üben
- transparente Leistungserwartungen
- vorbereitete Umgebung

Ein weiteres Kriterium guten Unterrichts ist die Reflexion der Lern- und Lernwege, die auch in mathematikdidaktischer Literatur bereits seit mehreren Jahren ihren festen Platz hat (Leuders 2007). Da es scheinbar in der Realität sehr einseitig praktiziert und der Begriff häufig falsch verstanden wird, sei es hier kurz angerissen.

Worüber kann im Mathematikunterricht (mit SuS) reflektiert werden?

Es gibt folgende Möglichkeiten:

- Aufgaben und deren Darstellungen (Arbeitsblätter usw.)
- Unterrichtsorganisation (Sozialformen, Methoden, Hilfen der LuL usw.)
- Problemlöseprozesse (Wie wurde es gelöst? Wo lagen die Probleme, die zum Scheitern oder zu falschen Ansätzen führten?)
- Argumentations- und Begründungszusammenhänge
- Lernzuwachs und Anwendungsbereiche

Das bedeutet nicht, dass am Ende einer Stunde zwingend eine Reflexionsphase integriert werden sollte, was in Prüfungssituationen und anderen eng bemessenen Stunden zeitlich zudem schwierig ist. Zudem sollte diese Phase, wenn sie denn integriert wird, nicht lediglich aus Fragen bestehen wie: „Was hat euch Spaß gemacht?" (was natürlich gerade im alltäglichen Geschehen gelegentlich durchaus gemacht werden kann).

Stattdessen sollte bereits in den Aufgabenstellungen selbst ein reflektierender Charakterzug enthalten sein. Aufgaben, die zu Begründungen, Argumentationen und diversen Arten der innermathematischen Kommunikation anregen, bieten den Lernenden selbst und auch den LuL eine Reflexionsgrundlage. Hinzu kommen diverse Methoden, die zum Nachdenken über den Lernprozess und dessen Ergebnisse anregen (z. B. das Lerntagebuch, vgl. Kapitel 4.3.2).

Zusätzliche Kriterien des guten Mathematikunterrichts

Zusätzlich zu den oben aufgeführten Kriterien von Meyer werden durch das Verständnis von gutem Mathematikunterricht, das diesem Buch zugrunde liegt, folgende Kriterien als relevant eingestuft:

- Das Verstehen im Mathematikunterricht wird in hohem Maße durch einen Darstellungsformwechsel seitens der LuL (z. B. beim Erklären) und seitens der SuS (z. B. in diversen Erarbeitungen und Präsentationen) geprägt. Eine Integration diverser Formen (Text, Bild, Symbolik, Graph, Sprachproduktion) ist somit, wann immer es möglich ist, zu integrieren und stellt ein weiteres Kriterium für die Unterrichtsqualität und gleichzeitig ein Anlass für vielfältige Differenzierungsanlässe im Unterricht dar.

- Moderner Mathematikunterricht berücksichtigt die Relevanz der Sprache (vgl. Kapitel 14). LuL achten darauf, zum Beispiel Aufgabenstellungen oder Sicherungsmöglichkeiten (Merksatzfindung, Regelformulierung) sprachsensibel zu formulieren, integrieren Methoden zur Sprachfförderung, wenn es möglich und angemessen erscheint, und füllen ihre Rolle als Sprachenvorbild im Unterricht bewusst aus.

HINWEIS
Download-Material: Leitfragen- und Reflexionsbogen für Unterricht

Den eigenen Unterricht reflektieren: eine Nachbesprechung durchführen: die OPAL-Bereiche

Es ergeben sich 4 Bereiche für eine gelungene Unterrichtsnachbesprechung, die sich wechselseitig in ihren Auswirkungen auf die Unterrichtsqualität beeinflussen:

- die Outputkriterien (Lernzuwachs u. a.)
- die Prozesskriterien
- die Qualität der verwendeten Aufgaben
- die Lehrperson (vgl. Hattie 2014)

Ich bezeichne diese Kriterien als die 4 OPAL-Bereiche: Dazu passt, dass eine gut strukturierte Nachbesprechung für alle Beteiligten etwas Gewinnbringendes sein sollte – wie die Freude beim Betrachten eines Opals.

Offensichtlich ist, dass einzelne Unterkriterien (siehe S. 208) nicht trennscharf einem einzelnen OPAL-Bereich zuzuordnen sind, sondern mehrfach genannt werden könnten. Nach einer gehaltenen Stunde sollte der Anfänger üben, zu einigen der folgenden Fragen Antworten zu finden. Der Fortgeschrittene erkennt Schwerpunkte und vernetzt sie im Idealfall in ihrer Kausalität. Die Fragen dienen zur Qualitätsverortung und Reflexion und sind in Anlehnung an die im Rahmen von PIK-AS erarbeitete Mathematisierung der Meyer'schen Kriterien und die Gesichtspunkte von Unterrichtsqualität von Blum/Biermann (2001) formuliert[1].

In der Darstellung durch Kursivdruck hervorgeboben sind Schlüsselbegriffe, die

BEISPIEL: VERNETZUNG DER STUNDENREFLEXION

> Da die Lernvoraussetzungen *[konkrete Benennung der mathematischen Inhalte!]* meiner Lerngruppe im Vorfeld von mir falsch eingeschätzt wurden, verorte ich nun im Nachhinein das Niveau der von mir gewählten Lernaufgaben als zu hoch.
> So stand meinen SuS zu wenig Lernzeit zur Verfügung. Im Prozess musste ich mehr als das zuvor von mir geplant war eingreifen und „nachhelfen". Aus diesen Verständnisproblemen *[konkret benennen]* resultierte, dass die SuS zu wenig Zeit hatten, um ihre Ergebnisse niederzuschreiben, und demnach nur wenige Beiträge vorgestellt werden konnten. Der Kompetenzzuwachs meiner SuS muss in folgenden Punkten infrage gestellt werden: …

1 http://pikas.dzlm.de/upload/Material/Haus_8_-_Guter_Unterricht/FM/Modul_8.1/Basisinfo_GuterMU.pdf (Zugriff: 03.03.2015).

FRAGEN: OUTPUTKRITERIEN

Kompetenzstufe 

- Welche *Lernziele* habe ich erreicht?
- Worin konkret besteht der *Kompetenzzuwachs?* (inhalts-/prozessbezogen)

Kompetenzstufe 

- War ich in der Lage, die verschiedenen *Schülerergebnisse* (Folien, Plakate usw.) im Prozess zu sichten und angemessen zu integrieren?
- Habe ich einen Überblick *(Kompetenzüberblick)* erhalten, welche Schülergruppen nicht folgen konnten oder sich fachlich langweilten?
- Wissen die SuS, wofür sie heute Mathematik betrieben haben *(Alltagsbezug)*?
- Ist eine Klärung des Einstiegsproblems durch den heutigen Lernzuwachs. (*Rückgriff* auf den Einstieg bei problemorientiertem Unterricht) erfolgt?

Kompetenzstufe 

- Wurden die SuS durch geeignete Methoden an der *Regelfindung/Merksatzproduktion* beteiligt?
- Wurden *Präsentations- und Sicherungsformen* adressatengerecht gewählt und mit hoher Schülerbeteiligung durchgeführt?
- Gelang die *(fach-)sprachliche Förderung* in angemessener Weise?
- Wurde über verschiedene Lösungswege und Grenzen des Modells inhaltlich geredet *(Reflexion)*?

FRAGEN: PROZESSKRITERIEN

Kompetenzstufe 

- War der Unterricht in sinnvolle *Phasen* eingeteilt, die angemessen ineinander übergeleitet wurden?
- Wussten die SuS was sie warum tun sollten? *(Ziel- und Prozesstransparenz)*
- Wurde eine angemessene *Lernumgebung* geschaffen (von Mappenführung bis Raummanagement)?
- Hatten die SuS genug *Lernzeit*? (Wo wurde eventuell Zeit vergeudet?)
- Wurden die *Medien* sachgerecht eingesetzt?
- Wurden *grundlegende Prinzipien* (z. B. das *EIS-Prinzip*) beachtet?

Kompetenzstufe 

- Passten Inhalt, Methode und Sozialformen zusammen? (*Passung)*
- Lag ein hoher *Aktivierungsgrad* der SuS in den einzelnen Phasen vor?
- Wurden Hilfen zur *Selbsthilfe* gegeben? (Lösungen, Hilfen, Helferprinzip)

Kompetenzstufe 

- Wurde ein das Verstehen fördernder *Darstellungsformwechsel* (Text, Bild, Symbolik, Graph) integriert?
- Ist es mir gelungen, *Schülerfehler* gewinnbringend zu integrieren?
- Habe ich den SuS die Möglichkeit gegeben, über ihr Vorgehen und Ergebnisse zu *reflektieren*?

den anschließenden, kurzgefassten Beurteilungsbogen begründen.

Die Fragen sind nach den OPAL-Bereichen geordnet und in den Zeilen aufsteigend nach Kompetenzniveau (entsprechend der Kompetenzampel) geordnet. Das heißt, wenn Sie auch Fragen, die weiter unten stehen, positiv beantworten können, ist Ihr Unterricht in der Regel auf einem höheren Niveau angekommen.

FRAGEN: AUFGABENKRITERIEN

Kompetenzstufe 

- Sind die Aufgaben *inhaltlich klar* formuliert und fachlich richtig?
- Wurde ein motivierender *Lebensweltbezug* berücksichtigt?
- Passt das *Aufgabenniveau* zu den *Lernvoraussetzungen* (passende didaktische Reduktion) und Lerntempi meiner SuS?

Kompetenzstufe 

- Sind die Aufgaben für meine SuS *sprachangemessen* formuliert?
- Sind notwendige Methoden zur *Fachsprachenförderung* integriert?
- Sind *prozessbezogene* Kompetenzaufgaben (argumentieren, begründen, problemlösen, modellieren) integriert?
- Passte die gewählte *mathematikdidaktische Modellierung* der Aufgaben?

Kompetenzstufe 

- Habe ich Raum für Umwege, verschiedene Wege und Fehler gewährt? (Grad der *Aufgabenoffenheit*)
- Liegt mit den Aufgaben ein *intelligentes*, individuell förderndes und kompetenzorientiertes *Üben* vor? (Übungsstunde)
- Lassen die Aufgaben ein *differenziertes* Arbeiten zu?
- Förderten die Aufgaben eine *Reflexion?*

FRAGEN: LEHRPERSONKRITERIEN

Kompetenzstufe 

- Fand eine wechselseitige, *sinnstiftende Kommunikation* statt?
- *Motivierte* ich durch Gestik, Mimik und Sprache?
- Konnte ich *fachkompetent* agieren?
- Wurde eine positive *Lehrer-Schüler-Beziehung* sichtbar?
- Gelang ein angemessenes *Materialmanagement?*

Kompetenzstufe 

- Passte das Verhältnis von Alltags- und Fachsprache? (Lehrersprache)
- Unterstütze ich durch meine schülerzugewendete Art ein *lernförderliches, angstfreies Klima?*
- War der eigene *Redeanteil* angemessen?

Kompetenzstufe 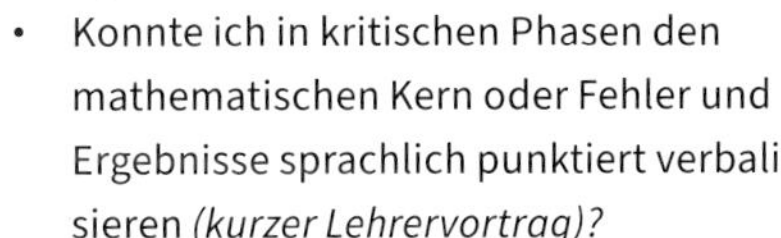

- Konnte ich in kritischen Phasen den mathematischen Kern oder Fehler und Ergebnisse sprachlich punktiert verbalisieren *(kurzer Lehrervortrag)?*
- Konnte ich situationsbedingt, variabel und intelligent von meiner Planung abweichen?
- Gelang es mir in relevanten Phasen (Einstieg, Sicherung), die Schülerbeiträge zu *moderieren und zu bündeln?*
- War ich in der Lage *Sprachgeschwindigkeit* und *Dynamik* (Lautstärke) situationsangemessen zu modifizieren?

16.2 Eine Nachbesprechung strukturieren

Die folgende Darstellung hilft den LuL, ihren eigenen Unterricht und dessen Qualität professionell und möglichst objektiv einzuschätzen. Eine strukturierte Reflexion im Rahmen der Ausbildung und diversen Prüfungssituationen zu absolvieren, ist nochmals eine Steigerung der eigenen Analysekompetenzen. Teilweise zählt dies in einigen Bundesländern zu den Prüfungsleistungen, mindestens jedoch beeinflusst es die Prüfenden positiv und zeigt allen Anwesenden, inwieweit der Unterrichtende tieferen Einblick in sein didaktisches Handeln hat und Zusammenhänge selbständig erkennen und eigenständig Alternativen durchdenken kann.

Der Reflexionsanfänger verharrt in seiner Struktur häufig in der Abarbeitung des chronologischen Stundenverlaufs, was jedoch in der Regel nur bedingt zu der notwendigen Reflexionstiefe führt und nur selten Zusammenhänge aufdeckt.

Es ist daher notwendig, sich im Vorfeld Schwerpunkte zu setzen, die in Abhängigkeit der genannten 4 Bereiche stehen, und es empfiehlt sich, relevante Dinge unter entsprechenden Überschriften (eventuell auf Karteikarten) zusammenzufassen und später im Gespräch miteinander zu verknüpfen.

Im Erkennen der gegenseitigen Abhängigkeiten der Kriterien und dem pointierten Verbalisieren zeigt sich die Güte der Reflexion!

Ein häufiges Phänomen ist das Vergessen der eigenen Stärken. Diese sind jedoch ein wichtiger Bestandteil einer Reflexion und sollten den Einstieg in das Reflexionsgespräch darstellen. Am Ende der Analyse ist es häufig notwendig, gewisse Planungselemente im „Lichte des Endergebnisses“ mit möglichen Alternativen zu ergänzen oder sogar eine teilweise Neustrukturierung zu skizzieren. Tut ein Prüfling dies nicht und ist die Stunde didaktisch unfruchtbar verlaufen, läuft das zumindest auf eine negative psychologische Beeinflussung der Prüfenden hinaus.

Im Idealfall lassen sich die angesprochenen Punkte während der Nachbesprechung aber mit geschickten Verweisen auf die schriftliche Planung untermauern.

HINWEIS
Download-Material: Chronologie der Nachbesprechung

Möglichkeit des chronologischen Verlaufs der Reflexion

Beginnen Sie Ihre Reflexion stets damit, dass Sie die Prüfenden über die gewählte Struktur informieren, und üben Sie dies immer wieder. Ein gutes Reflexionsgespräch zu führen ist sprachlich und inhaltlich komplex und bedarf vieler Übung.

Es gibt viele Arten, eine Reflexion zu strukturieren. Die unten dargestellte Struktur bewährte sich dadurch, dass Lehramtsanwärter die oben aufgeführten „Fehler“ (zum Beispiel das Vergessen der eigenen Stärken und die Vernetzung der einzelnen Punkte) seltener aufzeigten. Von allen 4 OPAL-Bereichen lassen sich im Gespräch natürlich geschickt Verweise auf die eigene schriftliche Planung integrieren, um Entscheidung im Falle eines didaktisch fruchtbaren Stundenverlaufs nochmals zu untermauern.

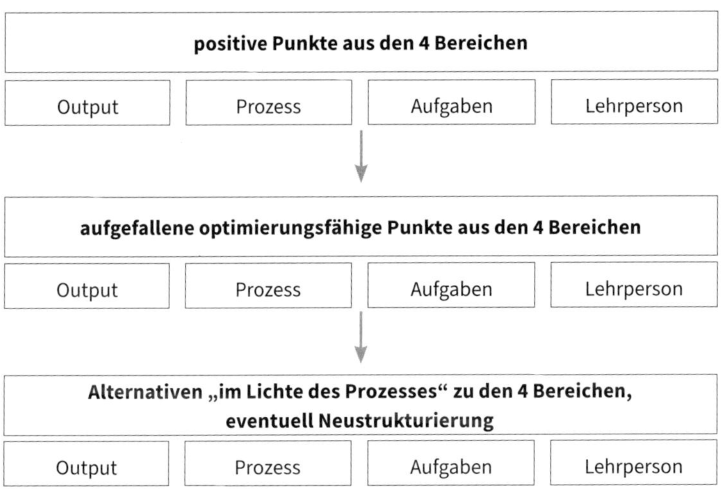

Ablauf der Reflexion

16.3 Analyseraster für Beurteiler als Grundlage für eine Nachbesprechung

Da Beurteilende (Schulleiter, Seminarleiter u. a.) über eine entsprechende Erfahrung in der Reflexion verfügen, genügt ihnen eine Kurzform in Form eines Planungsrasters, um ihre Analyse zu begründen. Keinesfalls soll ein solches Schema, wie im Vorfeld thematisiert, eine Trivialisierung von Unterrichtsplanung, Durchführung und Reflexion suggerieren. Nachfolgend integriere ich einen Vorschlag für ein solches Raster. Es hilft auch dem Erfahrenen bei der Vernetzung und kann dazu dienen, den Blick nicht zu sehr auf Einzelnes zu fokussieren und vor allem Lob für den Auszubildenden oder positive Aspekte für den Prüfling angemessen zu berücksichtigen. Es enthält im Wesentlichen die oben hervorgehobenen Schlüsselbegriffe. Eine Wertung (etwa von 1 bis 4) der Kriterien ist nicht enthalten, da diese einer genaueren Überlegung und Diskussion bedarf, die in der Schnelle des Prozesses, in der der Beurteiler eine Vielzahl von Faktoren aufnehmen muss, meiner Ansicht nach nicht geschehen kann. Jedoch sind auch hier die Kriterien geordnet, so gut dies möglich ist. Weiter unten stehen die eher komplexeren Kriterien, die einen hochwertigeren Unterricht auszeichnen.

Abschließend sind Kriterien integriert, die zur Analyse der Qualität eines schriftlichen Stundenentwurfs (vgl. Kapitel 3) herangezogen werden können.

MATERIAL: ANALYSERASTER FÜR EINE NACHBESPRECHUNG

Name: ______________________ Datum: ______________ Nr.: ________

Thema: ____

Übungsstunde: ☐ ja ☐ nein ☹: optimierungsbedürftige Punkte; ☺: gut gelungene Punkte

Outputkriterien

☹		☺
	Kompetenzstufe ❶	
☐	Lernziele	☐
☐	Kompetenzzuwachs	☐
	Kompetenzstufe ❷	
☐	Schülerergebnisse	☐
☐	Kompetenzüberblick des L	☐
☐	Alltagsbezug	☐
☐	Rückgriff auf den Einstieg	☐
	Kompetenzstufe ❸	
☐	Regel-/Merksatzproduktion	☐
☐	Präsentationsform	☐
☐	Sicherungsform	☐
☐	SuS-Aktivierung an Sicherung	☐
☐	(fach-)sprachliche Förderung	☐
☐	Reflexion über Mathematik	☐

Aufgabenkriterien

☹		☺
	Kompetenzstufe ❶	
☐	inhaltlich klar, fachlich richtig	☐
☐	Lebensweltbezug	☐
☐	Aufgabenniveau passt zu Lernvoraussetzungen	☐
	Kompetenzstufe ❷	
☐	sprachangemessen	☐
☐	Methoden zur Fachsprachenförderung	☐
☐	prozessbezogene Kompetenzen	☐
☐	mathematikdidaktische Modellierung	☐
	Kompetenzstufe ❸	
☐	Aufgabenoffenheit	☐
☐	intelligentes Üben	☐
☐	differenzierende Aufgaben	☐
☐	reflexionsfördernde Aufgaben	☐

Prozesskriterien

☹		☺
	Kompetenzstufe ❶	
☐	Phaseneinteilung	☐
☐	Ziel und Prozesstransparenz	☐
☐	Lernumgebung	☐
☐	Lernzeit	☐
☐	Medieneinsatz	☐
☐	Prinzipien (z. B. EIS-Prinzip)	☐
	Kompetenzstufe ❷	
☐	Passung von Inhalt, Methode und Sozialform	☐
☐	Aktivierungsgrad der SuS	☐
☐	Selbsthilfe (Lösungen, Hilfen, Experten)	☐
	Kompetenzstufe ❸	
☐	Darstellungsformwechsel	☐
☐	Schülerfehlerintegration	☐
☐	Reflexion über Mathematik	☐

Lehrpersonkriterien

☹		☺
	Kompetenzstufe ❶	
☐	sinnstiftende Kommunikation	☐
☐	Motivation (Gestik, Mimik, Sprache)	☐
☐	Fachkompetenz	☐
☐	Materialmanagement	☐
	Kompetenzstufe ❷	
☐	Alltags-Fachsprachenverhältnis	☐
☐	Klimaaufbau durch L	☐
☐	Redeanteil	☐
	Kompetenzstufe ❸	
☐	guter Kurz-Lehrervortrag	☐
☐	intelligente Planungsabweichung	☐
☐	Moderation, Bündelung von Beiträgen	☐
☐	Sprachgeschwindigkeit, Dynamik	☐

MATERIAL: KRITERIEN FÜR DIE BEWERTUNG DES SCHRIFTLICHEN STUNDENENTWURFS

Kriterium	Anmerkung
Grad der eigenen Leistung	
Lang- und kurzfristige Planungselemente, Reihe	
Integration didaktischer Literatur (Wissenschaftsorientierung)	
Kompetenzformulierungen	
sachlogisch richtig	
didaktische Reduktion	
sprachlich angemessen und richtig	
Legitimation	
didaktischer Schwerpunkt ausformuliert	
Analyse der Lernausgangslage	
Analyse von Lernschwierigkeiten	
Methodenbegründung	
Redundanzen	

17 Verwendete und zitierte Literatur

Aebli, H. (2003). *Zwölf Grundformen des Lehrens. Eine allgemeine Didaktik auf psychologischer Grundlage.* 12. Auflage. Stuttgart: Klett-Cotta.

Anderson, L. W. (2001). *A Taxonomy for Learning, Teaching, and Assessing: A Revision of Bloom's Taxonomy of Educational Objectives.* New York: Longman.

Barzel, B. (2001). Einstiege. *Mathematik Lehren,* H. 109.

Barzel, B./Büchter, A./Timo, L. (2007). *Mathematik Methodik. Handbuch für die Sekundarstufe 1.* Berlin: Cornelsen Scriptor.

Barzel, B./Holzäpfel, L./Leuders, T./Streit, C. (2012). *Mathematik unterrichten: Planen, durchführen, reflektieren.* Berlin: Cornelsen.

Bauer, R. (1997). *Schülergerechtes Arbeiten in der Sekundarstufe 1. Lernen an Stationen.* Berlin: Cornelsen Scriptor.

Baumert, J./Klieme, E./Neubrand, M./Prenzel, M./Schiefele, U./Schneider, W./Stanat, P./Tillmann, K.-J./Weiß, M. (Hrsg.) (2001). *PISA 2000. Basiskompetenzen von Schülerinnen und Schülern im internationalen Vergleich.* Opladen: Leske + Budrich.

Baumgartner, P. (2011). *Taxonomie von Lern-, Lehr- und Prüfungszielen. Entwurf des zweiten Kapitels von Plädoyer für didaktische Vielfalt – zur Taxanomie von Unterrichtsmethoden.* Donau-Universität Krems.

Becker, G. E. (2005). *Unterricht auswerten und beurteilen – Handlungsorientierte Didaktik Teil 3.* 8. Auflage. Weinheim, Basel: Beltz.

Bloom, B. S. (1956). *Taxonomy of Educational Objectives. The classification of Educational Goals, Handbook I.* New York: Longmans Green.

Blum, W./Biermann, M. (2001). Eine ganz normale Unterrichtsstunde? Aspekte von „Unterrichtsqualität" in Mathematik. *Praxis der Mathematik in der Schule,* H. 45, S. 28 – 33. Auch online: http://www.math.uni-bremen.de/didaktik/prediger/lehre/ws05/Alg-Blum-biermann-unterrichtsqualitaet.pdf (Zugriff: 11.08.2016).

Blum, W./Wiegand, B. (2000). Offene Aufgaben wie und wozu? *Mathematik Lehren,* 100, 52 – 55.

Böer, H. u. a. (2011). *mathelive Grundkurs 10.* Stuttgart, Leipzig: Ernst Klett.

Böer, H./Klienamm, S./Lämmerhirt, I. (2010). *Mathe Live, Mathematikbuch für Sekundarstufe 1, Grundkurs (Bänder 5 – 10).* Stuttgart, Leipzig: Ernst Klett.

Bovet, G./Huwendiek, V. (2006). *Leitfaden Schulpraxis.* Berlin: Cornelsen Scriptor.

Bruner, J. (1970). *Der Prozess der Erziehung.* Berlin: Berlin Verlag.

Büchter, A./Leuders, T. (2005). *Mathematikaufgaben selbst entwickeln.* Berlin: Cornelsen Scriptor.

Doran, G. (1981). There's a S.M.A.R.T. way to write management's goals and objectives. *Management Review,* 70, S. 35 – 36.

Dortmund, S. (2012). Konsenspapier zum schriftlichen Entwurf. Dortmund.

Duit, R. H. (1981). *Unterricht Physik.* Köln: Aulis.

Flott-Tönjes, U. (2005). *Fördern planen: förderzielorientierter Unterricht auf der Basis von Förderplänen.* Bornheim: VDS NRW.

Gallin, P./Ruf, U. (1998 a). Ein Unterricht mit Kernideen und Reisetagebuch. *Mathematik Lehren,* H. 64, S. 51 – 57.

Gallin, P./Ruf, U. (1998 b). *Sprache und Mathematik in der Schule. Auf eigenen Wegen zur Fachkompetenz.* Seelze/Velber: Kallmeyer.

Gogolin, I. (2009). Zweisprachigkeit und die Entwicklung bildungssprachlicher Fähigkeiten. In: dies. (Hrsg.), *Streitfall Zweisprachigkeit*. Wiesbaden: VS, S. 263 – 280.

Göttinger, T. (2014). *Inklusions-Material Mathematik Klasse 5 – 10*. Berlin: Cornelsen.

Grell, J. G. (1983). *Unterrichtsrezepte*. Weinheim, Basel: Beltz.

Greving, J. P. (2002). *Unterrichts-Einstiege*. Berlin: Cornelsen Scriptor.

Gürsoy, E./Benholz, C./Renk, N./Prediger, S./Büchter, A. (2013). Erlös = Erlösung? Sprachliche und konzeptuelle Hürden in Prüfungsaufgaben zur Mathematik. *Deutsch als Zweitsprache*, S. 14 – 24.

Hackfort, E./Meyer, U./Rohweder, K./Tetzner, M. (2010). Keine Angst vor dem Text. Durch sprachliches Lernen Textaufgaben selbständiger lösen können. *Mathematik 5 – 10*, S. 28 – 31.

Hage, K./Bischoff, H./Dichanz, H./Eubel, K./Oelschlager, H./Schwittmann, D. (1985). *Das Methodenrepertoire von Lehrern. Eine Untersuchung zum Unterrichtsalltag in der Sekundarstufe 1*. Opladen: Leske & Budrich.

Hattie, J. (2012). *Visible Learning for Teachers: Maximizing impact on learning*. London, New York: Routledge.

Hattie, J. (2014). *Lernen sichtbar machen für Lehrpersonen*. Baltmannsweiler: Schneider.

Heimann, P./Otto, G./Schulz, W. (1965). *Unterricht. Analyse und Planung*. Hannover: Schroedel.

Hellmig, L. u. a. (2007). *Zur Arbeit mit offenen Aufgaben im Mathematikunterricht der Klassen 5 und 6*. Schwerin: Duden Paetec.

Herling, J./Kuhlmann, K. H./Scheele, U./Wilke, W. (2002). *Erweiterungskurs Mathematik*. Braunschweig: Westermann.

Hillmayr, D. u.a. (2017). *Digitale Medien im m. n. U. der Sekundarstufe*. Einsatzmöglichkeiten, Umsetzung und Wirksamkeit. Waxmann.

Hoffmann, L. (2014). *Deutsche Grammatik. Grundalgen für Lehrerausbildung, Schule, Deutsch als Zweitsprache und Deutsch als Fremdsprache*. Berlin: Erich Schmidt.

Hußman, S./Leuders, T./Prediger, S. (2007). Schülerleistungen verstehen – Diagnose im Alltag. *Praxis der Mathematik*, Nr. 15, S. 1 – 8.

Klafki, W. (1985). *Neue Studien zur Bildungstheorie und Didaktik. Beiträge zur kritisch-konstruktiven Didaktik*. Weinheim, Basel: Beltz.

Klafki, W./Hardörfer, L. (1978). *Probleme stufenbezogener Didaktik: Grundfragen, Band 1*. Landesinstitut für Curriculumentwicklung, Lehrerfortbildung und Weiterbildung.

Kleine, M. (2012). *Lernen fördern Mathematik, Unterricht in der Sekundarstufe 1*. Seelze: Klett/Kallmeyer.

Klenck, W./Schneider, S. (2006). Den Unterricht nicht vor dem Ende loben – Plädoyer für die stärkere Beachtung der Schlussphase. *Pädagogik*, 7/8, S. 68 – 71.

Krägeloh, N./Prediger, S. (2015). Der Textaufgabenknacker. Ein Beispiel zur Spezifizierung und Förderung fachspezifischer Lese- und Verstehensstrategien. *MNU*, 3, S. 138 – 144.

Kultusministerkonferenz (Hrsg) (2017). *Strategie der Kultusministerkonferenz – „Bildung in der digitalen Welt“*. Beschluss vom 8.12.2016 in der Fassung vom 7.12.2017.

Kuzewitz, J. (2015). *MINTuS – und noch viel mehr! Evaluationsbericht des Förderprojekts am Kinder- und Jugendtechnologiezentrum Dortmund*. Dortmund: MINTuS.

Leisen, J. (2004). Der Wechsel der Darstellungsformen als wichtige Strategie beim Lehren und Lernen im DFU. *Fremdsprache Deutsch*, 30, S. 15 – 21.

Leisen, J. (2006). Lesekompetenz im naturwissenschaftlichen Unterricht. *Naturwissenschaften im Unterricht – Physik*, 5, S. 4 – 9.

Leisen, J. (2013). *Handbuch Sprachförderung im Fach – Sprachsensibler Fachunterricht in der Praxis.* Bonn: Klett.

Leisen, J. (2015). Fachlernen und Sprachenlernen! Bringt zusammen, was zusammen gehört. *MNU – Fachliches und sprachliches Lernen,* 3, S. 123 – 137.

Leuders, T. (2003). *Mathematik Didaktik. Praxishandbuch für die Sekundarstufe 1 und 2.* Berlin: Cornelsen Scriptor.

Leuders, T. (2007). Fachdidaktik und Unterrichtsqualität im Bereich Mathematik. In: K. Arnold, *Unterrichtsqualität und Fachdidaktik.* Bad Heilbrunn: Klinikhardt, S. 205 - 234.

Leuders, T./Büchter, A. (2005). *Mathematikaufgaben selbst entwickeln. Lernen fördern – Leistung überprüfen.* Berlin: Cornelsen Scriptor.

Leuders, T./Hußmann, S./Barzel, B./Prediger, S. (2011). „Das macht Sinn!" Sinnstiftung mit Kontexten und Kernideen. *Praxis der Mathematik in der Schule* 37/53, S. 4 – 12.

Ludwig, M. u.a. (2019): Mathe draußen: MathCitymap. In: mathematiklehren, 215, S. 29 – 32 .

Maroska, R./Olpp, A./Pongs, R./Stöckle, K./Wellstein, H./Heiko, W. (2008). *Schnittpunkt 9, Mathematik für Realschulen, NRW.* Stuttgart: Klett.

Mattes, W. (2006). *Routiniert planen – effizient unterrichten. Ein Ratgeber.* 1. Auflage. Paderborn: Schöningh.

Meyer, H. (1993). *Leitfaden zur Unterrichtsvorbereitung.* 12. Auflage. Berlin: Cornelsen Scriptor.

Meyer, H. J. (1994). *Didaktische Modelle.* Berlin: Cornelsen Scriptor.

Meyer, H. (2004). *Was ist guter Unterricht.* Berlin: Cornelsen.

Meyer, M./Prediger, S. (2012). Sprachenvielfalt im Mathematikunterricht: Herausforderungen, Chancen und Förderansätze. *Praxis der Mathematik in der Schule,* 54, H. 45, S. 2 – 9.

Ministerium für Schule und Bildung des Landes Nordrhein-Westfalen: Kernlehrplan für die Sekundarstufe 1 in Nordrhein-Westfalen Mathematik Realschule / Gesamtschule / Sekundarschule / Hauptschule, 2022

Ministerium für Schule, Jugend und Kinder des Landes NRW (2004a). *Kernlehrplan für die Realschule in NRW. Mathematik.* Frechen: Ritterbach.

Ministerium für Schule, Jugend und Kinder des Landes NRW (2004b). *Kernlehrplan für die Gesamtschule. S1 in NRW. Mathematik.* Frechen: Ritterbach.

Ministerium für Schule und Weiterbildung des Landes NRW (2014). *Ordnung des Vorbereitungsdienstes und der Staatsprüfungen. OVP Stand: 2014.* https://www.schulministerium.nrw.de/docs/Recht/LAusbildung/Vorbereitungsdienst/OVP.pdf (Zugriff: 15.04.2015).

Ministerium für Schule und Weiterbildung des Landes NRW (2015): Ordnung des Vorbereitungsdienstes und der Staatsprüfung an Schulen. Erfstadt: Ritterbach.

Ministerium für Schule und Weiterbildung des Landes NRW (2021): Medienkompetenzrahmen NRW; https://www.schulministerium.nrw.de/docs/Schulsystem/Medien/Medienkompetenzrahmen/Medienkompetenzrahmen_NRW.pdf, Zugriff: 10.02.2021).

Mulfhausen, U. (1999). Das Schreckgespenst vom misslungenen Unterrichtseinstieg. *Pädagogik,* 3/99, S. 20 – 23.

Pallack, A./vom Hofe, R./Salle, A. (2013). Individuelle Förderung im Mathematikunterricht – So geht's. In: Ministerium für Schule und Weiterbildung des Landes NRW (Hrsg.), *Sinus.NRW. Impulse für einen kompetenzorientierten Mathematikunterricht. Handreichung, Schule in NRW, Nr. 9050/1.* Düsseldorf, S. 31 - 44.

Prediger, S. (2012). Darstellen Register und mentale Konstruktion von Bedeutungen und Beziehungen. Mathematikspezifische sprachliche Herausforderungen identifizieren und überwinden. In: M. S. Becker-Mrotzek, *Sprache im Fach. Sprachlichkeit und fachliches Lernen.* Münster: Waxmann, S. 167 - 185.

Prediger, S./Wessel, L. (2012). Darstellungen vernetzen - Ansatz zur integrierten Entwicklung von Konzepten und Sprachmitteln. *Praxis der Mathematik in der Schule,* H. 45, S. 28 - 33.

Puentedura, Reuben R. (2006). Transformation, Technology, and Education, online unter http://www.hippasus.com/resources/tte/, abgerufen am 16.02.21.

Qualitätsagentur/Landesinstitut für Schule (2006). *Kompetenzorientierte Diagnose. Aufgaben für den Mathematikunterricht.* Stuttgart: Klett.

Ralle, Bernd (2015). Sprachliche Heterogenität und fachdidaktische Forschung. In: S. Bernholt, *Heterogenität und Diversität. Vielfalt der Voraussetzungen im naturwissenschaftlichen Unterricht, Jahrestagung in Bremen 2014.* Bremen: Gesellschaft für Didaktik der Chemie und Physik.

Rat für Kulturelle Bildung (2019): *Jugend/Youtube/Kulturelle Bildung.* Horizont, S. 33.

Schelldorfer, R. (2010). Mit Papier und Schere zur Flächeninhaltsformel für das Trapez. *PM,* S. 20 - 24.

Schmidt, Sebastian: *Flipped Classroom - digital lehren und lernen*; online unter www.flippedmathe.de, abgerufen am 17.02.21.

Schmidkunz, H./Lindemann, H. (1992). *Das forschend-entwickelnde Unterrichtsverfahren.* Westarp.

Schmmölzer-Eibinger, S./Dorner, M./Langer, E./Helten-Pachter, M. (2013). *Sprachförderung im Fachunterricht in sprachlich heterogenen Klassen.* Stuttgart: Klett.

Schupp, H. (2003). *Thema mit Variationen, Aufgabenvariationen im Mathematikunterricht.* Hildesheim: Franzbecker.

Selter, C. (2011). „Ich mark Mate". Leitideen und Beispiele für einen interessenförderlichen Unterricht. In: R. W. Demuth, *Unterricht entwickeln mit Sinus.* Seelze: Klett/Kallmeyer, S. 131 - 139.

Storz, R. (2009). *Fachdidaktik Seminar Mathematik.* Berlin: Pro Business.

Sturm, R. (2014). *Differenzieren, Diagnostizieren und Fördern im Mathematisch-naturwissenschaftlichen Unterricht der Sekundarstufe 1. Unterrichtskonzept und Realisation am Beispiel einer Gesamtschule ohne äußere Differenzierung.* München: Grin.

Thomas, G./Lohrmann, K./Ganser, B./Haag, L. (2005). Einsatz von Unterrichtsmethoden: Konstanz oder Wandel? *Empirische Pädagogik,* 19/4, S. 342 - 360.

Thürmann, E. (2006). *Education Standards and the language of schooling at the end of compulsory education. Analysis of Curricular Documents issued by German Laender.* Strasburg.

Vollrath, H. (2012). *Grundlagen des Mathematikunterrichts in der Sekundarstufe.* Heidelberg: Spektrum.

Wagenschein, M. (1965). Vielwisserei Vernunft haben nicht lehrt. Zur Klärung des Unterrichtsprinzip des exemplarischen Lehrens, Mathematik aus der Erde. In: H. Roth/A. Blumenthal, *Auswahl. Grundlegende Aufsätze aus der Zeitschrift Die Deutsche Schule,* 6. Hannover: Hermann Schroedel, S. 27 - 31.

Wagenschein, M. (1975). *Verstehen Lehren.* Weinheim, Basel: Beltz.

Wagenschein, M. (1976). *Ursprüngliches Verstehen und exaktes Denken.* Stuttgart.

Wagner, A./Wörn, C. (2011). *Erklären lernen - Mathematik verstehen.* Seelze: Klett/Kallmeyer.

Weigand, H. (2012). Begriffe lehren – Begriffe lernen. *mathematik lehren – Begriffe bilden*, 6, S. 2–9.
Weinert, F. (2001). *Leistungsmessung in Schulen.* Weinheim, Basel: Beltz.
Wilke, A.: http://homepages.uni-paderborn.de/wilke/blog/2016/01/06/SAMR-Puentedura-deutsch/, (Übersetzung abgerufen am 17.02.21).
Winkler, R. (1979). *Innere Differenzierung, Begriff, Formen und Probleme.* Ravensburg.
Winter, H. (1991). *Entdeckendes Lernen im Mathematikunterricht. Einblicke in die Ideengeschichte und ihre Bedeutung für die Pädagogik.* 2. Auflage. Braunschweig, Wiesbaden: Vieweg.
Wittmann, E. C. (1981). *Grundfragen des Mathematikunterrichts.* Braunschweig, Wiesbaden: Vieweg.
Wittmann, E. C. (1988). Das Prinzip des aktiven Lernens und das Prinzip der kleinen und kleinsten Schritte in systemischer Sicht. *Beiträge zum Mathematikunterricht.* Bad Salzdetfurth, S. 339–342.
Witzmann, C. (2009). Wortlisten und Lesehilfen. Konzepte und Materialien zur Sprachförderung. *Mathematik lehren*, 152, S. 11–17.
Witzmann, C. (2015). Sprachsensibler Fachunterricht Mathematik. *MNU*, 3, S. 145–148.
Zech, F. (2002). *Grundkurs Mathematikdidaktik.* Weinheim, Basel: Beltz.

Internetquellen

http://www.kmk.org/statistik/schule/statistische-veroeffentlichungen/schulorganisatorische-vorgaben.html (Zugriff: 18.02.2015).
http://pikas.dzlm.de/upload/Material/Haus_8_-_Guter_Unterricht/FM/Modul_8.1/Basisinfo_GuterMU.pdf (Zugriff: 3.03.2015).
https://www.schulministerium.nrw.de/docs/Recht/LAusbildung/Vorbereitungsdienst/OVP.pdf (Zugriff: 14.04.2015).
https://home.ph-freiburg.de/leudersfr/preprint/2010_leuders_nachdenken_geboten_vorfassung.pdf (Zugriff: 08.08.2016).
https://www.klett.de/sixcms/media.php/185/Das%20geheimnisvolle%20Mathe-Tabu.pdf (Zugriff: 09.07.2015).
https://www.mpib-berlin.mpg.de/Pisa/ergebnisse.pdf (Zugriff: 08.08.2016).
https://wvde.state.wv.us/strategybank/FrayerModel.html (Zugriff: 29.07.2015).
https://www.adac.de/_mmm/pdf/g-b-d-vgl_47097.pdf (Zugriff: 27.02.2016).
http://www.math.uni-bremen.de/didaktik/prediger/lehre/ws05/Alg-Blumbiermann-unterrichtsqualitaet.pdf (Zugriff: 11.08.2016).
https://www.schulministerium.nrw.de/docs/Schulsystem/Medien/Medienkompetenzrahmen/Medienkompetenzrahmen_NRW.pdf, abgerufen am 10.02.2021.
https://deutsches-schulportal.de/unterricht/lehrer-umfrage-deutsches-schulbarometer-spezial-corona-krise-folgebefragung/, abgerufen am 16.02.21.

Sonstige Quellen

Der Autor bedankt sich für die Verwendung nicht veröffentlichter Quellen bei:

Augustin, Christina: Unterrichtsentwurf zum Thema Schwerpunkt des Dreiecks, Grundidee zur enthaltenen Aufgabenanalyse.
Rüschenschmidt, Peter: Unterrichtsentwurf zum Thema Kreisberechnungen, Grundidee zur Aufgabe der Windhundrennbahn (Kapitel 12.2 zu offenen Aufgaben).
Schulinternes Curriculum der Gesamtschule Fröndenberg, Mathematik.

18 Register

Unter **www.friedrich-verlag.de** finden Sie Materialien zum Buch als Download.
Bitte geben Sie den achtstelligen Download-Code in das Suchfeld ein.

DOWNLOAD-CODE: **d31040ss**

Hinweis:

Das Download-Material enthält die Übungen und Übersichten, die Sie bei der Vorbereitung Ihres Unterrichts unterstützen und/oder Ihnen vertiefende Hintergrundinformationen liefern.

Durch den Kauf dieses Buches (ISBN 978-3-7727-1040-7) haben Sie das Recht erworben, das ergänzende Download-Material in Ihren derzeitigen und zukünftigen Lerngruppen und Klassen einzusetzen und zu vervielfältigen. So können Sie etwa einzelne Seiten ausdrucken und verteilen oder mit Beamer oder Whiteboard verwenden.

Was Sie **nicht** dürfen:
- Das Download-Material oder Teile davon an Kolleginnen und Kollegen weitergeben.
- Das Download-Material oder Teile davon in Netzwerke einstellen, wie etwa Schulserver oder Cloud-Systeme, sodass Kolleginnen und Kollegen darauf Zugriff erhalten.
- Die Lizenzinformation und Quellenhinweise auf dem Downloadmaterial entfernen.
- Bei einer Bibliotheksausleihe des Buches das Download-Material herunterladen.

Bitte tragen Sie im Sinne dieser Lizenz dazu bei, dass wir weiterhin digitales Ergänzungsmaterial für Lehrerinnen und Lehrer bereitstellen können. Der Verlag behält sich dabei vor, auch gegen urheberrechtliche Verstöße vorzugehen.

Unsere Autorinnen und Autoren sowie der Verlag wünschen Ihnen viel Erfolg bei der Nutzung der Materialien!

Haben Sie Fragen zum Download? Dann wenden Sie sich bitte an den Leserservice der Friedrich Verlags GmbH. Schreiben Sie uns oder rufen Sie uns an!

Sie erreichen unseren Leserservice
Montag bis Donnerstag von 8 – 18 Uhr
Freitag von 8 – 14 Uhr
Tel.: 0511/40004-150
Fax: 0511/40004-170
E-Mail: leserservice@friedrich-verlag.de

Wir freuen uns über Ihre Rückmeldung und helfen Ihnen gerne weiter!